Alt

●

Mathematik

Mathematik

Eine Einführung für Wirtschaftswissenschaftler

von

Dr. Raimund Alt

Bibliografische Information der Deutschen Nationalbibliothek

Die Deutsche Nationalbibliothek verzeichnet diese Publikation in der Deutschen National-
bibliografie; detaillierte bibliografische Daten sind im Internet über http://dnb.d-nb.de
abrufbar.

ISBN 978-3-7143-0205-9

© LINDE VERLAG WIEN Ges.m.b.H., Wien 2012
1210 Wien, Scheydgasse 24, Tel.: 01/24 630
www.lindeverlag.at

Druck: Hans Jentzsch u Co. Ges.m.b.H.
1210 Wien, Scheydgasse 31

„Nicht etwa, dass bei größerer Verbreitung des Einblickes in die Methode der Mathematik notwendigerweise viel mehr Kluges gesagt würde als heute, aber es würde sicher viel weniger Unkluges gesagt."

   K. Menger (1902–1985)

"Mathematics is not a deductive science – that's a cliche. When you try to prove a theorem, you don't just list the hypotheses, and then start to reason. What you do is trial and error, experimentation, guesswork."

   P. R. Halmos (1916–2006)

"Knowledge of a subject mostly means knowledge of the language of that subject."

   N. Postman (1931–2003)

"It don't mean a thing, if it ain't got that swing."

   E. K. „Duke" Ellington (1899–1974)

Vorwort

Im Studienjahr 2003/2004 habe ich an der Fachhochschule des bfi Wien mit der Ausarbeitung eines Mathematik-Skriptums für Studienanfänger begonnen. Dieses Skriptum wurde in den folgenden Jahren durch regelmäßige Neuauflagen weiterentwickelt. Das vorliegende Lehrbuch basiert auf diesem Skriptum, enthält aber auch einige neue Kapitel. Es richtet sich vor allem an Studienanfänger wirtschaftswissenschaftlich orientierter Studiengänge und kann als Begleittext zu einer Lehrveranstaltung, aber auch zum Selbststudium verwendet werden.

Das Ziel des Buches ist es, die grundlegenden Themen der Analysis und Linearen Algebra auf verständliche Weise zu präsentieren und durch zahlreiche Beispiele und Abbildungen zu illustrieren. Gleichzeitig soll aber auch logisches Schließen und abstraktes Denkvermögen in den Vordergrund gerückt werden. Die Betonung wird also nicht nur auf dem *Wie*, sondern auch auf dem *Warum* liegen. Am Ende der einzelnen Kapitel befinden sich Exkurse, bei denen zum Teil auch fortgeschrittene mathematische Themen angeschnitten werden.

Am Ende jedes Kapitels sind zahlreiche Aufgaben angegeben, die das Verständnis des Stoffes erleichtern und vertiefen sollen. Zusätzlich befinden sich im Anhang des Buches Lösungen zu ausgewählten Aufgaben. Aus didaktisch-pädagogischen Gründen wird dabei allerdings nicht der gesamte Lösungsweg, sondern meistens nur das Endergebnis präsentiert. Das sollte eine Anregung sein, Lösungswege nicht einfach nur nachzuvollziehen, sondern es als intellektuelle Herausforderung anzusehen, diese selbst zu finden. Der Anhang enthält auch eine kurze Wiederholung elementarmathematischer Grundlagen. Dazu zählen das Rechnen mit Brüchen, Logarithmen, Potenzen, Ungleichungen und Wurzeln sowie das Summenzeichen.

Das Buch wurde mit dem Textsatzsystem LaTeX (KOMA-Script) verfasst. Sämtliche Grafiken wurden mit *PSTricks* erstellt. Für die numerischen Berechnungen wurde in der Regel ein Taschenrechner, in einigen Fällen auch die Tabellenkalkulationssoftware Excel von Microsoft verwendet.

An dieser Stelle möchte ich mich für seine langjährige Unterstützung besonders bei meinem Freund und Kollegen W. Kreiter bedanken, der das Skriptum von Beginn an in seinen Lehrveranstaltungen verwendet hat. Als in den „Aufbaujahren" jährlich noch beträchtliche Änderungen bei diversen Themen auftraten, hat er, auch angesichts einer manchmal zweistelligen Zahl von PDF-Files, nie die Geduld verloren. Seine Anregungen und Kritikpunkte haben wesentlich zur Fertigstellung des vorliegenden Buches beigetragen.

Wien, im Februar 2012   *Raimund Alt*

Inhalt

III. Analysis   121

Teil I.

Grundlagen

Kapitel 1.

Logik und Mengenlehre

„Piep – Piep – Piep – ...“ Diese Signalfolge ist wohl die kürzeste und einfachste Antwort auf die Frage, warum vor einigen Jahrzehnten die Mengenlehre erstmals in den Mathematikunterricht an Schulen aufgenommen wurde. Sie erinnert an die Funksignale, die Sputnik 1, der erste künstliche Satellit, im Oktober 1957 zur Erde sendete. Mitten im Kalten Krieg war es damit der UdSSR gelungen, die USA im Wettlauf zum Weltraum zu überholen. Der sogenannte Sputnik-Schock löste eine fieberhafte Suche nach der Ursache für diesen Erfolg aus und fand sie im vermeintlich überlegenen Bildungssystem der UdSSR. Dabei stand vor allem ein Thema weit vorne auf der Reformagenda der westlichen Industriestaaten – der Mathematikunterricht in der Schule. In den USA waren bereits einige Jahre zuvor Pläne für eine Reform des Mathematikunterrichts entwickelt worden, die jetzt aus der Schublade geholt wurden. Unter der Bezeichnung „Neue Mathematik“, deren wesentlicher Bestandteil die Mengenlehre war, sollten von nun an Schulkinder möglichst früh mit abtrakten mathematischen Begriffen vertraut gemacht werden.

Während aber im Jahre 1969 im Rahmen der US-amerikanischen Apollo-11-Mission die erste Mondlandung erfolgreich durchgeführt wurde, kam es hierzulande für die Neue Mathematik eher zu einer Art Bauchlandung. Dafür waren eine Reihe von Gründen verantwortlich, möglicherweise auch diverse Berichte, in denen Mathematiklehrer über Krankheiten klagten, die angeblich durch den Mengenlehre-Unterricht an den Schulen hervorgerufen worden waren. Die angstvolle Frage „Macht Mengenlehre krank?“ auf dem Titelblatt einer Ausgabe des Nachrichtenmagazins „Der Spiegel“ im Jahre 1971 macht auch für jüngere Generationen die Dramatik jener Jahre deutlich.

Mittlerweile haben sich aber die Wogen der öffentlichen Diskussion wieder geglättet, was wohl auch darauf zurückzuführen ist, dass heutzutage die Mengenlehre im Mathematikunterricht an den Schulen nur noch eine geringe Rolle spielt (falls sie überhaupt behandelt wird). Entscheidend für unsere Zwecke ist die Tatsa-

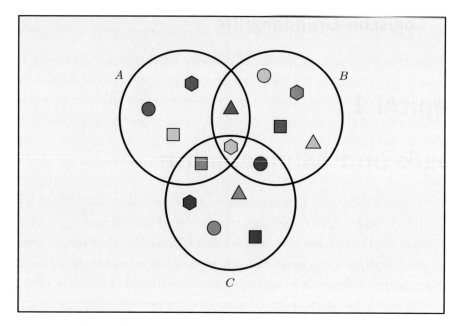

ABBILDUNG 1.1. Verschiedene Mengen von Bauklötzen

che, dass die Mengenlehre, neben zahlreichen anderen Anwendungen, einen festen Platz in jeder Einführung in Wahrscheinlichkeitsrechnung und Statistik einnimmt (so werden etwa Ereignisse typischerweise in Form von Mengen beschrieben). Damit ist die Mengenlehre seit Jahrzehnten traditioneller Bestandteil der methodischen Grundausbildung für Wirtschaftswissenschaftler.

Es folgt ein kurzer Überblick über den Inhalt dieses Kapitels. Der erste Abschnitt behandelt zunächst einige Grundbegriffe der Logik. Dabei geht es insbesondere um die Verknüpfung von Aussagen durch logische Operationen, wie Negation, Konjunktion, Disjunktion, Implikation und Äquivalenz. Ein eigener Abschnitt ist den Tautologien gewidmet. Darunter versteht man zusammengesetzte Aussagen, die immer wahr sind, unabhängig davon, welchen Wahrheitswert ihre Teilaussagen haben. Der dritte Abschnitt liefert dann eine Einführung in die Mengenlehre. Dazu gehören zunächst mengentheoretische Grundbegriffe wie Grundmenge, Teilmenge und Potenzmenge. Danach werden die wichtigsten Mengenoperationen vorgestellt – Komplement, Durchschnitt und Vereinigung – sowie die dazugehörigen Rechenregeln. Ebenfalls behandelt wird das kartesische Produkt von Mengen. Im letzten Abschnitt werden die wichtigsten Zahlenmengen kurz beschrieben, nämlich die Mengen der natürlichen Zahlen, der ganzen Zahlen, der rationalen Zahlen sowie der reellen Zahlen.

1.1. Logische Grundbegriffe

„Die Summe zweier positiver Zahlen ist positiv". Welcher Leser wird diese Tatsache bezweifeln? Aus logischer Sicht würde man hier von einer wahren Aussage sprechen, wobei unter einer Aussage eine sprachliche Formulierung zu verstehen ist, die entweder wahr oder falsch ist. Die Aussage „Das Quadrat einer Zahl ist negativ" ist ein Beispiel für eine (offensichtlich) falsche Aussage. Die beiden Attribute „wahr" bzw. „falsch" nennt man auch Wahrheitswerte. Diese werden im Folgenden mit w bzw. f abgekürzt. Einer Aussage kommt somit entweder der Wahrheitswert w oder der Wahrheitswert f zu. Eine andere Möglichkeit gibt es nicht[1]. Man beachte, dass es sich bei sprachlichen Formulierungen von der Art „x ist größer als 4" nicht um eine Aussage handelt, da hier nicht klar ist, was der Buchstabe x bedeutet. In diesem Fall spricht man von einer Aussageform[2]. Diese wird dann zu einer Aussage, wenn für x eine konkrete Zahl eingesetzt wird.

Logische Regeln kommen ins Spiel, wenn aus gegebenen Aussagen neue (zusammengesetzte) Aussagen gebildet werden. Der Wahrheitswert zusammengesetzter Aussagen hängt dabei nicht nur vom Wahrheitswert der Teilaussagen ab, sondern auch von den speziellen logischen Operationen, durch die diese Aussagen miteinander verknüpft werden. Die wichtigsten Verknüpfungen (Operationen) sind dabei die Negation, die Konjunktion, die Disjunktion, die Implikation sowie die Äquivalenz. Diese werden im Folgenden kurz dargestellt.

Negation

Ist P eine Aussage, dann versteht man unter der Negation von P die entsprechende komplementäre Aussage, das heißt das Gegenteil von P. Die symbolische Bezeichnung[3] dafür ist $\neg P$. Betrachtet man die Aussage „Die Summe zweier positiver Zahlen ist positiv", dann lautet ihre Negation somit „Die Summe zweier positiver Zahlen ist nicht positiv". Die letztere Aussage ist offensichtlich falsch. Allgemein gilt: Ist eine Aussage wahr, dann ist ihre Negation falsch, und umgekehrt. Dieser Sachverhalt lässt sich durch eine sogenannte Wahrheitstabelle darstellen

P	$\neg P$
w	f
f	w

wobei P für eine beliebige Aussage steht. Die erste Spalte enthält die möglichen Wahrheitswerte für die Aussage P, in der zweiten Spalte findet man den jeweiligen Wahrheitswert für die Aussage $\neg P$.

Konjunktion

Unter der Konjunktion zweier Aussagen P und Q versteht man die zusammen-gesetzte Aussage „P und Q", in symbolischer Schreibweise $P \wedge Q$. Da wir in diesem Fall zwei Einzelaussagen gegeben haben, muss man bei der zugehörigen Wahrheitstabelle berücksichtigen, dass es jetzt insgesamt vier mögliche Kombinationen von Wahrheitswerten gibt:

P	Q	$P \wedge Q$
w	w	w
w	f	f
f	w	f
f	f	f

Die Aussage $P \wedge Q$ ist also nur dann wahr, wenn sowohl P als auch Q wahr sind. Ansonsten ist $P \wedge Q$ immer falsch. Ist P die Aussage „4 ist eine natürliche Zahl" und Q die Aussage "11 ist durch 2 teilbar", dann ist die Aussage $P \wedge Q$ falsch, da die Aussage Q falsch ist.

Disjunktion

Unter der Disjunktion zweier Aussagen P und Q versteht man die zusammenge-setzte Aussage „P oder Q", in symbolischer Schreibweise $P \vee Q$. Die Wahrheits-tabelle dazu lautet:

P	Q	$P \vee Q$
w	w	w
w	f	w
f	w	w
f	f	f

Die Aussage $P \vee Q$ ist somit immer dann wahr, wenn mindestens eine der beiden Teilaussagen wahr ist. Ist zum Beispiel P die Aussage „5 ist kleiner als 8" und Q die Aussage „5 ist gleich 8", dann ist die Aussage $P \vee Q$ wahr, da zumindest eine der beiden Teilaussagen wahr ist, in diesem Fall die Aussage P. Bekanntlich kann man hier die beiden Aussagen P und Q auch durch die abgekürzte Schreibweise $5 \leq 8$ zusammenfassen.

Implikation

Will man von einer Aussage P auf eine Aussage Q schließen, dann ist eine spe-zielle zusammengesetzte Aussage relevant, die als Implikation bezeichnet wird. Ihre symbolische Bezeichnung ist $P \Rightarrow Q$. Bei der zugehörigen Wahrheitstabelle erkennt man, dass die Aussage $P \Rightarrow Q$ nur dann falsch ist, wenn P wahr und Q falsch ist. Ansonsten ist $P \Rightarrow Q$ immer wahr. Insbesondere ist für eine falsche Aussage P die Implikation $P \Rightarrow Q$ stets wahr, unabhängig davon, ob die Aussage Q wahr oder falsch ist.

P	Q	$P \Rightarrow Q$
w	w	w
w	f	f
f	w	w
f	f	w

Dieser Wahrheitstabelle kann man eine wichtige Regel für das logische Schließen entnehmen. Angenommen, die Aussage P ist wahr und ebenso die Aussage $P \Rightarrow Q$. Dann ergibt sich unmittelbar aus der Wahrheitstabelle, dass in diesem Fall auch die Aussage Q wahr sein muss, da es ansonsten keine andere Möglichkeit gibt. Die beschriebene Situation entspricht genau der ersten Zeile der Wahrheitstabelle (unterhalb des Tabellenkopfes).

Für die Implikation haben sich verschiedene Sprechweisen eingebürgert. Am häufigsten ist wohl „aus P folgt Q" bzw. „wenn P gilt, dann gilt Q". Gelegentlich findet man auch Formulierungen wie „P ist eine hinreichende Bedingung für Q" oder auch „Q ist eine notwendige Bedingung für P".

Äquivalenz

Sind P und Q zwei Aussagen, dann versteht man unter der Äquivalenz von P und Q eine zusammengesetzte Aussage, bei der zwei Implikationen kombiniert werden, nämlich $P \Rightarrow Q$ und $Q \Rightarrow P$. Symbolisch wird die Äquivalenz, eine Art logischer Gleichheit, mit $P \Leftrightarrow Q$ bezeichnet. Sie ist immer dann wahr, falls P und Q die gleichen Wahrheitswerte besitzen, ansonsten ist sie falsch:

P	Q	$P \Leftrightarrow Q$
w	w	w
w	f	f
f	w	f
f	f	w

Wie bei der Implikation sind auch im Falle der Äquivalenz verschiedene Sprechweisen im Gebrauch. Für $P \Leftrightarrow Q$ sagt man häufig „P und Q sind äquivalent", „P gilt genau dann, wenn Q gilt" oder auch „P ist eine notwendige und hinreichende Bedingung für Q".

1.2. Tautologien

Betrachten wir noch einmal die Wahrheitstabellen der verschiedenen logischen Operationen. Bei der letzten Spalte fällt jeweils auf, dass die Zahl der Fälle mit dem Wahrheitswert w sehr unterschiedlich sein kann. So gibt es zum Beispiel nur einen einzigen Fall, bei dem die Disjunktion $P \vee Q$ falsch ist, nämlich, wenn sowohl P als auch Q falsch sind. Bei allen anderen Fällen ist $P \vee Q$ wahr. Man könnte jetzt die Frage stellen, ob es zusammengesetzte Aussagen gibt, die immer wahr sind. Solche Aussagen gibt es tatsächlich, wie wir gleich sehen werden.

> **Tautologie**
>
> Eine Tautologie ist eine zusammengesetzte Aussage, die stets wahr ist, unabhängig davon, welche Wahrheitswerte die einzelnen Teilaussagen haben.

Tautologien werden auch als logisch wahre Aussagen bezeichnet. Ein einfaches Beispiel einer Tautologie ist die zusammengesetzte Aussage $P \vee \neg P$, wie man sich an Hand der folgenden Wahrheitstabelle leicht überzeugen kann:

P	$\neg P$	$P \vee \neg P$
w	f	w
f	w	w

Ob die Aussage P wahr oder falsch ist, ist für den Wahrheitswert von $P \vee \neg P$ irrelevant. Die Aussage $P \vee \neg P$ ist immer gültig.

BEISPIEL 1.1

Die folgende Wahrheitstabelle sieht etwas komplizierter aus. Sie bezieht sich auf eine logische Schlussregel, die bereits oben erwähnt wurde. Wieder gibt es vier

P	Q	$P \Rightarrow Q$	$P \wedge (P \Rightarrow Q)$	$(P \wedge (P \Rightarrow Q)) \Rightarrow Q$
w	w	w	w	w
w	f	f	f	w
f	w	w	f	w
f	f	w	f	w

Kombinationsmöglichkeiten für die einzelnen Wahrheitswerte. Die zusammengesetzte Aussage $(P \wedge (P \Rightarrow Q)) \Rightarrow Q$ ist somit ebenfalls eine Tautologie. □

Hier sind Beispiele weiterer Tautologien, deren allgemeine Gültigkeit sich durch Aufstellung der entsprechenden Wahrheitstabelle nachweisen lässt.

Weitere Beispiele für Tautologien

Für beliebige Aussagen P, Q und R gilt:

1. $\neg(P \wedge \neg P)$

2. $(P \Rightarrow Q) \Leftrightarrow (\neg Q \Rightarrow \neg P)$

3. $\neg(P \vee Q) \Leftrightarrow (\neg P \wedge \neg Q)$

4. $\neg(P \wedge Q) \Leftrightarrow (\neg P \vee \neg Q)$

5. $((P \Rightarrow Q) \wedge (Q \Rightarrow R)) \Rightarrow (P \Rightarrow R)$

Die zweite Aussage beschreibt die Schlussweise beim indirekten Beweis. Will man zeigen, dass aus einer Aussage P eine Aussage Q folgt, so könnte man auch versuchen, den umgekehrten Weg zu gehen, nämlich aus der Gültigkeit von $\neg Q$ auf die Gültigkeit von $\neg P$ zu schließen. Für den Nachweis der fünften Aussage sollte man beachten, dass es insgesamt acht verschiedene Kombinationsmöglichkeiten für die Wahrheitswerte gibt, da hier drei Aussagen (P, Q und R) vorgegeben sind.

1.3. Mengen und Mengenoperationen

Einfach ausgedrückt, versteht man in der Mathematik unter einer Menge die Zusammenfassung von bestimmten Objekten[4]. Diese Objekte nennt man die Elemente der Menge. Um Mengen zu bezeichnen, verwendet man häufig Großbuchstaben, wie zum Beispiel A, B, C usw. Ist ein Objekt x ein Element einer Menge A, dann kann man dies durch die folgende Schreibweise ausdrücken:

$$x \in A$$

Ist dagegen x kein Element der Menge A, dann schreibt man stattdessen:

$$x \notin A$$

Es gibt sogar eine Menge, die keine Elemente enthält. Dies ist die sogenannte leere Menge. Sie wird mit dem Symbol $\emptyset$ bezeichnet. Will man eine Menge zusammen mit ihren Elementen angeben, wie zum Beispiel die Menge der geraden Zahlen zwischen 1 und 10, dann kann man dies dadurch beschreiben, indem man die einzelnen Elemente zwischen geschweifte Klammern setzt und sie durch Kommas voneinander trennt:

$$\{2, 4, 6, 8, 10\}$$

In vielen Fällen ist eine solche explizite Schreibweise allerdings recht umständlich oder sogar unmöglich. Hierzu gibt es allerdings Alternativen. Betrachtet man etwa die Menge aller natürlichen Zahlen, dann kann man diese vereinfacht wie folgt abkürzen

$$\{1, 2, 3, 4, 5, \ldots\}$$

oder aber, etwas präziser, eine Eigenschaft angeben, die die Elemente dieser Menge charakterisiert, das heißt eindeutig beschreibt[5]:

$$\{x \mid x \text{ ist eine natürliche Zahl}\}$$

Da diese Menge unendlich viele Elemente enthält, haben wir hier ein Beispiel für eine sogenannte unendliche Menge. Die Menge der geraden Zahlen zwischen 1 und 10 ist dagegen eine endliche Menge.

Teilmenge

Gegeben seien zwei Mengen A und B. Dann nennt man A eine Teilmenge von B, falls jedes Element von A ein Element von B ist.

Schreibweise: $A \subset B$

Die Schreibweise $A \subset B$ drückt somit eine Beziehung zwischen den beiden Mengen A und B aus. Sie besagt, dass jedes Element von A in B enthalten ist. Ist dies nicht der Fall, so schreibt man auch $A \not\subset B$. Insbesondere gilt $A \subset A$ und $\emptyset \subset A$ für jede beliebige Menge A, das heißt, jede Menge ist Teilmenge von sich selbst und außerdem ist die leere Menge eine Teilmenge jeder Menge[6]. Betrachtet man die Mengen $A = \{2, 4\}$, $B = \{3, 4, 5\}$ und $C = \{2, 3, 4, 5\}$, dann gilt auf Grund der obigen Definition

$$A \subset C \quad \text{und} \quad B \subset C$$

da jedes Element der Menge A bzw. der Menge B ein Element der Menge C ist. Allerdings ist A keine Teilmenge der Menge B, da die Zahl 2 in der Menge B nicht vorkommt. Es gilt also $A \not\subset B$.

Gleichheit zweier Mengen

Gegeben seien zwei Mengen A und B. Dann heißen A und B gleich, falls A eine Teilmenge von B ist und B eine Teilmenge von A ist.

Schreibweise: $A = B$

Die Gleichheit zweier Mengen wird hier mit Hilfe der Teilmengen-Beziehung ausgedrückt. Zwei Mengen A und B sind somit gleich, wenn gilt $A \subset B$ und $B \subset A$. Man könnte das natürlich auch einfach dadurch ausdrücken, dass man sagt, die Mengen A und B enthalten dieselben Elemente[7]. Die Teilmengen-Schreibweise hat aber gewisse Vorteile, wie wir später noch sehen werden. Man beachte, dass es bei einer Menge nicht auf die Reihenfolge ihrer Elemente ankommt. Auf Grund der Definition der Gleichheit zweier Mengen kann man somit die Menge $B = \{3, 4, 5\}$ auch in der Form $B = \{5, 4, 3\}$ schreiben. Außerdem enthält zum Beispiel die Menge $\{2, 2\} = \{2\}$ nur ein einziges Element, nämlich die Zahl 2. Unter der Zahl der Elemente einer Menge versteht man daher genauer die Zahl der verschiedenen Elemente einer Menge.

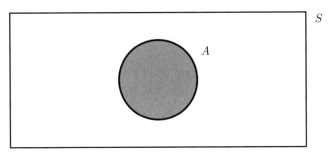

ABBILDUNG 1.2. Venn-Diagramm der Menge A

Mengen kann man sich auf einfache Weise auch grafisch veranschaulichen. Dies geschieht mit Hilfe sogenannter Venn-Diagramme, wobei konkrete Mengen durch Kreise dargestellt werden[8]. In Abbildung 1.2 ist dies die Menge A. Das angegebene Rechteck veranschaulicht die Grundmenge S derjenigen Elemente, aus denen die einzelnen Mengen gebildet werden.

Die Bedeutung der Grundmenge wird vor allem dann klar[9], wenn man mit Hilfe der gegebenen Menge A eine neue Menge bildet, nämlich die Menge derjenigen Elemente, die nicht zu A gehören. Dies führt zur Definition des Komplements einer Menge (der Komplementärmenge) und hierzu ist die Kenntnis der Grundmenge erforderlich.

Komplement einer Menge

Unter dem Komplement einer Menge A versteht man die Menge $\overline{A}$ aller Elemente, welche nicht in A liegen:

$$\overline{A} = \{x \mid x \notin A\}$$

Das Komplement von A, das heißt die Menge $\overline{A}$, enthält genau diejenigen Elemente der Grundmenge, die nicht in A liegen. Ist zum Beispiel $S = \{1, 2, 3, 4, 5, 6\}$, das heißt die Menge aller möglichen Augenzahlen beim Werfen eines Würfels, und $A = \{1, 2, 3\}$, dann ist das Komplement von A gegeben durch $\overline{A} = \{4, 5, 6\}$. Beim

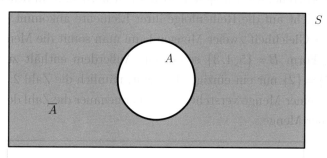

ABBILDUNG 1.3. Venn-Diagramm der Menge $\overline{A}$

Venn-Diagramm ist das Komplement von A durch den gesamten grauen Bereich gekennzeichnet, der sich außerhalb von A befindet. Zusammen ergeben die beiden Mengen A und $\overline{A}$ natürlich die gesamte Grundmenge.

Ähnlich wie bei den Aussagen gibt es auch bei den Mengen die Möglichkeit, diese durch gewisse Operationen miteinander zu verknüpfen. So werden etwa durch die Bildung des Durchschnitts zweier Mengen alle diejenigen Elemente zusammengefasst, die beiden Mengen gemeinsam sind.

Durchschnitt zweier Mengen

Unter dem Durchschnitt zweier Mengen A und B versteht man die Menge $A \cap B$ aller Elemente, welche sowohl in A als auch in B liegen:

$$A \cap B = \{x \mid x \in A \text{ und } x \in B\}$$

Nehmen wir als Beispiel wieder die Grundmenge $S = \{1, 2, 3, 4, 5, 6\}$ sowie die Mengen $A = \{1, 2, 3\}$ und $B = \{2, 4, 6\}$. Dann ist der Durchschnitt von A und B

die Menge $A \cap B = \{2\}$. Bei der Verwendung von Venn-Diagrammen wird der Durchschnitt zweier Mengen durch die Schnittfläche zweier überlappender Kreise veranschaulicht, wie die folgende Abbildung zeigt.

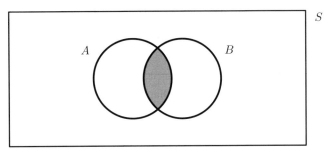

ABBILDUNG 1.4. Venn-Diagramm der Menge $A \cap B$

Bei der Durchschnittsbildung kann es natürlich vorkommen, dass die beiden Mengen A und B gar keine Elemente gemeinsam haben, zum Beispiel, wenn $A = \{1,2\}$ und $B = \{3,4\}$ ist. In diesem Fall ist der Durchschnitt leer, das heißt $A \cap B = \emptyset$. Die beiden Mengen A und B werden dann auch als disjunkt bezeichnet.

Der Durchschnitt zweier Mengen lässt sich ohne weiteres auf den Durchschnitt endlich vieler Mengen $A_1, A_2, \ldots, A_n$ erweitern. Das Ergebnis dieser Durchschnittsbildung wird dann mit $A_1 \cap A_2 \cap \ldots \cap A_n$ bezeichnet. Dies ist die Menge derjenigen Elemente (der Grundmenge), die in allen Mengen $A_1, A_2, \ldots, A_n$ enthalten sind.

Vereinigung zweier Mengen

Unter der Vereinigung zweier Mengen A und B versteht man die Menge $A \cup B$ aller Elemente, welche in A oder in B liegen, das heißt also in mindestens einer der beiden Mengen:

$$A \cup B = \{x \mid x \in A \text{ oder } x \in B\}$$

Für die Grundmenge $S = \{1,2,3,4,5,6\}$ und die Teilmengen $A = \{1,2,3\}$ und $B = \{2,4,6\}$ erhält man als Vereinigungsmenge die Menge $A \cup B = \{1,2,3,4,6\}$. Beim Venn-Diagramm für die Vereinigung zweier Mengen A und B (siehe Abbildung 1.5) wird die Menge $A \cup B$ durch die gesamte graue Fläche veranschaulicht.

Wie beim Durchschnitt kann man auch bei der Vereinigung von endlich vielen Mengen $A_1, A_2, \ldots, A_n$ die Vereinigung $A_1 \cup A_2 \cup \ldots \cup A_n$ bilden, das heißt die Menge derjenigen Elemente (der Grundmenge), die in mindestens einer der Mengen $A_1, A_2, \ldots, A_n$ enthalten sind[10].

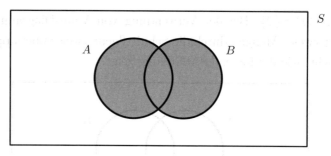

ABBILDUNG 1.5. Venn-Diagramm der Menge $A \cup B$

Im Folgenden sind die wichtigsten Regeln für Mengenoperationen zusammen-gefasst. Damit sollte man sich etwas vertraut machen. Bei der ersten Gruppe handelt es sich insbesondere um Regeln, die die Grundmenge und die leere Menge betreffen. Die zweite Gruppe enthält die üblichen Regeln für Operationen mit zwei bzw. drei Mengen.

Regeln für Mengenoperationen (I)

1. $A \cap A = A$ $A \cap S = A$ $A \cap \emptyset = \emptyset$

2. $A \cup A = A$ $A \cup S = S$ $A \cup \emptyset = A$

3. $\overline{\overline{A}} = A$ $\overline{S} = \emptyset$ $\overline{\emptyset} = S$

Die meisten dieser Regeln sind wohl selbsterklärend. Ansonsten gibt es verschiedene Möglichkeiten, sich die Gleichheit zweier Mengen plausibel zu machen. Verwenden wir als Demonstrationsbeispiel das zweite De Morgan'sche Gesetz.

Regeln für Mengenoperationen (II)

4. $A \cap B = B \cap A$ $A \cup B = B \cup A$ Kommutativgesetze

5. $\overline{A \cap B} = \overline{A} \cup \overline{B}$ $\overline{A \cup B} = \overline{A} \cap \overline{B}$ De Morgan Gesetze

6. $A \cap (B \cap C) = (A \cap B) \cap C$ Assoziativgesetze
   $A \cup (B \cup C) = (A \cup B) \cup C$

7. $A \cap (B \cup C) = (A \cap B) \cup (A \cap C)$ Distributivgesetze
   $A \cup (B \cap C) = (A \cup B) \cap (A \cup C)$

BEISPIEL 1.2 $\overline{A \cup B} = \overline{A} \cap \overline{B}$

1. Man kann versuchen, dieses Gesetz mit Hilfe zweier konkreter Mengen A
   und B zu überprüfen. Für $S = \{1, 2, 3, 4, 5, 6\}$, $A = \{1, 2, 3\}$ und $B = \{2, 4, 6\}$
   erhält man die Gleichheit der beiden Mengen

   $$\overline{A \cup B} = \{5\}$$
   $$\overline{A} \cap \overline{B} = \{4, 5, 6\} \cap \{1, 3, 5\} = \{5\}$$

   Allerdings ist dies kein allgemeiner Beweis für das Gesetz.

2. Analog zur Wahrheitstabelle kann man bei Mengen eine sogenannte Men-
   gentabelle verwenden:

A	B	$A \cup B$	$\overline{A}$	$\overline{B}$	$\overline{A \cup B}$	$\overline{A} \cap \overline{B}$
$\in$	$\in$	$\in$	$\notin$	$\notin$	$\notin$	$\notin$
$\in$	$\notin$	$\in$	$\notin$	$\in$	$\notin$	$\notin$
$\notin$	$\in$	$\in$	$\in$	$\notin$	$\notin$	$\notin$
$\notin$	$\notin$	$\notin$	$\in$	$\in$	$\in$	$\in$

   Diese Tabelle zeigt für ein beliebiges Element der Grundmenge (zeilenweise)
   alle möglichen Element-Kombinationen an. Für die ersten beiden Spalten
   sind dies die Kombinationen bezüglich der Mengen A und B: das Element
   kann in beiden Mengen liegen, in genau einer der beiden Mengen oder in gar
   keiner. Insgesamt gibt es vier Möglichkeiten. Die dritte Spalte ergibt sich
   unmittelbar aus den beiden ersten Spalten, wobei man nur die Definition der
   Vereinigung zweier Mengen berücksichtigen muss. Die Inhalte der restlichen
   Spalten lassen sich dann aus den ersten drei Spalten ableiten.

   Entscheidend ist die (zeilenweise) Gleichheit der beiden letzten Spalten. Die-
   se impliziert nämlich die Gleichheit der beiden Mengen $\overline{A \cup B}$ und $\overline{A} \cap \overline{B}$.
   Wären diese beiden Mengen verschieden, dann müsste es ein Element ge-
   ben, das in einer der beiden Mengen liegt, nicht aber in der anderen. Dann
   wären aber die beiden letzten Spalten verschieden, was nicht der Fall ist.
   Also sind die beiden Mengen gleich.

3. Eine elegantere Möglichkeit, bei der man gleichzeitig sein logisches Denken schulen kann, beruht auf der Definition der Gleichheit zweier Mengen,
   wonach zwei Mengen genau dann gleich sind, wenn jede der Mengen eine

Teilmenge der anderen ist. Man muss also bei unserem Beispiel die folgenden Teilmengenbeziehungen zeigen:

$$\overline{A \cup B} \subset \overline{A} \cap \overline{B}$$

$$\overline{A} \cap \overline{B} \subset \overline{A \cup B}$$

Beginnen wir mit dem Nachweis der ersten Teilmengenbeziehung.

Sei x ein beliebiges Element aus $\overline{A \cup B}$, das heißt $x \in \overline{A \cup B}$. Daraus folgt $x \notin A \cup B$. Da x nicht in der Vereinigung von A und B liegt, kann x weder in A noch in B liegen, das heißt es gilt $x \notin A$ und $x \notin B$. Damit ist aber $x \in \overline{A}$ und $x \in \overline{B}$ bzw. $x \in \overline{A} \cap \overline{B}$. Damit haben wir gezeigt: Ist $x \in \overline{A \cup B}$, dann ist $x \in \overline{A} \cap \overline{B}$. Da x beliebig vorgegeben war, gilt diese Beziehung für alle $x \in \overline{A \cup B}$. Damit haben wir die erste Teilmengenbeziehung $\overline{A \cup B} \subset \overline{A} \cap \overline{B}$ bewiesen.

Nehmen wir jetzt umgekehrt an, dass $x \in \overline{A} \cap \overline{B}$ ist. Das heißt $x \in \overline{A}$ und $x \in \overline{B}$. Anders ausgedrückt: $x \notin A$ und $x \notin B$. Da also x weder in A noch in B liegt, kann x auch nicht in der Vereinigung von A und B liegen, das heißt $x \notin A \cup B$. Daher muss aber gelten: $x \in \overline{A \cup B}$. Für jedes $x \in \overline{A} \cap \overline{B}$ ist also $x \in \overline{A \cup B}$. Damit ist die zweite Teilmengenbeziehung $\overline{A} \cap \overline{B} \subset \overline{A \cup B}$ bewiesen. Ingesamt ergibt sich daher $\overline{A \cup B} = \overline{A} \cap \overline{B}$. $\qquad\square$

Angenommen, man würde bei einer Gruppe von Personen verschiedene Merkmale untersuchen, zum Beispiel Geschlecht (1 = männlich, 2 = weiblich) und Familienstand (1 = ledig, 2 = verheiratet, 3 = verwitwet, 4 = geschieden, 5 = Lebenspartnerschaft). Bezeichnet man dann mit $A = \{1, 2\}$ und $B = \{1, 2, 3, 4, 5\}$ die Mengen der jeweiligen Möglichkeiten, dann kann man durch das sogenannte kartesische Produkt alle Kombinationsmöglichkeiten dieser beiden Mengen erfassen.

Kartesisches Produkt zweier Mengen

Unter dem kartesischen Produkt zweier Mengen A und B versteht man die Menge $A \times B$ aller geordneten Paare (x, y), wobei $x \in A$ und $y \in B$ ist:

$$A \times B = \{(x, y)\mid x \in A \text{ und } y \in B\}$$

Bildet man bei unserem Beispiel das kartesische Produkt aus A und B, dann würde die Menge aller Kombinationsmöglichkeiten folgendes Aussehen haben:

$$A \times B = \{(1,1), (1,2), (1,3), (1,4), (1,5)$$
$$(2,1), (2,2), (2,3), (2,4), (2,5)\}$$

Das kartesische Produkt für drei Mengen A, B und C würde entsprechend lauten:

$$A \times B \times C = \{(x,y,z)| \ x \in A, y \in B, z \in C\}$$

Ist zum Beispiel $A = \{1,2\}$, $B = \{3,4\}$ und $C = \{5,6\}$, dann sind etwa $(1,3,5)$ und $(1,4,6)$ zwei Elemente (geordnete Tripel) der Menge $A \times B \times C$.

Für endlich viele Mengen $A_1, A_2, \ldots, A_n$ lässt sich das kartesische Produkt ausführlich wie folgt aufschreiben:

$$A_1 \times A_2 \times \cdots \times A_n = \{(x_1, x_2, \ldots, x_n)| \ x_i \in A_i \text{ für } i = 1, 2, \ldots, n\}$$

Darauf werden wir in Kapitel 3 noch einmal zurückkommen, wenn wir die Menge der Punkte in der Ebene sowie die Menge der Punkte im Raum beschreiben.

1.4. Zahlenmengen

Es gibt verschiedene Mengen von Zahlen, die häufig auftreten und daher mit einem speziellen Symbol gekennzeichnet werden[11]. Dazu gehört zunächst einmal die Menge der natürlichen Zahlen, von der ja bereits die Rede war. Diese wird üblicherweise mit dem Symbol $\mathbb{N}$ bezeichnet. Hierbei handelt es sich um eine sogenannte abzählbar unendliche Menge, das heißt, ihre Elemente lassen sich in einer Folge aufschreiben.

Bekanntlich kann man die natürlichen Zahlen zu den ganzen Zahlen erweitern, indem man die Null, sowie die negativen ganzen Zahlen -1, -2, -3, ... hinzufügt. Innerhalb der ganzen Zahlen lassen sich die Addition und Multiplikation zweier Zahlen unbeschränkt ausführen. Die Menge der ganzen Zahlen wird mit $\mathbb{Z}$ bezeichnet.

Als Nächstes kann man zu den Brüchen übergehen, genauer zu den rationalen Zahlen. Unter einer rationalen Zahl versteht man dabei eine Zahl, die sich in der Form $r = p/q$ darstellen lässt, wobei p eine ganze Zahl und q eine natürliche Zahl ist. Beispiele für rationale Zahlen sind etwa $1/3$, $-4/9$ oder $15/11$. Die Menge der rationalen Zahlen wird mit $\mathbb{Q}$ bezeichnet.

Schließlich lässt sich die Menge der rationalen Zahlen zur Menge $\mathbb{R}$ der reellen Zahlen erweitern, die neben den rationalen Zahlen auch die irrationalen Zahlen enthält. Letztere sind Zahlen, die sich nicht in der Form p/q darstellen lassen. Bekannte Beispiele dafür sind $\sqrt{2}$, π oder die Eulersche Zahl e. Reelle Zahlen lassen sich allgemein darstellen als Dezimalzahlen, wobei die rationalen Zahlen den periodischen Dezimalzahlen, die irrationalen Zahlen den nichtperiodischen Dezimalzahlen entsprechen. Da die reellen Zahlen sich nicht in einer Folge aufschreiben lassen, bezeichnet man $\mathbb{R}$ auch als eine überabzählbare Menge.

Für die oben angegebenen Mengen gilt offensichtlich die folgende Teilmengenbeziehung:

$$\mathbb{N} \subset \mathbb{Z} \subset \mathbb{Q} \subset \mathbb{R}$$

An dieser Stelle sei noch auf weitere Teilmengen von $\mathbb{R}$ hingewiesen, nämlich die Intervalle. So versteht man unter dem abgeschlossenene Intervall $[a,b]$, den halboffenen Intervallen $[a,b)$ und $(a,b]$ sowie dem offenen Intervall (a,b) die folgenden Mengen

$$[a,b] = \{x \mid a \le x \le b\}$$
$$[a,b) = \{x \mid a \le x < b\}$$
$$(a,b] = \{x \mid a < x \le b\}$$
$$(a,b) = \{x \mid a < x < b\}$$

wobei beim halboffenen Intervall $[a,b)$ auch $b = \infty$, beim halboffenen Intervall $(a,b]$ auch $a = -\infty$ und beim offenen Intervall (a,b) auch $a = -\infty$ und/oder $b = \infty$ zugelassen sind. Ansonsten werden a und b als beliebige reelle Zahlen mit $a \le b$ vorausgesetzt.

---

kurioses & merkwürdiges

Hilbert's Hotel

Der deutsche Mathematiker *D. Hilbert* (1862–1943) versuchte mit Hilfe der folgenden Geschichte, seinen Studenten die Idee des Unendlichen näher zu bringen.

Ein Hotel besitze unendlich viele Zimmer, die der Reihe nach durchnummeriert seien, also Nr. 1, Nr. 2, Nr. 3, usw. Eines Tages erscheint ein neuer Gast und erkundigt sich nach einem freien Zimmer. Der Hoteldirektor erklärt ihm, dass sein Hotel zwar unendlich viele Zimmer habe, diese aber derzeit alle belegt seien. Der Gast, ein Mathematiker, erklärt dem erstaunten Hoteldirektor, dass dies für ihn kein Problem darstelle. Ein zusätzliches freies Zimmer könne ja man leicht schaffen. Man bitte einfach den Gast von Nr. 1, nach Nr. 2 zu ziehen, wodurch Nr. 1 für ihn (den neuen Gast) frei wird. Der bisherige Gast von Nr. 2 zieht nach Nr. 3, der bisherige Gast von Nr. 3 nach Nr. 4, usw. Auf diese Weise belegt jeder der bisherigen Gäste sowie der neue Gast jeweils ein eigenes Zimmer.

Ein Hotel mit unendlich vielen Zimmern könnte also ohne weiteres neue Gäste aufnehmen, selbst wenn alle Zimmer bereits belegt sind!

Anmerkungen

1 In der Literatur wird diese Aussage gelegentlich auf Lateinisch formuliert: „Tertium non datur". Alternativ nennt man dies den „Satz vom ausgeschlossenen Dritten". In diesem Zusammenhang spricht man auch von der zweiwertigen Logik.

2 Gelegentlich werden in mathematischen Aussagen sogenannte Quantoren verwendet. Darunter versteht man die Symbole $\exists$ (Existenzquantor) bzw. $\forall$ (Allquantor). Die Aussage „Es gibt eine reelle Zahl x, für die $x^2 = 4$ ist" könnte man daher mit Hilfe des Existenzquantors auch so schreiben:

$$\exists x \quad x^2 = 4$$

In diesem Fall gibt es offensichtlich nicht nur ein x, welches die Gleichung $x^2 = 4$ erfüllt, sondern zwei, nämlich $x = 2$ und $x = -2$. Dies ist allerdings kein Widerspruch zur obigen Aussage. Die Verwendung des Existenzquantors besagt lediglich, dass es (mindestens) ein x gibt, welches die Gleichung $x^2 = 4$ erfüllt und eine solches x gibt es. Will man explizit ausdrücken, dass es genau ein (das heißt ein einziges) x gibt, für das ... gilt, so wird nach dem Existenzquantor ein Ausrufezeichen gesetzt:

$$\exists! x \quad \ldots$$

Mit Hilfe des zweiten Quantors, dem Allquantor, könnte man zum Beispiel die Aussage „Für jede reelle Zahl x ist $x^2 \geq 0$" auch so schreiben:

$$\forall x \quad x^2 \geq 0$$

Beachten Sie: Aus der Tatsache, dass man etwas auf eine bestimmte Art und Weise schreiben kann, folgt nicht automatisch, dass man es auch immer so schreiben muss!

3 Für $\neg P$ lies: „Nicht P".

4 Die historische Definition von *G. Cantor* (1845–1918), dem Begründer der Mengenlehre, lautet wie folgt:

„Unter einer Menge verstehen wir jede Zusammenfassung M von bestimmten wohlunterschiedenen Objekten m unserer Anschauung oder unseres Denkens (welche die Elemente von M genannt werden) zu einem Ganzen."

5 Für $\{x|\ x$ ist eine natürliche Zahl$\}$ lies: „Menge aller x, für die gilt: x ist eine natürliche Zahl". Statt des senkrechten Strichs $|$ in der Mengenklammer wird manchmal auch ein Doppelpunkt : verwendet.

6 Dass die leere Menge $\emptyset$ eine Teilmenge jeder Menge A ist, kann man sich wie folgt plausibel machen. Es existiert sicher kein Element in $\emptyset$, welches nicht in A liegt. Daraus kann man aber eigentlich nur folgern, dass alle Elemente aus $\emptyset$ in A liegen. Man beachte, dass damit nicht behauptet wird, dass $\emptyset$ irgendein Element enthält. Eine solche Behauptung wäre natürlich falsch, da ja die leere Menge definitionsgemäß keine Elemente hat.

7 Die Elemente einer Menge können sehr verschiedenartiger Natur sein. So kann man etwa auch Mengen bilden, deren Elemente selbst wieder Mengen sind, sogenannte Mengensysteme. Ein Beispiel dafür ist die Menge $\mathcal{P}(M) = \{A|\ A$ ist eine Teilmenge von $M\}$, das heißt die Menge aller Teilmengen einer gegebenen Menge M. Diese wird auch als Potenzmenge von M bezeichnet. Ist zum Beispiel $M = \{1, 2, 3\}$, dann gilt:

$$\mathcal{P}(M) = \{\emptyset, \{1\}, \{2\}, \{3\}, \{1, 2\}, \{1, 3\}, \{2, 3\}, \{1, 2, 3\}\}$$

8 Venn-Diagramme gehen auf den englischen Logiker *J. Venn* (1834–1923) zurück.

9 Dies ist ein Beispiel dafür, dass nicht selten die Sinnhaftigleit bzw. Bedeutung eines Begriffs erst später klar wird.

10 Venn-Diagramme kann man allgemein auch für drei Mengen erstellen, siehe Abbildung 1.1. Bei einer größeren Zahl von Mengen ist dies aber nur noch in speziellen Fällen anschaulich sinnvoll.

11 Komplexe Zahlen werden hier nicht behandelt.

Aufgaben

Die folgenden Aufgaben dienen dazu, das Verständnis des behandelten Stoffes zu erleichtern und zu vertiefen. Um einen entsprechenden Lerneffekt zu erzielen, sollten dabei die Konzepte und Methoden verwendet werden, die in diesem Kapitel präsentiert wurden. Soweit es um konkrete Berechnungen geht, sollte man besonders auf die Darstellung des Lösungswegs achten. Für die mit einem * gekennzeichneten Aufgaben ist eine geeignete Software erforderlich bzw. empfehlenswert. Beachten Sie dazu auch die Hinweise in Anhang B. Lösungen zu den Aufgaben mit geraden Nummern finden Sie in Anhang C.

1.1   a) Zeigen Sie, dass für zwei beliebige Aussagen P und Q die zusammengesetzte Aussage

$$(P \wedge Q) \Rightarrow P$$

eine Tautologie ist.

       b) Zeigen Sie, dass für zwei beliebige Aussagen P und Q die zusammengesetzte Aussage

$$\neg(P \vee Q) \Leftrightarrow (\neg P \wedge \neg Q)$$

eine Tautologie ist.

       c) Ist die Aussage „Zu jeder reellen Zahl x gibt es eine reelle Zahl y, die die Ungleichung $x > y$ erfüllt" wahr?

       d) Wie lautet die Negation der Aussage in c)?

1.2   a) Zeigen Sie, dass für zwei beliebige Aussagen P und Q die zusammengesetzte Aussage

$$\neg(P \wedge Q) \Leftrightarrow (\neg P \vee \neg Q)$$

eine Tautologie ist.

       b) Zeigen Sie, dass für zwei beliebige Aussagen P und Q die zusammengesetzte Aussage

$$(P \Rightarrow Q) \Leftrightarrow (\neg Q \Rightarrow \neg P)$$

eine Tautologie ist.

       c) Ist die Aussage „Es gibt eine reelle Zahl x, sodass für jede reelle Zahl y die Ungleichung $xy > 0$ gilt" wahr?

d) Wie lautet die Negation der Aussage in c)?

1.3 Gegeben ist eine Grundmenge $S = \{1, 2, 3, 4, 5\}$ und die Teilmengen $A = \{1, 2, 3, 4\}$, $B = \{1, 3, 5\}$ und $C = \{1, 5\}$. Bestimmen Sie die folgenden Mengen:

    a) $A \cap B$

    b) $A \cup B \cup C$

    c) $\overline{B \cup C}$

    d) $\overline{A} \cup (B \cap C)$

1.4 (Fortsetzung von Aufgabe 1.3)
    Bestimmen Sie die folgenden Mengen:

    a) $A \cup B$

    b) $A \cap B \cap C$

    c) $\overline{B \cap C}$

    d) $\overline{A} \cap (B \cup C)$

1.5 Überlegen Sie, welche der folgenden Aussagen über Mengen richtig sind. Suchen Sie ein Gegenbeispiel, falls Sie vermuten, dass eine Aussage falsch ist.

    a) Ist $A \subset B$, dann ist $A = A \cap B$.

    b) Ist $A = A \cup B$, dann ist $B \subset A$.

    c) Ist $A \cup B = A \cup C$, dann ist $B = C$.

    d) Ist $A \cap B = \emptyset$, dann ist $\overline{A} \cap \overline{B} = \emptyset$.

1.6 Bestimmen Sie alle Teilmengen der Menge $M = \{1, 2, 3, 4\}$.

    Hinweis: Eine Menge mit n Elementen hat 2^n verschiedene Teilmengen.

1.7 Beweisen Sie für zwei beliebige Mengen A und B die Gültigkeit der Gleichung

$$\overline{A \cap B} = \overline{A} \cup \overline{B}$$

1.8 Von den Teilnehmern eines Kochkurses mögen 18 gerne Gulasch, 15 mögen gerne Eintopf und 11 mögen gerne Sushi. Es gibt neun Teilnehmer, die von den drei Gerichten nur Eintopf mögen. Ebenfalls neun Teilnehmer mögen nur Gulasch. Drei Teilnehmer mögen sowohl Gulasch als auch Eintopf, allerdings kein Sushi. Zwei Teilnehmer mögen alle drei Gerichte.

    a) Wie viele Teilnehmer mögen Gulasch und Eintopf?

    b) Wie viele Teilnehmer mögen Eintopf und Sushi?

    c) Wie viele Teilnehmer mögen nur Sushi?

1.9 Gegeben sind die beiden Mengen $M_1 = \{1, 2, 3\}$, $M_2 = \{a, b\}$ und $M_3 = \{x, y\}$. Bilden Sie die folgenden kartesischen Produkte:

    a) $M_1 \times M_2$

b) $M_2 \times M_3$

c) $M_2 \times M_1$

d) $M_3 \times M_2$

1.10 (Fortsetzung von Aufgabe 1.9)
Bilden Sie das kartesische Produkt $M_1 \times M_2 \times M_3$.

Fragen

1. Was ist der Unterschied zwischen einer Aussage und einer Aussageform?

2. Was sind Tautologien?

3. Welche Beispiele für Tautologien kennen Sie?

4. Was versteht man unter einer Menge?

5. Wie lauten die wichtigsten Mengenoperationen?

6. Was sind disjunkte Mengen?

7. Wie kann man die Gleichheit zweier Mengen nachweisen?

8. Wie lauten die De Morgan Gesetze?

9. Was versteht man unter dem kartesischen Produkt zweier Mengen?

10. Wo gibt es Anwendungen der Mengenlehre?

Cantor und das Unendliche

„Die Attribute des Gleichen, des Größeren und des Kleineren haben nicht statt bei Unendlichem, sondern sie gelten nur bei endlichen Größen." Diese Aussage von *G. Galilei* (1564–1642) wird im Jahre 1873 schlicht und einfach zertrümmert. Seit diesem Jahr, genauer seit dem 7. Dezember 1873, ist das Unendliche nicht mehr das, was es früher war. Der Mathematiker *G. Cantor* (1845–1918) konnte zeigen, dass es verschiedene Ordnungen des Unendlichen gibt. Danach ist etwa die (unendliche) Menge $\mathbb{R}$ der rellen Zahlen „größer" als die (unendliche) Menge $\mathbb{N}$ der natürlichen Zahlen. Entscheidend ist dabei der Begriff der abzählbar unendlichen Menge.

Die bekannteste abzählbar unendliche Menge ist die Menge $\mathbb{N}$ der natürlichen Zahlen. Deren Elemente lassen sich einfach als Folge aufschreiben:

$$1, 2, 3, 4, 5, 6, 7, 8, 9, 10, \ldots$$

Bei der Menge $\mathbb{Z}$ der ganzen Zahlen ist das auch noch leicht zu verstehen, wenn man sie auf die folgende Weise darstellt:

$$0, 1, -1, 2, -2, 3, -3, 4, -4, 5, -5, \ldots$$

Dadurch werden sämtliche ganzen Zahlen erfasst. Wie schaut es aber zum Beispiel mit der Menge $\mathbb{Q}$ der rationalen Zahlen aus, das heißt mit Zahlen von der Form

$$\frac{p}{q}$$

wobei p eine ganze Zahl und q eine natürliche Zahl ist? Cantor wies nach, dass diese Menge ebenfalls abzählbar ist und sich somit auch die rationalen Zahlen als Folge aufschreiben lassen.

Um dies zu zeigen, gehen wir zunächst aus von den positiven rationalen Zahlen, die sich in Form einer „unendlichen" Tabelle aufschreiben lassen. Dabei enthält die erste Zeile alle positiven rationalen Zahlen mit $p = 1$, die zweite Zeile alle positiven rationalen zahlen mit $p = 2$, usw. Eine beliebige positive rationale Zahl p/q befindet sich somit in der p-ten Zeile und der q-ten Spalte. Jeder Zahlenwert tritt dabei mehrfach auf, zum Beispiel $1 = 1/1 = 2/2 = 3/3 = \ldots$ Aber das stellt hier kein Problem dar.

$$\frac{1}{1} \rightarrow \frac{1}{2} \quad \frac{1}{3} \rightarrow \frac{1}{4} \quad \frac{1}{5} \rightarrow \frac{1}{6} \quad \frac{1}{7} \quad \cdots$$

$$\frac{2}{1} \quad \frac{2}{2} \quad \frac{2}{3} \quad \frac{2}{4} \quad \frac{2}{5} \quad \frac{2}{6} \quad \frac{2}{7} \quad \cdots$$

$$\frac{3}{1} \quad \frac{3}{2} \quad \frac{3}{3} \quad \frac{3}{4} \quad \frac{3}{5} \quad \frac{3}{6} \quad \frac{3}{7} \quad \cdots$$

$$\frac{4}{1} \quad \frac{4}{2} \quad \frac{4}{3} \quad \frac{4}{4} \quad \frac{4}{5} \quad \frac{4}{6} \quad \frac{4}{7} \quad \cdots$$

$$\frac{5}{1} \quad \frac{5}{2} \quad \frac{5}{3} \quad \frac{5}{4} \quad \frac{5}{5} \quad \frac{5}{6} \quad \frac{5}{7} \quad \cdots$$

$$\frac{6}{1} \quad \frac{6}{2} \quad \frac{6}{3} \quad \frac{6}{4} \quad \frac{6}{5} \quad \frac{6}{6} \quad \frac{6}{7} \quad \cdots$$

$$\frac{7}{1} \quad \frac{7}{2} \quad \frac{7}{3} \quad \frac{7}{4} \quad \frac{7}{5} \quad \frac{7}{6} \quad \frac{7}{7} \quad \cdots$$

$$\vdots \qquad \vdots \qquad \vdots \qquad \vdots \qquad \vdots \qquad \vdots \qquad \vdots$$

Wenn man jetzt den Richtungen der Pfeile folgt, beginnend links oben in der Ecke, dann wird schrittweise jede der angegebenen Zahlen erfasst. Die auf diese Weise konstruierte Folge beginnt somit mit den Zahlen

$$\frac{1}{1}, \frac{1}{2}, \frac{2}{1}, \frac{3}{1}, \frac{2}{2}, \frac{1}{3}, \cdots$$

Ergänzt man diese Folge noch durch die Zahl 0 sowie die entsprechenden negativen Zahlen, dann erhält man also die Folge

$$0, \frac{1}{1}, -\frac{1}{1}, \frac{1}{2}, -\frac{1}{2}, \frac{2}{1}, -\frac{2}{1}, \frac{3}{1}, -\frac{3}{1}, \frac{2}{2}, -\frac{2}{2}, \frac{1}{3}, -\frac{1}{3}, \cdots$$

Diese enthält aber offensichtlich alle rationalen Zahlen und somit ist die Menge der rationalen Zahlen abzählbar.

Eine besondere Herausforderung stellt das sogenannte Kontinuum dar, das heißt die Menge $\mathbb{R}$ der reellen Zahlen. Cantor konnte beweisen, dass diese Menge überabzählbar, das heißt nicht abzählbar, ist. Die reellen Zahlen lassen sich nicht durch eine Folge darstellen. Das bedeutet aber, dass es im Unendlichen verschiedene Ebenen gibt. Um dies zu zeigen, beschränken wir uns auf die Zahlen des Intervalls $[\,0,1\,]$. Wenn sich die Zahlen dieses Intervalls nicht durch eine Folge darstellen lassen, dann ist dies erst recht nicht möglich bei der Menge aller reellen Zahlen. Der Beweis wird indirekt geführt. Wir nehmen an, die Zahlen des Intervalls $[\,0,1\,]$ lassen sich in einer Folge aufschreiben und führen dies dann auf einen Widerspruch. Damit ist die Annahme falsch und somit das Intervall $[\,0,1\,]$ eine überabzählbare Menge, was erst recht für die Menge $\mathbb{R}$ gilt.

Wir gehen also davon aus, dass sich die Zahlen des Intervalls $[\,0,1\,]$ als eine Folge x_1, x_2, x_3, ... darstellen lassen, also etwa in dieser Form (wobei die spezielle Reihenfolge hier keine Rolle spielt):

$$x_1 = 0{,}5278497730\ldots$$
$$x_2 = 0{,}4059027449\ldots$$
$$x_3 = 0{,}4805912560\ldots$$
$$x_4 = 0{,}3229048306\ldots$$
$$x_5 = 0{,}6398402013\ldots$$
$$\vdots \qquad \vdots$$

Man kann jetzt eine Zahl $a = 0{,}a_1\,a_2\,a_3\,a_4\,a_5\,\ldots$ konstruieren, bei der $a_n = 0$ ist, falls die n-te Nachkommaziffer von x_n ungleich 0 ist. Ansonsten ist $a_n = 1$. Eine kurze Überlegung zeigt, dass $a \neq x_n$ ist für jede natürlich Zahl n. Da a im Intervall $[\,0,1\,]$ liegt, in der Folge (x_n) aber nicht vorkommt, liegt hier ein Widerspruch zur Annahme vor, dass diese Folge sämtliche Zahlen im Intervall $[\,0,1\,]$ erfasst. Somit ergibt sich das oben genannte Resultat: die Menge $\mathbb{R}$ der reellen Zahlen ist überabzählbar.

„Das Wesen der Mathematik liegt in ihrer Freiheit." (Cantor [1883])

Literatur: Aczel (2002), Heuser (2008), Taschner (1995).

Kapitel 2.

Finanzmathematik

Studentin Elfriede K. verfügt auf Grund eines Ferialjobs über einen Geldbetrag von 1.000 Euro. Sie beschließt, diesen Betrag auf einem Sparbuch anzulegen und in Zukunft jährlich 500 Euro darauf einzuzahlen. Wie hoch ist der auf diese Weise angesparte Betrag in fünf Jahren, wenn man von einem Zinssatz von 5 % p. a. ausgeht[1]? Der Einfachheit halber gehen wir hier davon aus, dass die einzelnen Geldbeträge jeweils zu Jahresbeginn angelegt werden. Die Beantwortung dieser Frage weist verschiedene Aspekte auf. Zunächst einmal bewirken die jährlichen Einzahlungen in Höhe von 500 Euro ein deutliches Anwachsen des ursprünglichen Kapitalbetrags. Hinzu kommen die jährlichen Zinsen, die für die eingezahlten Kapitalbeträge anfallen. Schließlich gibt es noch einen besonderen Wachstumseffekt auf Grund der Verzinsung der bereits erfolgten Zinszahlungen (Zinseszinsen). Dies ist der berühmte Zinseszinseffekt, der die Phantasie vieler Sparer „beflügelt".

Die oben gestellte Frage lässt sich natürlich nach Ablauf der fünf Jahre genau beantworten. Interessanter und auch wesentlich reizvoller ist es natürlich, wenn man die tatsächliche Höhe des Endbetrags bereits jetzt kennen würde. Pläne zu schmieden mit Kapitalien, die in nicht allzu ferner Zukunft anfallen, kann erfahrungsgemäß recht anregend sein.

Dabei erweist es sich als besonders vorteilhaft, wenn man über Grundkenntnisse der Finanzmathematik verfügt, womit wir beim Thema dieses Kapitels sind. In den folgenden Abschnitten werden wir uns mit verschiedenen Fragestellungen im Zusammenhang mit der Bewertung von Zahlungsströmen beschäftigen. Diese treten ja nicht nur bei Sparplänen auf, sondern beispielsweise auch bei Rentenzahlungen oder bei der Tilgung eines Kredits. Die Betonung wird dabei auf das Verständnis der Darstellung gelegt, nicht auf spezielle Details oder Varianten aus der Praxis. Durch die Beschäftigung mit Finanzmathematik lernt man verschiedenste Situationen kennen, die von großer Bedeutung sind, nicht zuletzt für jeden Einzelnen in seiner Rolle als Bankkunde.

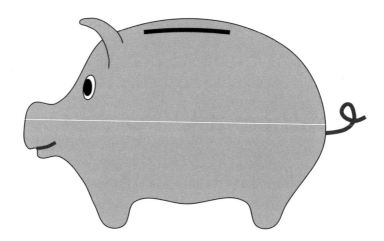

ABBILDUNG 2.1. Sparschwein

Durch die Beschäftigung mit Finanzmathematik wird man aber auch mit einem wichtigen Aspekt des Geldwesens vertraut gemacht. Man lernt nämlich, dass Zahlungen, die sich auf verschiedene Zeitpunkte beziehen, nicht einfach wie Zahlen miteinander verglichen oder addiert werden können. So stellt etwa ein Betrag von 1.000 Euro am heutigen Tag einen anderen Wert dar, als ein Betrag von 1.000 Euro in fünf Jahren bzw. vor fünf Jahren. Die Berücksichtigung dieses Zeitaspekts ist ein zentrales Thema der Finanzmathematik.

Es folgt ein kurzer Überblick über den Inhalt dieses Kapitels. Der erste Abschnitt beschäftigt sich mit einem Spezialfall der Verzinsung, der sogenannten einfachen (linearen) Verzinsung. Diese Verzinsungsart erfolgt proportional zur Laufzeit der Kapitalanlage. Im zweiten Abschnitt wird die Zinseszinsrechnung behandelt. Hier werden Laufzeiten betrachtet, die aus mehreren Zinsperioden bestehen. Dabei werden sowohl jährliche als auch unterjährige Zinsperioden berücksichtigt. Im dritten Abschnitt werden Fragestellungen behandelt, die im Zusammenhang mit Renten auftreten, das heißt bei regelmäßigen Zahlungen. Der letzte Abschnitt behandelt die Tilgungsrechnung, insbesondere zwei Varianten der Kreditrückzahlung, nämlich die Ratentilgung und die Annuitätentilgung. Bei der Ratentilgung erfolgt die Tilgung des Kreditbetrags durch konstante Rückzahlungen, während die Zinszahlungen sich jeweils auf die Restschuld beziehen. Bei der Annuitätentilgung erfolgt dagegen die Rückzahlung des Kredits durch konstante Zahlungen, die außerdem die anfallenden Zinsen enthalten.

2.1. Einfache Verzinsung

Nehmen wir einmal an, Elfriede K. legt den Betrag von 1.000 Euro zunächst für ein Jahr auf ein Sparbuch, wobei der Zinssatz 5 % p. a. beträgt. Wie hoch ist dann ihr Guthaben am Jahresende? So (oder so ähnlich) lautet häufig das erste Beispiel einer Einführung in die Finanzmathematik. Sehen wir uns an, wie man die obige Situation finanzmathematisch modelliert und wie dann die Antwort auf die Frage lautet. Der Kapitalbetrag von 1.000 Euro, der zu Beginn des Jahres angelegt wird, ist das sogenannte Anfangskapital, das wir mit K_0 bezeichnen. Somit ist $K_0 = 1.000$. Der Jahreszinssatz wird mit i bezeichnet und beträgt in diesem Fall $i = 5\%$ p. a. Das Guthaben am Ende des Jahres ist entsprechend das Endkapital, das sich aus dem Anfangskapital K_0 sowie den zugehörigen Jahreszinsen zusammensetzt, das heißt, es gilt $K_1 = K_0 + K_0 \cdot i$ oder in der üblichen Schreibweise

$$K_1 = K_0(1 + i) \tag{2.1}$$

Somit lautet die Antwort auf die obige Frage[2]:

$$K_1 = 1.000(1 + 0{,}05) = 1.050$$

In diesem Zusammenhang spricht man auch von einfacher (linearer) Verzinsung, das heißt, die Verzinsung erfolgt proportional zur Laufzeit (Zeitdauer) der Kapitalanlage. Wird zum Beispiel ein Geldbetrag nur für einen Monat angelegt, dann beträgt der Zinssatz für diesen Zeitraum $i/12$, bei drei Monaten (= ein Quartal) entsprechend $i/4$ usw.

Dividiert man die Gleichung (2.1) durch $1 + i$, dann erhält man:

$$K_0 = \frac{K_1}{1 + i}$$

Durch Vorgabe eines entsprechenden Endkapitals K_1 und des Zinssatzes i lässt sich somit umgekehrt auch das dazu erforderliche Anfangskapital K_0 bestimmen. Bei einer derartigen Fragestellung wird K_0 auch als Barwert von K_1 zum Zeitpunkt $t = 0$ bezeichnet[3]. Entsprechend nennt man K_1 auch den Endwert von K_0 zum Zeitpunkt $t = 1$. Beide Gleichungen machen den Unterschied zwischen Kapitalbeträgen zu verschiedenen Zeitpunkten deutlich. Dieser Unterschied entsteht allgemein durch den Zinssatz sowie die Anlagedauer des Kapitals. Wäre zum Beispiel $i = 0$, dann würden beide Kapitalbeträge übereinstimmen. Ansonsten wird aber der Unterschied zwischen K_0 und K_1 umso größer sein, je größer der Zinssatz bzw. die Anlagedauer ist.

Im Folgenden betrachten wir verschiedene Situationen, bei denen Kapitalbeträge über mehrere Zinsperioden angelegt werden. Das können Zeiträume von
mehreren Jahren, aber auch unter einem Jahr sein. Bei den Zinszahlungen werden allgemein nachschüssige Zahlungen angenommen, das heißt jeweils am Ende
einer Zinsperiode.

2.2. Zinseszinsrechnung

Angenommen, Elfriede K. würde den Betrag von 1.000 Euro für zwei Jahre zu 5 %
p. a. anlegen. Wie hoch wäre dann ihr Guthaben nach Ablauf von zwei Jahren?
Das Anfangskapital beträgt $K_0 = 1.000$. Im ersten Jahr wächst das Kapital durch
die Verzinsung auf

$$K_1 = 1.000 \cdot (1 + 0{,}05) = 1.050$$

an, wie wir bereits wissen. Im zweiten Jahr wird allerdings jetzt ein Betrag von
$K_1 = 1.050$ verzinst. Dieser wächst bis zum Ende des zweiten Jahres auf

$$K_2 = 1.050 + 1.050 \cdot 0{,}05 = 1.000 \cdot (1 + 0{,}05)^2 = 1.102{,}50$$

an. Nach zwei Jahren beläuft sich daher das Guthaben (= Endkapital) auf insgesamt 1.102,50 Euro. Beachten Sie, dass die im ersten Jahr aufgelaufenen Zinsen
im zweiten Jahr mitverzinst werden. Diesen Sachverhalt bezeichnet man auch als
Zinseszinseffekt. Der Schluss auf die allgemeine Formel für das Endkapital K_n bei
einer Anlagedauer von insgesamt n Jahren ist damit klar.

Endkapital nach n Jahren

$$K_n = K_0(1 + i)^n$$

K_0 – Anfangskapital
K_n – Endkapital
i – Zinssatz p. a.
n – Anlagedauer

Für jedes weitere Jahr wird das bisher aufgelaufene Kapital mit dem zusätzlichen Faktor $(1 + i)$ multipliziert, wobei i der jährliche Zinssatz bedeutet. Würde
also Elfriede K. den Betrag von 1.000 Euro für insgesamt fünf Jahre zu 5 % p. a.

anlegen, dann würde ihr Guthaben nach fünf Jahren insgesamt 1.276,28 Euro betragen. Da die obige Formel die Beziehung zwischen Endkapital und Anfangskapital beschreibt, kann man sie natürlich auch in umgekehrter Richtung verwenden, wie wir das bereits im ersten Abschnitt gesehen haben, das heißt also zur Berechnung des Anfangskapitals bei gegebenem Endkapital. Dieses „Rückrechnen" eines Kapitalbetrags von der Zukunft in die Gegenwart wird als Abzinsung oder Diskontierung bezeichnet. Der gesuchte Betrag, das heißt das Anfangskapital, ist der bereits erwähnte Barwert.

Der Zinseszinseffekt tritt natürlich nicht nur auf, wenn ein Geldbetrag über mehrere Jahre angelegt wird. Er kann auch bei einer Anlagedauer von unter einem Jahr von Bedeutung sein, falls nämlich mehrere Zinstermine anfallen (man denke etwa an die Quartalsabrechnung beim Girokonto). Nehmen wir an, ein Anleger „parkt" zu Beginn des dritten Quartals einen Betrag in Höhe von 10.000 Euro auf seinem Girokonto. Auf welchen Betrag ist diese Einlage nach Ablauf des Jahres angewachsen, wenn man eine Verzinsung von 1 % p. a. annimmt?

Das Anfangskapital beträgt $K_0 = 10.000$. Der Anlagezeitraum besteht aus zwei Zinsperioden zu je drei Monaten. Das Kapital K_1 nach der ersten Zinsperiode, das heißt nach Ablauf eines Quartals, beträgt daher

$$K_1 = 10.000 \cdot \left(1 + \frac{0{,}01}{4}\right)$$

$$= 10.025$$

Beachten Sie dabei, dass der in der Klammer enthaltene Bruch dem Quartalszinssatz entspricht, das heißt

$$\text{Quartalszinssatz} = \frac{\text{Jahreszinssatz}}{\text{Anzahl der Quartale}} = \frac{0{,}01}{4}$$

Das Kapital K_2 nach der zweiten Zinsperiode, das heißt nach Ablauf eines weiteren Quartals, beträgt daher

$$K_2 = 10.025 \cdot \left(1 + \frac{0{,}01}{4}\right)$$

$$= 10.000 \cdot \left(1 + \frac{0{,}01}{4}\right)^2$$

$$= 10.050{,}06$$

Der Betrag von 10.000 Euro ist also auf dem Girokonto nach Ablauf von sechs Monaten auf 10.050,06 Euro angewachsen. Das Ergebnis dieses Beispiels lässt sich entsprechend verallgemeinern.

Endkapital bei unterjähriger Verzinsung

$$K_n = K_0 \left(1 + \frac{i}{m}\right)^n$$

K_0 – Anfangskapital
K_n – Endkapital
i – Zinssatz p. a.
m – Anzahl der Zinsperioden pro Jahr
n – Anzahl der angelegten Zinsperioden

Wichtig ist in diesem Fall, genau zwischen der Bedeutung von m und n zu unterscheiden. Der Quotient i/m entspricht dem Periodenzinssatz, das heißt dem Zinssatz pro Zinsperiode. Der Exponent n gibt dagegen die Anzahl der Zinsperioden an, in denen das Kapital angelegt ist (= Anlagedauer). Im obigen Beispiel ist $m = 4$ und $n = 2$. Würde die Verzinsung zum Beispiel monatlich erfolgen und ein Geldbetrag für die Dauer von fünf Monaten angelegt, dann wäre $m = 12$ und $n = 5$.

Im Zusammenhang mit dem letzten Beispiel stellt sich natürlich die nicht uninteressante Frage, ob bei einer Anlagedauer von einem Jahr eine unterjährige Verzinsung mit mehreren Zinsperioden einen höheren Endbetrag liefert als eine einmalige jährliche Verzinsung. Die ebenfalls nicht uninteressante Antwort lautet: ja! Das lässt sich wie folgt begründen. Unterteilt man das Jahr in m gleich große Zinsperioden, dann gilt[4] für $m \geq 2$

$$K_0 \left(1 + \frac{i}{m}\right)^m > K_0(1 + i)$$

wobei der rechte Ausdruck das Jahresendkapital bei einer (einmaligen) jährlichen Verzinsung bedeutet und der linke Ausdruck das Jahresendkapital bei einer m-fachen unterjährigen Verzinsung. Man kann zeigen, dass, falls die Anzahl m der Zinsperioden zunimmt, das entsprechende Jahresendkapital ebenfalls zunimmt.

Die unterschiedlichen Erträge aus den beiden Anlagevarianten sollen an Hand eines Zahlenbeispiels veranschaulicht werden. Betrachten wir ein Anfangskapital von $K_0 = 1.000$ und einen Zinssatz von $i = 10\,\%$ p. a. Das Endkapital nach einem Jahr beträgt bei einer einmaligen Verzinsung:

$$K_1 = 1.000 \cdot 1{,}1 = 1.100$$

Bei m unterjährigen Zinsperioden lautet das Endkapital

$$K_0 \left(1 + \frac{i}{m}\right)^m = 1.000 \left(1 + \frac{0{,}1}{m}\right)^m$$

Die folgende Tabelle liefert für ausgewählte Werte von m (= Anzahl der Zinsperioden) die entsprechenden Endkapitalbeträge.

TABELLE 2.1. Endkapital bei m unterjährigen Zinsperioden

Verzinsung	m	Endkapital
vierteljährlich	4	1.103,81
monatlich	12	1.104,71
wöchentlich	52	1.105,06
täglich	360	1.105,16
stündlich	8640	1.105,17

Die Ergebnisse zeigen, dass das Endkapital mit der Anzahl der Zinsperioden größer wird, allerdings nur geringfügig. Offensichtlich strebt es gegen einen Wert, der knapp über 1.105,17 liegt. Tatsächlich kann man zeigen, dass sich die Folge

$$\left(1 + \frac{1}{m}\right)^m$$

mit wachsendem Wert von m einem Grenzwert nähert, der allgemein mit e bezeichnet wird. Dies ist die berühmte Euler'sche Zahl

$$\mathrm{e} = 2{,}718281828459\ldots$$

Angewandt auf unser Beispiel folgt daraus, dass sich mit wachsendem Wert von m auch der Ausdruck

$$1.000 \left(1 + \frac{0{,}1}{m}\right)^m$$

einem Grenzwert nähert und zwar dem Wert $1.000 \cdot \mathrm{e}^{0{,}1}$, das heißt, es gilt:

$$1.000 \left(1 + \frac{0{,}1}{m}\right)^m \to 1.000 \cdot \mathrm{e}^{0{,}1} \approx 1.105{,}171$$

Da die Anzahl der Zinsperioden beliebig groß wird und damit die Länge der Zinsperioden gegen Null geht, spricht man im Grenzfall auch von stetiger Verzinsung. Bei einer festen Anzahl m von Zinsperioden liegt dagegen eine sogenannte diskrete Verzinsung vor. Wir sind hier auf das Konzept des Grenzwerts gestoßen, mit dem wir uns in Kapitel 7 näher beschäftigen werden.

2.3. Rentenrechnung

In den ersten beiden Abschnitten ging es um Kapitalbewertungen, bei denen jeweils eine Einmalzahlung vorlag. Im Folgenden werden wir eine Situation betrachten, bei der in regelmäßigen Abständen mehrere (konstante) Zahlungen erfolgen. Diese werden auch als Renten bezeichnet. Dabei werden wir uns auf jährliche Renten beschränken.

Angenommen, ein Anleger will zehn Jahre lang jährlich einen Betrag in Höhe von 1.000 Euro auf ein Sparbuch einzahlen (jeweils zu Jahresbeginn). Welches Guthaben hat er nach Ablauf von zehn Jahren auf seinem Konto, wenn man einen Zinssatz von 6 % p. a. voraussetzt?

Offensichtlich liegt hier eine Situation vor, bei der mehrere Einzelzahlungen bis zu einem bestimmten Termin angelegt werden. Wie man den Endwert eines Guthabens im Falle einer Einmalzahlung berechnet, wissen wir bereits. Die Frage lässt sich jetzt dadurch beantworten, indem man die Endwerte jeder Zahlung berechnet und diese dann addiert. Das Ergebnis bezeichnet man auch als Rentenendwert. Es handelt sich dabei also um den Endwert einer endlichen Folge von Renten. In diesem Fall muss der folgende Ausdruck berechnet werden:

$$R_{10} = 1.000 \cdot 1{,}06^{10} + 1.000 \cdot 1{,}06^9 + \cdots + 1.000 \cdot 1{,}06^1 + 1.000$$

Mit Hilfe der Summmenschreibweise kann man das so aufschreiben:

$$R_{10} = \sum_{i=0}^{10}(1.000 \cdot 1{,}06^i) = 1.000 \cdot \sum_{i=0}^{10} 1{,}06^i \tag{2.2}$$

wobei hier nur die Reihenfolge der Summation geändert wurde. Für die Berechnung der Summe in (2.2) benötigen wir allerdings jetzt die Summenformel für die endliche geometrische Reihe

$$s = 1 + q + q^2 + q^3 + \cdots + q^n \tag{2.3}$$

Man beachte, dass diese Summe die Eigenschaft hat, dass der Quotient zweier aufeinanderfolgender Summanden konstant ist, nämlich gleich q. Für die Herleitung dieser Formel verwenden wir eine Methode, die auch als Gauß'scher Trick bezeichnet wird. Multipliziert man zunächst beide Seiten von Gleichung (2.3) mit q, dann erhält man

$$qs = q + q^2 + q^3 + \cdots + q^{n+1} \tag{2.4}$$

Subtrahiert man dann Gleichung (2.3) von Gleichung (2.4), das heißt, bildet man die Differenz $qs-s$, dann heben sich die meisten Terme auf der rechten Seite auf und übrig bleibt

$$qs - s = q^{n+1} - 1 \tag{2.5}$$

Dividiert man dann noch beide Seiten von Gleichung (2.5) durch $q-1$, dann lautet das Ergebnis

$$s = \frac{q^{n+1} - 1}{q - 1}$$

wobei hier natürlich $q \neq 1$ vorausgesetzt werden muss. Dies ist die Summenformel für die endliche geometrische Reihe, die sich bei gegebenen Werten für n und q leicht berechnen lässt.

Als Ergebnis für den Rentenendwert erhält man daher mit $q = 1{,}06$

$$R_{10} = 1.000 \cdot \frac{1{,}06^{11} - 1}{0{,}06} = 14.972$$

Sollte die erste Zahlung erst am Ende des ersten Jahres erfolgen, so reduziert sich in diesem Fall der Exponent der obigen Formel um den Wert 1 und man erhält die klassische Formel für den Rentenendwert.

Rentenendwert nach n Jahren

$$R_n = r \cdot \frac{(1 + i)^n - 1}{i}$$

R_n – Rentenendwert
r – jährliche Rente
i – Zinssatz p. a.
n – Anlagedauer

Mit Hilfe der Formel für den Rentenendwert soll abschließend noch die zu Beginn des Kapitels gestellte Frage beantwortet werden. Das Guthaben auf dem Sparbuch von Elfriede K. sollte nach fünf Jahren den Betrag von

$$R_5 = 1.000 \cdot 1{,}05^5 + 500 \cdot \frac{1{,}05^5 - 1}{0{,}05} = 4.039$$

aufweisen. Bei der Berechnung wird separat die Anlage des Anfangskapitals in Höhe von 1.000 Euro berücksichtigt sowie die folgenden jährlichen Zahlungen in Höhe von 500 Euro.

Wenn man den Endwert der Renten bestimmt hat, kann man natürlich auch ihren Barwert berechnen. Dieser ist gegeben durch die folgende Gleichung:

$$R_0 = \frac{R_n}{(1+i)^n} \tag{2.6}$$

Dieser Barwert, der auch als Rentenbarwert bezeichnet wird, ist der über die gesamte Laufzeit abgezinste Rentenendwert.

2.4. Tilgungsrechnung

Für die Tilgung eines Kredits stehen in der Praxis verschiedene Tilgungsvarianten zur Verfügung. Dazu gehören neben der gesamtfälligen Tilgung insbesondere die Annuitätentilgung sowie die Ratentilgung. Im Folgenden soll kurz auf die beiden letzteren Varianten eingegangen werden.

Annuitätentilgung

Bei der Annuitätentilgung erfolgt die Rückzahlung eines Kredits durch regelmäßige konstante Zahlungsbeträge, sodass am Ende der Laufzeit nicht nur der Kredit getilgt ist, sondern auch alle Zinszahlungen erbracht sind. Diese Beträge werden als Annuitäten bezeichnet.

Angenommen, jemand nimmt bei einer Bank einen Kredit in Höhe von 100.000 Euro auf. Der Zinssatz für den Kredit beträgt 8 % p. a., die Laufzeit beträgt zehn Jahre. Für die Rückzahlung des Kredits wird eine (jährliche) Annuitätentilgung vereinbart. Wie hoch ist die Annuität bei diesem Kredit?

Aus Sicht der Bank stellt der Kredit eine Geldanlage dar, wobei die Annuitäten als Renten fungieren. Der Kreditbetrag kann daher als Rentenbarwert interpretiert werden. Der zugehörige Rentenendwert beträgt somit in diesem Fall

$$R_n = R_0(1+i)^n = 100.000 \cdot 1{,}08^{10} = 215.892$$

wobei wir Gleichung (2.6) verwendet haben. Mit Hilfe der Formel für den Rentenendwert kann man dann die Höhe der Annuität (= Rente) berechnen:

$$r = \frac{R_n \cdot i}{(1+i)^n - 1} = 14.903$$

Ratentilgung

Bei der Ratentilgung erfolgt die Tilgung des Kredits in konstanten Raten, während die Zinszahlungen (jeweils für die noch offene Restschuld) zusätzlich gezahlt werden müssen. Würde man beim obigen Beispiel eine Ratentilgung vorsehen, so würden die Tilgungsraten 100.000/10 = 10.000 Euro betragen.

Anmerkungen

1. Lies: „per annum".

2. Für den angegebenen Zinssatz von $5\,\%$ p. a. wird hier natürlich die Dezimalschreibweise verwendet. Im Rahmen von Berechnungen sollte man grundsätzlich auf die Prozent-Schreibweise verzichten.

3. Gelegentlich findet man in der Literatur auch die Bezeichnung „Gegenwartswert" (present value).

4. Dieses Ergebnis folgt aus der Bernoullischen Ungleichung

$$(1 + x)^n > 1 + n \cdot x$$

für $x > 0$ und $n > 1$. Damit gilt nämlich für $m \geq 2$:

$$K_0 \left(1 + \frac{i}{m}\right)^m > K_0 \left(1 + m \cdot \frac{i}{m}\right) = K_0(1 + i)$$

Aufgaben

Die folgenden Aufgaben dienen dazu, das Verständnis des behandelten Stoffes zu erleichtern und zu vertiefen. Um einen entsprechenden Lerneffekt zu erzielen, sollten dabei die Konzepte und Methoden verwendet werden, die in diesem Kapitel präsentiert wurden. Soweit es um konkrete Berechnungen geht, sollte man besonders auf die Darstellung des Lösungswegs achten. Für die mit einem * gekennzeichneten Aufgaben ist eine geeignete Software erforderlich bzw. empfehlenswert. Beachten Sie dazu auch die Hinweise in Anhang B. Lösungen zu den Aufgaben mit geraden Nummern finden Sie in Anhang C.

2.1 Auf welchen Betrag wächst ein zu Beginn eines Jahres angelegtes Kapital in Höhe von 1000 Euro an, wenn es für einen Zeitraum von drei Jahren zu einem Zinssatz von $10\,\%$ p. a.

   a) jährlich

   b) monatlich

   c) stetig

   verzinst wird?

2.2 Ein Student möchte sich in drei Jahren nach Abschluß seines Studiums ein Auto kaufen. Er rechnet mit einem Kaufpreis in Höhe von 16.000 Euro. Welchen Einmalbetrag müsste er heute anlegen, um in drei Jahren den genannten Betrag auf seinem Konto zu haben? Der jährliche Zinssatz über den Zeitraum von drei Jahren wird mit $5\,\%$ p. a. angenommen.

2.3 Für eine größere Anschaffung möchte jemand über einen Zeitraum von sechs Jahren insgesamt 5000 Euro ansparen. Welchen (konstanten) Betrag muss er jeweils zu Beginn eines Jahres auf sein Sparbuch einzahlen, um nach sechs Jahren den gewünschten Anschaffungsbetrag zu erreichen? Dabei wird ein Zinssatz von $5\,\%$ p. a. angenommen.

2.4 Jemand legt einen Betrag in Höhe von 10.000 Euro für sechs Jahre an. Dabei gilt folgende Zinsregelung. In den ersten drei Jahren beträgt der Zinssatz 3 % p. a., in den folgenden beiden Jahren 4 % p. a. und im letzten Jahr 5 % p. a.

    a) Auf welchen Betrag ist das angelegte Kapital nach Ablauf von sechs Jahren angewachsen?

    b) Wie hoch ist der effektive Zinssatz p. a.?

2.5 Franz K. plant ein vierjähriges Auslandsstudium in China. Seine Großeltern sind bereit, seinen Aufenthalt durch einen jährlichen finanziellen Zuschuss in Höhe von 5000 Euro zu unterstützen. Zu diesem Zweck beabsichtigen sie, ein Konto mit einem entsprechenden Anfangskapital zu eröffnen, von dem zu Beginn jeden Jahres der Betrag von 5000 Euro an ihren Enkel überwiesen wird. Wie hoch sollte dieses Anfangskapital sein, wenn man annimmt, dass davon sämtliche jährlichen Zuschüsse bestritten werden sollen, keine weiteren Einzahlungen auf dieses Konto erfolgen und es nach Ablauf von vier Jahren geräumt sein soll? Die Höhe des Zinssatzes wird mit 6 % p. a. angenommen.

2.6 In Erinnerung an alte, wilde Zeiten, entschließen sich Uschi O. und ihr Freund Michi „Mike" B., in fünf Jahren eine Reise mit einem Frachtschiff nach Indien zu unternehmen und bei dieser Gelegenheit auch einen Ashram zu besuchen. Als erfahrene Bankerin nimmt Uschi O. die Finanzierung dieses Projekts in die Hand und eröffnet zu Beginn eines Jahres ein Konto mit einem Anfangskapital in Höhe von 3000 Euro. In den folgenden Jahren wollen sie jeweils zu Jahresbeginn zusätzlich 2000 Euro auf dieses Konto einzahlen. Mit welchem Reisekapital können sie nach Ablauf von fünf Jahren rechnen, wenn das Geld zu 4 % p. a. angelegt wird?

2.7 Ein Unternehmen hat bei einer Bank einen Kredit in Höhe von 100.000 Euro aufgenommen. Die Laufzeit des Kredits beträgt sieben Jahre, bei einem Zinssatz von 8 % p. a. Vereinbart wird eine jährliche Annuitätentilgung. Berechnen Sie die Höhe der Annuität.

2.8 Ein Unternehmen hat einen Kredit in Höhe von 1 Mio. Euro zu einem Zinssatz von 10 % p. a. aufgenommen. Die Laufzeit des Kredits beträgt 10 Jahre, wobei Annuitätentilgung vereinbart wird. Wie hoch ist die jährliche Annuität?

2.9 (Variante von Aufgabe 2.7)
Angenommen, es wird eine Ratentilgung vereinbart. Wie hoch sind dann die Tilgungsraten sowie die jährlichen Zinsen?

2.10 Die Anfangsauszahlung eines fünfjährigen Investitionsprojekts beträgt 180.000 Euro. Für die Dauer des Projekts geht man von jährlichen Einzahlungsüberschüssen aus. Dabei werden für das erste Jahr 30.000 Euro, für das zweite Jahr 40.000 Euro, für das dritte Jahr 50.000 Euro und für die beiden letzten Jahre jeweils 60.000 Euro erwartet. Der aktuelle Zinssatz beträgt 6 % p. a. Berechnen Sie den Kapitalwert (= Summe der Barwerte aller Zahlungen) des Investitionsprojekts.

Fragen

1. Was versteht man unter linearer Verzinsung?

2. Was ist der Zinseszinseffekt?

3. Was ist der Unterschied zwischen dem Barwert und dem Endwert einer Zahlung?

4. Was sind nachschüssige Zahlungen?

5. Was ist der Unterschied zwischen diskreter und stetiger Verzinsung?

6. Was sind Renten?

7. Was ist ein Rentenendwert?

8. Was ist ein Rentenbarwert?

9. Was versteht man unter einer Annuität?

10. Was versteht man unter der Ratentilgung eines Kredits?

Modell und Realität

Zu Beginn der 1930er Jahre erhielt der Designer *H. Beck* (1903–1974) den Auftrag, einen neuen Linien-Plan für die Londoner U-Bahn zu entwerfen. Das besondere Problem bestand dabei darin, dass im Vergleich zu den äußeren Stadtteilen die Stationen im Stadtzentrum sehr nahe beieinander liegen, was eine übersichtliche Darstellung äußerst schwierig macht. Der relativ einfache Plan, den Beck schließlich den Verantwortlichen der U-Bahn vorlegte, stieß zunächst allerdings auf große Skepsis. Als geradezu revolutionär galt vor allem der weitgehende Verzicht auf topografische Korrektheit. Stattdessen wurde die Linienführung der U-Bahn in den Vordergrund gestellt, wobei Beck für die Darstellung der Linienverläufe ausschließlich Vielfache von 45°-Winkeln verwendete.

Ein bemerkenswertes Vorgehen. Das Ziel war nicht eine möglichst realistische, sondern vielmehr eine funktionale Darstellung der U-Bahn-Linien, die es den Fahrgästen leichter machen sollte, sich zurechtzufinden. Bei der Konstruktion dieses Plans standen somit der Zweck und die Einfachheit der Darstellung im Vordergrund. Die Vorteile des vorgelegten Plans wurden schließlich auch durch die zunehmende Akzeptanz der U-Bahn Nutzer bestätigt.

Das von Beck entwickelte Design gilt mittlerweile als weltweites Vorbild für die Darstellung von Verkehrsnetzen. Als Beispiel dazu betrachte man die umseitige Darstellung des Netzplans der Wiener U-Bahn, der sich am Design von Beck orientiert. Aus Platzgründen und der Übersichtlichkeit halber wurde hier allerdings nur die Linienführung (nicht die Stationen) der einzelnen U-Bahnen (U1, U2, U3, U4, U6) berücksichtigt. Der schwarze Punkt in der Mitte des Netzplans bezeichnet das Stadtzentrum mit der Station Stephansplatz.

Dieser Netzplan ist ein einfaches Beispiel für ein sogenanntes Modell. Unter einem Modell versteht man dabei eine vereinfachte Darstellung der Realität. Dies hat natürlich zur Folge, dass viele Aspekte der Realität ausgeblendet werden (müssen). Durch die Verwendung eines Modells versucht man, von den zahlreichen Details der Realität zu abstrahieren, um sich auf diese Weise leichter auf das „Wesentliche" konzentrieren zu können. Das ist Sinn und Zweck eines Modells.

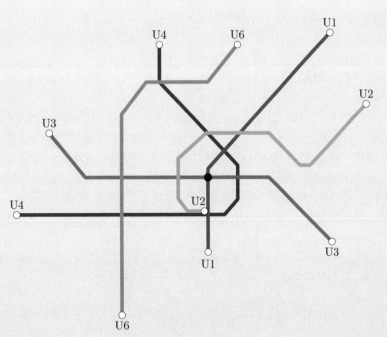

Ein thematisch verwandtes Beispiel für ein Modell wäre ein Stadtplan. Mit dessen Hilfe versuchen jeden Tag Millionen von Touristen (gelegentlich auch Einheimische), sich in den Straßen vor allem der Großstädte zurechtzufinden. Dieses Zurechtfinden bedeutet aber praktisch nichts anderes als einen ständigen Vergleich der jeweiligen realen Situation mit der Darstellung des Stadtplans.

Mit Hilfe von Modellen lassen sich verschiedene Aspekte der Realität approximieren und liefern damit eine spezielle Form der Orientierung. In gewisser Hinsicht könnte man ein Modell als eine Art Schablone ansehen, die auf reale Situationen angewandt wird.

Während die zuvor genannten Beispiele Modelle darstellen, die zur Beschreibung realer Situationen verwendet werden (man könnte hier von Beschreibungsmodellen sprechen), geht es bei den im Rahmen des vorliegenden Kapitels betrachteten Beispielen um die Bewertung realer Situationen oder Vorgänge (hier könnte man von Bewertungsmodellen sprechen). Man denke etwa an die Bestimmung des Endwerts eines Kapitalbetrags, der über einen gewissen Zeitraum zu einem fest vorgegebenen Zinssatz angelegt wird. Die entsprechende Formel könnte man auch als Modellgleichung bezeichnen.

Der Griff zu einer geeigneten Formel mag in etlichen Situationen üblich und ausreichend sein. Bei Anwendungen ist man allerdings nicht selten mit Situationen konfrontiert, die zum Teil deutlich von den vorgegebenen Modellen abweichen bzw. bei denen nicht genügend Informationen zur Verfügung stehen. Angenommen, ein Geldbetrag soll nicht auf ein festverzinsliches Sparbuch angelegt, sondern in einen Aktienfonds investiert werden. Wie soll man mit einer derartigen, mit Unsicherheit behafteten, Situation umgehen? Genauer gefragt, welche Modelle stehen hier zur Verfügung oder sollte ein geeignetes Modell überhaupt erst entwickelt werden? Dies könnte eine längere Modellsuche erforderlich machen.

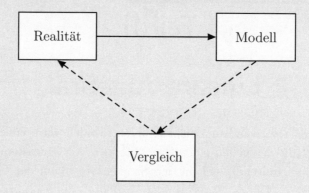

Die obige Abbildung soll diese Situation veranschaulichen. Die Darstellung ist stark verkürzt, was aber den Vorteil hat, dass man sich diese dann leichter merken kann. Die gestrichelten Linien weisen darauf hin, dass es oft nicht ausreicht, einfach zu einem Modell zu greifen. Es kann nicht nur sinnvoll, sondern auch notwendig sein, eine Art „Vergleich" mit der Realität vorzunehmen und im Zuge einer kritischen Überprüfung eventuell Modifikationen durchzuführen bzw. andere Modelle zu berücksichtigen.

Es wäre natürlich auch denkbar, dass eine entsprechende Theorie zur Verfügung steht, die in der Lage ist, plausibel zu erklären, dass ein ganz bestimmtes Modell in einer gegebenen Situation besser als andere geeignet ist. Welchen Zugang man auch immer wählen mag, die Suche nach einem geeigneten Modell sollte jedenfalls nach Möglichkeit durch praktische Erfahrungen unterstützt werden.

Literatur: Alt (2010),

Teil II.

Lineare Algebra

Kapitel 3.

Vektoren und Vektorraum

Mit Vektoren dürfte der typische Leser dieses Buchs durchaus vertraut sein. Etwas salopp könnte man einen Vektor als Pfeil beschreiben. Gelegentlich verwendet man in diesem Zusammenhang auch die Bezeichnung „gerichteter Pfeil". Das ist allerdings keine sehr geglückte Bezeichnung, da ein Pfeil durch seine spezielle Gestalt automatisch eine Richtung aufweist. Wie sollte wohl ein ungerichteter Pfeil aussehen?

Mit Vektoren lassen sich zwei wichtige Operationen durchführen, die Addition zweier Vektoren sowie die skalare Multiplikation, bei der ein Vektor mit einer Zahl multipliziert wird. Die Ergebnisse dieser beiden Operationen lassen sich entsprechend veranschaulichen innerhalb des traditionellen kartesischen Koordinatensystems. Es ist nicht überraschend, dass es für diese Operationen eine Reihe verschiedener Regeln gibt, teilweise ähnlich denen, die man von den reellen Zahlen her kennt. Dazu gehört etwa, dass man die Reihenfolge der Vektoren bei der Addition vertauschen kann, dass es bei der Addition einer endlichen Zahl von Vektoren nicht darauf ankommt, in welcher Reihenfolge diese Vektoren addiert werden oder auch die Regel, dass ein Vektor unverändert bleibt, wenn man den Nullvektor addiert bzw. wenn man den Vektor mit der Zahl 1 multipliziert.

Diese Regeln werden manchmal auch als Vektorraumaxiome bezeichnet. Dabei wird man beim Begriff Vektorraum zunächst an die Menge aller Vektoren der Ebene denken. Damit erhält man etwas, was in der Mathematik recht häufig vorkommt, nämlich eine Menge von gewissen Objekten, wobei durch bestimmte Operationen eine spezielle Struktur für diese Menge erzeugt wird. Interessanterweise kann man zeigen, dass es außer den Vektoren in der Ebene eine Vielzahl anderer mathematischer Objekte gibt, für die entsprechende Operationen definiert sind, die ebenfalls die gleichen Eigenschaften wie bei den Vektoren aufweisen. Einfach ausgedrückt, die Objekte sind zwar verschieden, aber die Regeln sind die gleichen. Ohne auf die Details einzugehen, sei hier nur erwähnt, dass zum Beispiel

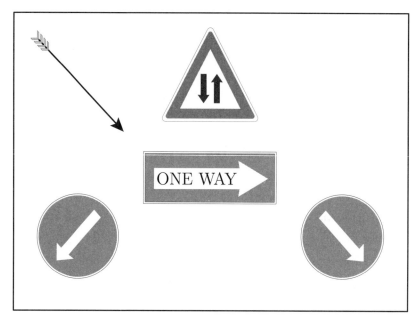

ABBILDUNG 3.1. Vektoren

spezielle Mengen von Funktionen oder Matrizen ebenso als Vektorräume aufge-
fasst werden können, wie man dies von den Vektoren in der Ebene gewohnt ist.
Der Begriff Vektorraum wird daher in der Literatur oft in einem allgemeineren
Sinne verwendet, als wir dies im vorliegenden Kapitel tun. Von entscheidender
Bedeutung wird damit die Struktur einer Menge. Der Mathematiker *D. Hilbert*
(1862–1943) hatte dazu einmal scherzhaft gemeint „Man muss jederzeit an Stelle
von Punkten, Geraden, Ebenen auch Tische, Stühle, Bierseidel sagen können".

Es folgt ein kurzer Überblick über den Inhalt dieses Kapitels. Der erste Abschnitt wiederholt den Begriff des Vektors, wie man ihn aus der Geometrie kennt
und dort vor allem im Zusammenhang mit der Ebene, dem zweidimensionalen
Raum. Der zweite Abschnitt beschreibt dann den Übergang zum n-dimensionalen
Raum, das heißt dem Vektorraum $\mathbb{R}^n$, wobei n eine beliebige natürliche Zahl sein
kann. Für dessen Elemente (Vektoren) wird die skalare Multiplikation sowie die
Addition definiert. Im nächsten Abschnitt wird der Begriff der Linearkombination von Vektoren eingeführt, mit dessen Hilfe sich linear unabhängige und linear
abhängige Vektoren definieren lassen. Der letzte Abschnitt beschäftigt sich mit
dem Konzept der Basis und der Dimension des Vektorraums $\mathbb{R}^n$. Dabei geht es
um die Frage, wie man mit endlich vielen Vektoren sämtliche, das heißt unendlich
viele, Vektoren des $\mathbb{R}^n$ erzeugen kann.

3.1. Der geometrische Vektor

In der Schulgeometrie erfährt man, dass sich ein Punkt in der Ebene durch zwei Koordinaten beschreiben lässt, die der Punkt bezüglich eines Koordinatensystems besitzt. In Abbildung 3.2 wird somit der Punkt P durch die Angabe der Koordinaten a (horizontale Achse) und b (vertikale Achse) festgelegt.

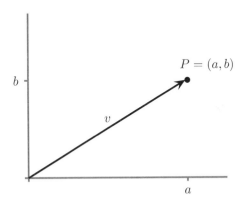

ABBILDUNG 3.2. Vektor in der Ebene

Der Pfeil, der hier vom Ursprung zum Punkt P verläuft, wird als Vektor v bezeichnet[1]. Erfahrungsgemäß lassen sich Vektoren addieren bzw. mit einer Zahl multiplizieren (siehe auch Abbildung 3.3). Diese Operationen werden im nächsten Abschnitt formalisiert und für Vektoren beliebiger Größe definiert.

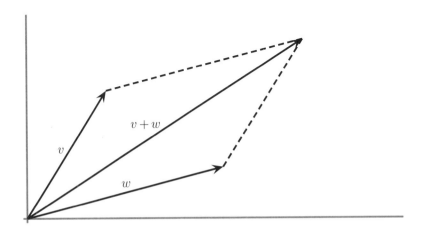

ABBILDUNG 3.3. Summe zweier Vektoren

3.2. Der Vektorraum $\mathbb{R}^n$

In Kapitel 1 wurde das kartesische Produkt von Mengen eingeführt. Wenn man die Menge aller geordneten Paare (x, y) reeller Zahlen betrachtet (anschaulich gesprochen ist das die Ebene), dann bedeutet dies nichts anderes als das kartesische Produkt $\mathbb{R} \times \mathbb{R} = \mathbb{R}^2$. Dann entspricht der dreidimensionale Raum natürlich der Menge $\mathbb{R} \times \mathbb{R} \times \mathbb{R} = \mathbb{R}^3$. Der mathematische Formalismus impliziert die Definition des vierdimensionalen Raums durch das kartesische Produkt $\mathbb{R}^4$, das heißt durch die Menge aller geordneten 4-Tupel (x_1, x_2, x_3, x_4) reeller Zahlen. Somit existiert der vierdimensionale Raum für uns einfach deshalb, weil wir ihn definiert haben. Fertig. Es verlangt niemand, dass man sich so etwas auch räumlich vorstellen muss. Der n-dimensionale Raum

$$\mathbb{R}^n$$

als die Menge aller geordneten n-Tupel $(x_1, \ldots, x_n)$ ist dann eine Selbstverständlichkeit. Diese Menge werden wir auch als den Vektorraum $\mathbb{R}^n$ bezeichnen[2], wobei die Elemente dieser Menge häufig als Spaltenvektoren geschrieben werden:

$$v = \begin{pmatrix} x_1 \\ x_2 \\ \vdots \\ x_n \end{pmatrix}$$

Für diese Vektoren gibt es zwei Operationen, eine Addition und eine skalare Multiplikation (für den Fall $n = 2$ sollte das noch aus der Schule bekannt sein). Sind v und w zwei $(n \times 1)$-Vektoren, dann ist die Summe $v + w$ definiert als:

$$v + w = \begin{pmatrix} x_1 \\ x_2 \\ \vdots \\ x_n \end{pmatrix} + \begin{pmatrix} y_1 \\ y_2 \\ \vdots \\ y_n \end{pmatrix} = \begin{pmatrix} x_1 + y_1 \\ x_2 + y_2 \\ \vdots \\ x_n + y_n \end{pmatrix}$$

Das skalare Vielfache eines $(n \times 1)$-Vektors v ist entsprechend gegeben durch

$$c \cdot v = \begin{pmatrix} c \cdot x_1 \\ c \cdot x_2 \\ \vdots \\ c \cdot x_n \end{pmatrix}$$

wobei die Zahl c auch als Skalar bezeichnet wird. Für diese Operationen gibt es eine Reihe von Eigenschaften, die man von den Vektoren in der Ebene her kennt. So kann man etwa bei der Summation von Vektoren ohne weiteres die Reihenfolge der Vektoren ändern (Kommutativgesetz bzw. Assoziativgesetz). Das soll aber hier nicht im Einzelnen wiederholt werden.

3.3. Lineare Unabhängigkeit

Es ist nicht ungewöhnlich, wenn sich ein gegebener Vektor mit Hilfe von anderen Vektoren darstellen bzw. ausdrücken lässt. Gilt etwa im Falle von zwei Vektoren v und w die Gleichung $v = cw$ für eine Zahl c, dann sagt man auch, dass v eine Linearkombination von w ist. Für $c \neq 0$ ist natürlich umgekehrt $w = (1/c)v$ und damit w eine Linearkombination von v. Diese Eigenschaft lässt sich wie folgt verallgemeinern.

Linearkombination

Sind v_1, v_2, ..., v_k Vektoren und c_1, c_2, ..., c_k reelle Zahlen (Skalare), dann nennt man den Ausduck

$$c_1 v_1 + c_2 v_2 + \ldots + c_k v_k$$

eine Linearkombination von v_1, v_2, ..., v_k.

Etwas salopp könnte man sagen, dass ein Vektor eine Linearkombination von anderen Vektoren ist, wenn er sich durch diese Vektoren „linear kombinieren" lässt. Betrachten wir aber einmal die beiden folgenden Vektoren v und w:

$$v = \begin{pmatrix} 2 \\ 1 \end{pmatrix} \qquad w = \begin{pmatrix} 1 \\ 2 \end{pmatrix}$$

In diesem Fall gibt es keine Zahl c, mit $v = cw$. Dann müsste nämlich gelten $2 = c \cdot 1$ und $1 = c \cdot 2$. Und das ist nicht möglich, wie man sich leicht überzeugen kann. Somit ist v keine Linearkombination von w. Entsprechend ist dann aber auch w kein Linearkombination von v. In solch einem Fall nennt man die beiden Vektoren v und w linear unabhängig. Dies lässt sich allgemein auf endlich viele Vektoren übertragen.

Linear unabhängige Vektoren

Die Vektoren v_1, v_2, ..., v_k heißen linear unabhängig, falls sich keiner dieser Vektoren als Linearkombination der übrigen Vektoren darstellen lässt.

Falls Vektoren nicht linear unabhängig sind, dann nennt man sie linear abhängig. Betrachten wir dazu die beiden Vektoren

$$v = \begin{pmatrix} 2 \\ 1 \end{pmatrix} \qquad w = \begin{pmatrix} 4 \\ 2 \end{pmatrix}$$

Offensichtlich gilt die Gleichung

$$\begin{pmatrix} 4 \\ 2 \end{pmatrix} = 2 \begin{pmatrix} 2 \\ 1 \end{pmatrix}$$

das heißt $w = 2v$. Damit ist w eine Linearkombination von v und daher sind die Vektoren v und w linear abhängig. Sehen wir uns jetzt eine Situation an, bei der drei Vektoren auftreten, zum Beispiel die (3×1)-Einheitsvektoren

$$\begin{pmatrix} 1 \\ 0 \\ 0 \end{pmatrix} \qquad \begin{pmatrix} 0 \\ 1 \\ 0 \end{pmatrix} \qquad \begin{pmatrix} 0 \\ 0 \\ 1 \end{pmatrix}$$

Man überlege sich, dass sich keiner der drei Vektoren als Linearkombination der beiden anderen Vektoren darstellen lässt. Daher sind diese drei Vektoren linear unabhängig. Die folgenden Vektoren sind dagegen linear abhängig:

$$u = \begin{pmatrix} 4 \\ 1 \end{pmatrix} \qquad v = \begin{pmatrix} -1 \\ 2 \end{pmatrix} \qquad w = \begin{pmatrix} 3 \\ -1 \end{pmatrix}$$

Für diese Vektoren gilt nämlich die Gleichung

$$\begin{pmatrix} 4 \\ 1 \end{pmatrix} = 2 \cdot \begin{pmatrix} -1 \\ 2 \end{pmatrix} + 3 \cdot \begin{pmatrix} 2 \\ -1 \end{pmatrix}$$

Damit ist u eine Linearkombination von v und w und die drei Vektoren sind daher linear abhängig. Da die obige Gleichung $u = 2v + 3w$ lautet, folgt aus den Rechenregeln für Vektoren $u - 2v - 3w = 0$, wobei 0 für den Nullvektor steht, das heißt für denjenigen Vektor, dessen Komponenten alle gleich Null sind. Vergleicht man dies mit der Darstellung

$$c_1 u + c_2 v + c_3 w = 0$$

dann ist offensichtlich $c_1 = 1$, $c_2 = -2$ und $c_3 = -3$ eine Lösung dieser Gleichung.

Betrachten wir diese Überlegung in allgemeiner Form. Angenommen, ein Vektor v_1 sei eine Linearkombination von Vektoren $v_2, \ldots, v_k$, das heißt

$$v_1 = c_2 v_2 + \ldots + c_k v_k$$

Dann folgt daraus die Gleichung

$$v_1 - c_2 v_2 - \ldots - c_k v_k = 0$$

und diese Gleichung besitzt offensichtlich eine Lösung, bei der die Koeffizienten der Vektoren nicht alle gleich Null sind (wobei $c_1 = 1$ ist). Betrachten wir jetzt die Situation von der anderen Seite. Nehmen wir an, es gelte die Gleichung

$$c_1 v_1 + c_2 v_2 + \ldots + c_k v_k = 0 \tag{3.1}$$

wobei wenigstens einer der Koeffizienten verschieden von Null ist. Der Einfachheit halber nehmen wir einmal an, dass dies der Koeffizient c_1 ist. Aus der obigen Gleichung folgt dann

$$c_1 v_1 = -c_2 v_2 - \ldots - c_k v_k$$

Ist aber der Koeffizient c_1 ungleich Null, dann gilt auch

$$v_1 = -\frac{c_2}{c_1} v_2 - \ldots - \frac{c_k}{c_1} v_k$$

und damit ist der Vektor v_1 eine Linearkombination der Vektoren $v_2, \ldots, v_k$.

Die Vektoren v_1, v_2, ..., v_k sind linear unabhängig genau dann, wenn die einzige Lösung der Gleichung

$$c_1 v_1 + c_2 v_2 + \ldots + c_k v_k = 0$$

durch $c_1 = c_2 = \ldots = c_k = 0$ gegeben ist.

Wir haben somit folgendes Ergebnis. Falls die Vektoren $v_1, v_2, \ldots, v_k$ linear abhängig sind, dann besitzt Gleichung (3.1) eine nichttriviale Lösung. Und umgekehrt, falls Gleichung (3.1) eine nichttriviale Lösung besitzt, dann sind die Vektoren $v_1, v_2, \ldots, v_k$ linear abhängig. Besitzt dagegen Gleichung (3.1) nur eine einzige

Lösung, nämlich die triviale Lösung, dann müssen natürlich die Vektoren linear unabhängig sein.

Die Frage, ob gegebene Vektoren $v_1, v_2, \ldots, v_k$ linear unabhängig oder linear abhängig sind, lässt sich somit dadurch beantworten, indem man die Lösungen der Gleichung

$$c_1 v_1 + c_2 v_2 + \ldots + c_k v_k = 0$$

untersucht. Dabei geht man zunächst von der Tatsache aus, dass diese Gleichung zumindest eine Lösung besitzt, nämlich $c_1 = c_2 = \ldots = c_k = 0$ (triviale Lösung). Falls dies die einzige Lösung ist, dann sind die Vektoren linear unabhängig. Gibt es aber eine weitere (nichttriviale) Lösung, dann sind die Vektoren linear abhängig.

---

1. Sind Vektoren linear unabhängig, dann ist jede Auswahl von ihnen wiederum linear unabhängig.

2. Sind Vektoren linear abhängig, dann erhält man durch die Hinzunahme weiterer Vektoren wiederum linear abhängige Vektoren.

Diese Eigenschaften können in manchen Fällen recht nützlich sein, um festzustellen, ob Vektoren linear abhängig oder linear unabhängig sind. Ansonsten wird es zweckmässig sein, die Lösungen eines entsprechenden linearen Gleichungssystems zu untersuchen, nämlich die folgende Vektorgleichung

$$c_1 v + c_2 w = 0$$

bzw.

$$c_1 x_1 + c_2 y_1 = 0$$
$$c_1 x_2 + c_2 y_2 = 0$$

Ist dieses Gleichungssystem eindeutig lösbar, dann ist die triviale Lösung die einzige Lösung, das heißt $c_1 = c_2 = 0$. In diesem Fall wären die Vektoren v und w linear unabhängig. Gibt es auch andere Lösungen, dann sind die Vektoren natürlich linear abhängig.

3.4. Basis und Dimension

Wenn man einen einzelnen Vektor v betrachtet, dann kann man offensichtlich durch das skalare Vielfache cv sehr viele andere Vektoren erzeugen, wenn c beliebige Werte annehmen kann und außerdem $v \neq 0$ ist. Alle Vektoren des entsprechenden Vektorraums wird man in der Regel damit aber nicht erzeugen können.

Man betrachte als Beispiel den Vektor

$$v = \begin{pmatrix} 1 \\ 0 \end{pmatrix}$$

Mit Hilfe von v lassen sich unendlich viele Vekoren des $\mathbb{R}^2$ erzeugen, allerdings kein einziger Vektor, dessen zweite Komponente verschieden ist von Null.

Betrachten wir noch einmal die drei Einheitsvektoren des $\mathbb{R}^3$. Wir wissen bereits, dass sie linear unabhängig sind. Außerdem aber können sie jeden Vektor v des $\mathbb{R}^3$ erzeugen. Es gilt nämlich die folgende Gleichung

$$v = \begin{pmatrix} x_1 \\ x_2 \\ x_3 \end{pmatrix} = x_1 \begin{pmatrix} 1 \\ 0 \\ 0 \end{pmatrix} + x_2 \begin{pmatrix} 0 \\ 1 \\ 0 \end{pmatrix} + x_3 \begin{pmatrix} 0 \\ 0 \\ 1 \end{pmatrix}$$

und damit lässt sich jeder beliebige Vektor des $\mathbb{R}^3$ als Linearkombination der drei Einheitsvektoren darstellen. Die drei Einheitsvektoren bilden daher eine sogenannte Basis.

Basis und Dimension

Falls die Vektoren v_1, v_2, ..., v_n linear unabhängig sind und jeder Vektor des $\mathbb{R}^n$ sich als Linearkombination dieser Vektoren darstellen lässt, dann bilden v_1, v_2, ..., v_n eine Basis dieses Vektorraums.
Die Anzahl der Basisvektoren gibt die Dimension des Vektorraums an.

Linear abhängige Vektoren können somit niemals eine Basis bilden. Wenn man aber zum Beispiel drei linear unabhängige Vektoren des $\mathbb{R}^3$ gegeben hat, dann kann man zeigen, dass diese auf jeden Fall eine Basis bilden, da ihre Zahl mit der Dimension des $\mathbb{R}^3$ übereinstimmt.

Anmerkungen

1 Eine ältere Bezeichnung dafür ist Ortsvektor.

2 Vektorräume kann man auch etwas allgemeiner definieren. Wir beschränken uns aber hier auf den $\mathbb{R}^n$.

Aufgaben

Die folgenden Aufgaben dienen dazu, das Verständnis des behandelten Stoffes zu erleichtern und zu vertiefen. Um einen entsprechenden Lerneffekt zu erzielen, sollten dabei die Konzepte und Methoden verwendet werden, die in diesem Kapitel präsentiert wurden. Soweit es um konkrete Berechnungen geht, sollte man besonders auf die Darstellung des Lösungswegs achten. Für die mit einem * gekennzeichneten Aufgaben ist eine geeignete Software erforderlich bzw. empfehlenswert. Beachten Sie dazu auch die Hinweise in Anhang B. Lösungen zu den Aufgaben mit geraden Nummern finden Sie in Anhang C.

3.1 Gegeben sind die beiden Vektoren

$$v = \begin{pmatrix} 4 \\ 1 \end{pmatrix} \qquad w = \begin{pmatrix} 1 \\ 2 \end{pmatrix}$$

Stellen Sie die folgenden Vektoren grafisch dar:

a) $v - w$

b) $w - v$

c) $v + 3w$

d) $2v - 4w$

3.2 Sind die Vektoren linear abhängig?

$$v_1 = \begin{pmatrix} 2 \\ -1 \\ 4 \end{pmatrix} \qquad v_2 = \begin{pmatrix} 0 \\ 1 \\ 2 \end{pmatrix} \qquad v_3 = \begin{pmatrix} 2 \\ 2 \\ 10 \end{pmatrix}$$

3.3 Zeigen Sie, dass die drei Vektoren

$$v_1 = \begin{pmatrix} 1 \\ 2 \end{pmatrix} \qquad v_2 = \begin{pmatrix} 3 \\ 3 \end{pmatrix} \qquad v_3 = \begin{pmatrix} 10 \\ 14 \end{pmatrix}$$

linear abhängig, aber je zwei von ihnen linear unabhängig sind.

3.4 Sind die Vektoren linear unabhängig?

$$u = \begin{pmatrix} 0 \\ 4 \\ 8 \end{pmatrix} \qquad v = \begin{pmatrix} -6 \\ 3 \\ 0 \end{pmatrix} \qquad w = \begin{pmatrix} 3 \\ 0 \\ 3 \end{pmatrix}$$

3.5 Überprüfen Sie, ob sich der Vektor

$$\begin{pmatrix} 4 \\ 4 \\ 20 \end{pmatrix}$$

darstellen lässt als Linearkombination der Vektoren

$$\begin{pmatrix} 4 \\ -2 \\ 8 \end{pmatrix} \quad \begin{pmatrix} 0 \\ 2 \\ 4 \end{pmatrix} \quad \begin{pmatrix} 4 \\ 0 \\ 12 \end{pmatrix}$$

3.6 Überprüfen Sie, ob sich der Vektor

$$\begin{pmatrix} 8 \\ 14 \\ 1 \end{pmatrix}$$

darstellen lässt als Linearkombination der Vektoren

$$\begin{pmatrix} 2 \\ 2 \\ 1 \end{pmatrix} \quad \begin{pmatrix} 0 \\ 0 \\ 0 \end{pmatrix} \quad \begin{pmatrix} 3 \\ 0 \\ 2 \end{pmatrix}$$

3.7 Bilden die folgenden Vektoren eine Basis des $\mathbb{R}^2$?

a) $u = \begin{pmatrix} 1 \\ 2 \end{pmatrix} \qquad v = \begin{pmatrix} -2 \\ -4 \end{pmatrix}$

b) $u = \begin{pmatrix} 1 \\ 2 \end{pmatrix} \qquad v = \begin{pmatrix} 2 \\ 2 \end{pmatrix}$

3.8 Bilden die folgenden Vektoren eine Basis des $\mathbb{R}^2$?

a) $v_1 = \begin{pmatrix} 1 \\ -1 \end{pmatrix} \qquad v_2 = \begin{pmatrix} 2 \\ 3 \end{pmatrix}$

b) $v_1 = \begin{pmatrix} 1 \\ 2 \end{pmatrix} \qquad v_2 = \begin{pmatrix} 2 \\ 2 \end{pmatrix} \qquad v_3 = \begin{pmatrix} 2 \\ 1 \end{pmatrix}$

3.9 Bilden die folgenden Vektoren eine Basis des $\mathbb{R}^3$?

$$u = \begin{pmatrix} 1 \\ 2 \\ 3 \end{pmatrix} \qquad v = \begin{pmatrix} 4 \\ 5 \\ 6 \end{pmatrix} \qquad w = \begin{pmatrix} 7 \\ 8 \\ 9 \end{pmatrix}$$

3.10 Bilden die folgenden Vektoren eine Basis des $\mathbb{R}^3$?

$$v_1 = \begin{pmatrix} 1 \\ 0 \\ 0 \end{pmatrix} \qquad v_2 = \begin{pmatrix} 0 \\ 1 \\ 0 \end{pmatrix} \qquad v_3 = \begin{pmatrix} 1 \\ 1 \\ 2 \end{pmatrix}$$

Fragen

1. Was ist ein Vektor?

2. Welche Operationen gibt es für Vektoren?

3. Was ist ein Vektorraum?

4. Was versteht man unter einer Linearkombination von Vektoren?

5. Wann sind Vektoren linear abhängig?

6. Wann sind Vektoren linear unabhängig?

7. Wie kann man überprüfen, ob Vektoren linear unabhängig sind?

8. Was ist eine Basis?

9. Welche Beziehung besteht zwischen Vektorraum und Basis?

10. Was versteht man unter der Dimension eines Vektorraums?

Kanten. Knoten. Graphen.

Bei dem Wort *Königsberg* (Stadt in Polen, heute Kaliningrad) wird ein kulinarisch Interessierter vermutlich an die Königsberger Klopse denken. Ein mathematisch Interessierter sollte an das berühmte Königsberger Brückenproblem denken. Vor etwa 300 Jahren kursierte in Königsberg eine Frage (vielleicht besonders unter Spaziergängern), die ein eher unscheinbares Thema betraf: Ist es möglich, bei einem Spaziergang am Fluss Pregel sämtliche sieben Brücken zu überqueren und zwar jede Brücke genau einmal?

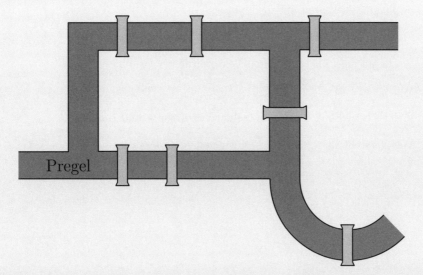

Pregel

Diese Frage wurde im Jahre 1736 durch den Mathematiker *L. Euler* (1707–1783) beantwortet. Er konnte beweisen, dass ein solcher Spaziergang nicht möglich ist. Dies war die Geburtsstunde der modernen Graphentheorie. Unter einem Graphen versteht man dabei ein System aus Knoten und Kanten, wobei Knoten gewisse Punkte bedeuten (etwa Stadtviertel) und die Kanten entsprechende Verbindungslinien (etwa Brücken). Die Verwendung von Graphen (bei Entscheidungsprozessen, Arbeitsabläufen, in der Netzplantechnik etc.) ermöglicht es, Beziehungen und Abhängigkeiten eines Systems auf visuelle Weise darzustellen.

Literatur: Hauke und Opitz (2003), Homburg (2000).

Kapitel 4.

Matrizen

Matrizen treten vor allem bei Anwendungen auf, bei denen man es mit mehreren Variablen und entsprechenden Datensätzen zu tun hat. Dies gilt zum Beispiel für den Bereich der multivariaten Statistik (insbesondere der multiplen Regression). Lineare Gleichungssysteme, die im nächsten Kapitel behandelt werden, lassen sich mit Hilfe spezieller Matrizenoperationen lösen. Aber nicht nur das. Das Besondere hierbei ist die Tatsache, dass sich lineare Gleichungssysteme überhaupt mit Hilfe von Matrizen darstellen lassen. Damit liefern Matrizen eine sehr kompakte Schreibweise für lineare Gleichungssysteme, oder, wenn man so will, eine Art Meta-Notation. Wer einmal Erfahrungen mit größeren linearen Gleichungssystemen inklusive Mehrfachindizierungen gemacht hat, der weiß eine solche Notation zu schätzen.

Von Matrizen macht man unter anderem in der Input-Output Rechnung Gebrauch, bei der die in den sogenannten Input-Output Matrizen enthaltenen Informationen über die wirtschaftliche Verflechtung eines Staates verwendet wird. In Abbildung 4.1 wird die wirtschaftliche Verflechtung einer Volkswirtschaft veranschaulicht, die aus drei Sektoren besteht, nämlich den Sektoren Landwirtschaft, Industrie und Dienstleistungen. Man beachte, dass dabei nicht nur Leistungen für den eigenen Sektor, sondern auch Leistungen für die anderen Sektoren berücksichtigt werden. Die Messung dieser gegenseitigen Leistungen ist übrigens eine der zentralen Aufgaben der Wirtschaftstistik. Allgemein würde man die Input-Output Matrix hier wie folgt darstellen:

$$\begin{pmatrix} x_{11} & x_{12} & x_{13} \\ x_{21} & x_{22} & x_{23} \\ x_{31} & x_{32} & x_{33} \end{pmatrix}$$

Betrachtet man einmal exemplarisch die zweite Zeile, dann würden alle Angaben in dieser Zeile diejenigen Leistungen bedeuten, die vom zweiten Sektor

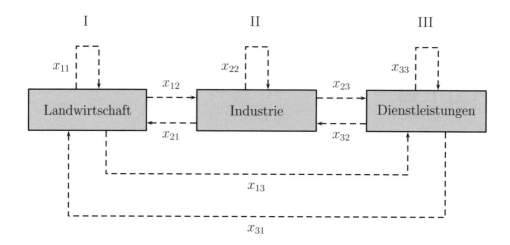

ABBILDUNG 4.1. Verflechtung von Wirtschaftssektoren

(Industrie) für alle drei Sektoren produziert werden. Betrachtet man dagegen die zweite Spalte, dann würden alle dortigen Angaben die Leistungen bedeuten, die jeder der drei Sektoren an den zweiten Sektor liefert. Diese Informationen über die gegenseitigen Leistungen sind von essentieller Bedeutung, da man dadurch erfahren kann, welche Effekte bei der Produktion von Gütern in einem bestimmten Sektor bei den anderen Sektoren ausgelöst werden. Dieser Aspekt kann natürlich für Prognosezwecke genutzt werden.

Es folgt ein kurzer Überblick über den Inhalt dieses Kapitels. Im ersten Abschnitt werden zunächst die einfachsten Matrizenoperationen vorgestellt. Dazu gehören die skalare Multiplikation Matrix, die Summe und das Produkt von Matrizen sowie das Transponieren einer Matrix. Dies sind gewissermaßen die Basisperationen für Matrizen. Der zweite Abschnitt behandelt dann das Konzept der Inversen einer Matrix. Die konkrete Berechnung der Inversen erfolgt hier am Beispiel von (2×2)-Matrizen. Die Berechnung der Inversen im allgemeinen Fall für $(n \times n)$-Matrizen lässt sich dann mit den Kenntnissen aus Kapitel 5 über das Lösen linearer Gleichungssysteme durchführen. Im dritten Abschnitt werden Determinanten behandelt, mit deren Hilfe man überprüfen kann, ob eine quadratische Matrix invertierbar ist, das heißt eine Inverse besitzt. Aufbauend auf dem Konzept der linearen Unabhängigkeit von Vektoren wird im vierten Abschnitt der Rang einer Matrix betrachtet. Im letzten Abschnitt wird dann an Hand einiger Beispiele demonstriert, wie man Matrizengleichungen lösen kann.

4.1. Matrizenoperationen

In der Mathematik versteht man unter einer Matrix eine tabellenähnliche Darstellung von Zahlen, die aber im Gegensatz zu einer typischen Tabelle keine Beschriftung aufweist und für die eine Reihe verschiedener Operationen zur Verfügung stehen. Diese Operationen werden im Folgenden behandelt. Allgemein versteht man unter einer $(m \times n)$-Matrix A ein aus m Zeilen und n Spalten bestehendes Schema[1] aus Zahlen a_{ij} (mit $i = 1,\ldots,m$, und $j = 1,\ldots,n$), das folgendes Aussehen besitzt:

$$A = \begin{pmatrix} a_{11} & a_{12} & \ldots & a_{1n} \\ a_{21} & a_{22} & \ldots & a_{2n} \\ \vdots & \vdots & \ddots & \vdots \\ a_{m1} & a_{m2} & \ldots & a_{mn} \end{pmatrix}$$

Als Abkürzung verwendet man auch die Schreibweise $A = (a_{ij})$, wobei a_{ij} dasjenige Matrixelement bezeichnet, das sich an der Stelle (i,j) befindet, das heißt in der i-ten Zeile und der j-ten Spalte der Matrix A. Der erste Index von a_{ij} ist somit der Zeilenindex, der zweite Index der Spaltenindex. Beispielsweise ist die folgende Matrix eine (2×2)-Matrix

$$A = \begin{pmatrix} 1 & 3 \\ 5 & 2 \end{pmatrix}$$

wobei $a_{11} = 1$, $a_{12} = 3$, $a_{21} = 5$ und $a_{22} = 2$ ist. Eine spezielle Matrix ist die $(m \times n)$-Nullmatrix O, die aus lauter Nullen besteht. Diese Matrix hat übrigens in der Matrizenrechnung eine ähnliche Bedeutung wie die Zahl Null bei den reellen Zahlen, wie wir noch sehen werden.

Ist $m = n$, dann spricht man auch von einer quadratischen Matrix. In diesem Fall stimmt also die Zahl der Zeilen mit der Zahl der Spalten überein. Die Zahlen a_{11}, a_{22}, $\ldots$, a_{nn} einer quadratischen Matrix werden als Hauptdiagonale bzw. Hauptdiagonalelemente bezeichnet. Eine spezielle quadratische Matrix ist die Einheitsmatrix I, die für den Fall $n = 3$ folgendes Aussehen besitzt:

$$I = \begin{pmatrix} 1 & 0 & 0 \\ 0 & 1 & 0 \\ 0 & 0 & 1 \end{pmatrix}$$

Bei dieser Matrix haben somit alle Zahlen auf der Hauptdiagonalen den Wert Eins, während alle anderen Zahlen den Wert Null haben. Für Matrizen sind verschiedene Operationen definiert. Wir beginnen mit der skalaren Multiplikation, bei der alle Elemente einer Matrix mit einer reellen Zahl multipliziert werden.

Skalare Multiplikation

Ist $A = (a_{ij})$ eine $(m \times n)$-Matrix, dann versteht man unter der skalaren Multiplikation einer reellen Zahl c mit A die $(m \times n)$-Matrix $cA = (c_{ij})$, die definiert ist durch

$$c_{ij} = c \cdot a_{ij}$$

Der Faktor c wird auch als Skalar bezeichnet. Man beachte, dass die skalare Multiplikation als Linksmultiplikation geschrieben wird, das heißt, der Skalar wird links von der Matrix geschrieben (nicht rechts). Bei der skalaren Multiplikation von $c = 2$ mit der oben definierten (2×2)-Matrix A erhält man daher als Ergebnis:

$$2A = \begin{pmatrix} 2 \cdot 1 & 2 \cdot 3 \\ 2 \cdot 5 & 2 \cdot 2 \end{pmatrix} = \begin{pmatrix} 2 & 6 \\ 10 & 4 \end{pmatrix}$$

Eine naheliegende Definition ist auch die Summe zweier Matrizen. Allerdings ist hierbei zu beachten, dass beide Matrizen die gleiche Größenordnung besitzen müssen, das heißt, sie müssen beide gleich viele Zeilen und auch gleich viele Spalten haben.

Addition zweier Matrizen

Sind $A = (a_{ij})$ und $B = (b_{ij})$ zwei $(m \times n)$-Matrizen, dann versteht man unter der Summe von A und B die $(m \times n)$-Matrix $A + B = (c_{ij})$, die definiert ist durch

$$c_{ij} = a_{ij} + b_{ij}$$

Die Addition zweier gleich großer Matrizen erfolgt somit elementweise. Für die beiden Matrizen

$$A = \begin{pmatrix} 1 & 2 & 2 \\ 2 & 1 & 6 \\ 1 & 3 & 2 \end{pmatrix} \qquad B = \begin{pmatrix} 4 & 1 & 1 \\ 2 & 5 & 3 \\ 3 & 1 & 1 \end{pmatrix}$$

erhält man daher als Summe die folgende Matrix:

$$A + B = \begin{pmatrix} 1+4 & 2+1 & 2+1 \\ 2+2 & 1+5 & 6+3 \\ 1+3 & 3+1 & 2+1 \end{pmatrix} = \begin{pmatrix} 5 & 3 & 3 \\ 4 & 6 & 9 \\ 4 & 4 & 3 \end{pmatrix}$$

Eine weitere Matrizenoperation ist das Produkt zweier Matrizen A und B. Hier gibt es allerdings eine besondere Einschränkung. Die Zahl der Spalten von A muss mit der Zahl der Zeilen von B übereinstimmen. Ist dies nicht der Fall, dann ist das Produkt nicht definiert.

Produkt zweier Matrizen

Ist $A = (a_{ij})$ eine $(m \times n)$-Matrix und $B = (b_{jk})$ eine $(n \times p)$-Matrix, dann versteht man unter dem Produkt von A und B die $(m \times p)$-Matrix $A \cdot B = (c_{ik})$, die definiert ist durch

$$c_{ik} = a_{i1}b_{1k} + \cdots + a_{in}b_{nk} = \sum_{j=1}^{n} a_{ij}b_{jk}$$

Man beachte, dass bei der Definition von c_{ik} der Index j beim Summenzeichen sowohl den Spaltenindex von A als auch den Zeilenindex von B bezeichnet. Bei dieser Summenbildung geht die Voraussetzung ein, dass die Zahl der Spalten von A ($= n$) mit der Zahl der Zeilen von B ($= n$) übereinstimmen muss. Einfach ausgedrückt könnte man sagen, dass jede Zeile von A mit jeder Spalte von B multipliziert wird. Genauer gesagt, das Produkt der Matrizen A und B erhält man dadurch, dass für jedes Element c_{ik} der Matrix AB das sogenannte innere Produkt der i-ten Zeile von A und der j-ten Spalte von B berechnet wird. Da die Matrix A insgesamt m Zeilen besitzt und die Matrix B insgesamt p Spalten, sind somit $m \cdot p$ Werte für die Matrix $A \cdot B$ zu bestimmen.

Die Multiplikation zweier Matrizen macht man sich am besten an einem Beispiel klar. Betrachten wir dazu die beiden Matrizen

$$A = \begin{pmatrix} 4 & 1 \\ 1 & 2 \end{pmatrix} \qquad B = \begin{pmatrix} 1 & 3 \\ 5 & 2 \end{pmatrix}$$

wobei A und B zwei (2×2)-Matrizen sind. Das Ergebnis des Produkts dieser beiden Matrizen ist die (2×2)-Matrix

$$AB = \begin{pmatrix} 4 \cdot 1 + 1 \cdot 5 & 4 \cdot 3 + 1 \cdot 2 \\ 1 \cdot 1 + 2 \cdot 5 & 1 \cdot 3 + 2 \cdot 2 \end{pmatrix} = \begin{pmatrix} 9 & 14 \\ 11 & 7 \end{pmatrix}$$

Da die einzige Voraussetzung für das Produkt zweier Matrizen AB ist, dass die Zahl der Zeilen von A mit der Zahl der Spalten von B übereinstimmt, kann man natürlich ohne weiteres auch das Produkt einer (3×2)-Matrix mit einer (2×3)-Matrix bilden, das definitionsgemäß eine (3×3)-Matrix ergibt, wie das folgende Beispiel zeigt:

$$\begin{pmatrix} 1 & 4 \\ 3 & -2 \\ -3 & 5 \end{pmatrix} \cdot \begin{pmatrix} 0 & 1 & 2 \\ 5 & 3 & -4 \end{pmatrix} = \begin{pmatrix} 20 & 13 & -14 \\ -10 & -3 & 14 \\ 25 & 12 & -26 \end{pmatrix}$$

Für die zuvor eingeführten Matrizenoperationen sind im Folgenden einige Rechenregeln angegeben. Man beachte dabei, dass natürlich vorausgesetzt wird, dass die entsprechenden Matrizenoperationen definiert sind, das heißt, es werden „passende" Größenordnungen der Matrizen vorausgesetzt.

Rechenregeln für die Addition und Multiplikation von Matrizen

1. $A + B = B + A$

2. $A(B + C) = AB + AC \qquad (A + B)C = AC + BC$

3. $(A + B) + C = A + (B + C) \qquad A(BC) = (AB)C$

4. $AO = OA = O$

5. $AI = IA = A$

Offensichtlich besitzen Matrizen eine Reihe von Eigenschaften, die man von den reellen Zahlen her kennt. Es gibt allerdings auch Eigenschaften reller Zahlen, die Matrizen in der Regel nicht besitzen. Für zwei beliebige reelle Zahlen gilt zum Beispiel $xy = yx$, das heißt das Kommutativgesetz der Multiplikation. Für Matrizen gilt dies im Allgemeinen nicht. Und aus der Gleichung $AB = O$ kann man in der Regel nicht folgern, dass $A = O$ oder $B = O$ ist, wie die folgende Gleichung zeigt:

$$\begin{pmatrix} 1 & -2 \\ -3 & 6 \end{pmatrix} \cdot \begin{pmatrix} 4 & 2 \\ 2 & 1 \end{pmatrix} = \begin{pmatrix} 0 & 0 \\ 0 & 0 \end{pmatrix}$$

Vor allem Anfänger sollten im Umgang mit Matrizen etwas vorsichtig sein. Insbesondere sollte man darauf achten, ob eine entsprechende Operation überhaupt definiert ist, bevor man versucht, eine Addition, Multiplikation oder eine weitere der noch zu behandelnden Operationen durchzuführen.

Zu den elementaren Matrizenoperationen gehört auch das Transponieren einer Matrix. Dabei wird eine spezielle Umgruppierung der Matrixelemente vorgenommen. Einfach ausgedrückt, beim Transponieren einer Matrix gehen die Zeilen über in Spalten, während die Spalten in Zeilen übergehen.

Transponierte einer Matrix

Ist $A = (a_{ij})$ eine $(m \times n)$-Matrix, dann versteht man unter der Transponierten von A die $(n \times m)$-Matrix $A' = (b_{ji})$, die definiert ist durch

$$b_{ji} = a_{ij}$$

Beim Transponieren einer Matrix A erscheint also jedes Element von A auch in der transponierten Matrix A', allerdings weist es für den Fall $i \neq j$ eine andere Position auf. Dazu betrachte man die (4×3)-Matrix A und die zugehörige Transponierte A':

$$A = \begin{pmatrix} 4 & 1 \\ 1 & 7 \\ 0 & -2 \end{pmatrix} \qquad A' = \begin{pmatrix} 4 & 1 & 0 \\ 1 & 7 & -2 \end{pmatrix}$$

Jede Zeile von A wird durch das Transponieren also zu einer Spalte, während aus jeder Spalte eine Zeile wird.

Rechenregeln für das Transponieren von Matrizen

1. $(cA)' = cA'$

2. $(A + B)' = A' + B'$

3. $(AB)' = B'A'$

4. $(A')' = A$

Die angegebenen Rechenregeln sind eigentlich nicht sehr überraschend, wenn man einmal von der dritten Regel absieht. Betrachten wir dazu die beiden Matrizen

$$A = \begin{pmatrix} 4 & 1 & 2 \\ 1 & 7 & 2 \\ 0 & -2 & 1 \end{pmatrix} \qquad B = \begin{pmatrix} 1 & 1 & 0 \\ 4 & 7 & -2 \\ 1 & -4 & 3 \end{pmatrix}$$

und bilden einmal die Produkte AB und $B'A'$. Man kann leicht erkennen, dass die Transponierte von AB gerade der Matrix $B'A'$ entspricht:

$$AB = \begin{pmatrix} 10 & 3 & 4 \\ 31 & 42 & -8 \\ -7 & -18 & 7 \end{pmatrix} \qquad B'A' = \begin{pmatrix} 10 & 31 & -7 \\ 3 & 42 & -18 \\ 4 & -8 & 7 \end{pmatrix}$$

4.2. Die Inverse einer Matrix

Will man eine Zahl x durch eine Zahl y dividieren, dann benötigt man bekanntlich die Voraussetzung $y \neq 0$. Das Ergebnis dieser Operation lautet dann $x/y = x \cdot y^{-1}$. Im vorigen Abschnitt wurde gezeigt, wie man die Summe und das Produkt zweier Matrizen bilden kann. Unter gewissen Voraussetzungen kann man einer quadratischen Matrix A auch eine Inverse A^{-1} zuordnen.

Invertierbarkeit einer Matrix (Inverse Matrix)

Eine $(n \times n)$-Matrix A heißt invertierbar, falls es eine $(n \times n)$-Matrix B gibt mit der Eigenschaft

$$AB = BA = I$$

B nennt man die inverse Matrix (Inverse) von A und schreibt dafür A^{-1}.

Ist A eine invertierbare Matrix[2], dann kann man zeigen, dass die Inverse eindeutig bestimmt ist, was daher auch die Bezeichnung A^{-1} rechtfertigt. Für die Matrix A gilt also $A \cdot A^{-1} = A^{-1} \cdot A = I$. Man beachte, dass für die Invertierbarkeit von A der Nachweis einer der beiden Gleichungen $A \cdot B = I$ bzw. $B \cdot A = I$ ausreichend ist. Es lässt sich nämlich zeigen, dass aus der Gültigkeit einer dieser Gleichungen die Gültigkeit der anderen Gleichung folgt[3].

Das einfachste Beispiel für eine invertierbare Matrix ist wohl die Einheitsmatrix. Wegen $I \cdot I = I$ gilt natürlich $I^{-1} = I$. Die Überprüfung der Invertierbarkeit einer Matrix bzw. die Suche nach deren Inversen ist allerdings häufig mit einem nicht unbeträchtlichen Aufwand verbunden. Recht einfach ist es natürlich, wenn es lediglich darum geht zu überprüfen, ob zwei Matrizen „invers" zueinander stehen. Dies lässt sich dadurch nachweisen, dass man das entsprechende Produkt der beiden Matrizen bildet. Das Ergebnis muss die Einheitsmatrix sein.

Nehmen wir dazu die beiden Matrizen A und B:

$$A = \begin{pmatrix} 1 & 1 & 0 \\ 0 & 1 & 1 \\ -1 & 1 & 0 \end{pmatrix} \qquad B = \begin{pmatrix} 0{,}5 & 0 & -0{,}5 \\ 0{,}5 & 0 & 0{,}5 \\ -0{,}5 & 1 & -0{,}5 \end{pmatrix}$$

Bildet man deren Produkt, dann erhält man

$$\begin{pmatrix} 1 & 1 & 0 \\ 0 & 1 & 1 \\ -1 & 1 & 0 \end{pmatrix} \begin{pmatrix} 0{,}5 & 0 & -0{,}5 \\ 0{,}5 & 0 & 0{,}5 \\ -0{,}5 & 1 & -0{,}5 \end{pmatrix} = \begin{pmatrix} 1 & 0 & 0 \\ 0 & 1 & 0 \\ 0 & 0 & 1 \end{pmatrix}$$

und somit ist der Nachweis $A^{-1} = B$ erbracht. Wie bereits erwähnt, ist hier die Situation relativ einfach. Dies gilt auch für das folgende Beispiel einer nicht invertierbaren Matrix:

$$A = \begin{pmatrix} 2 & 2 & 1 \\ 3 & 0 & 2 \\ 0 & 0 & 0 \end{pmatrix}$$

Multipliziert man diese Matrix mit einer beliebigen (3×3)-Matrix B, so besteht die letzte Zeile des Produkts AB in jedem Fall aus lauter Nullen, wie man sich leicht überlegen kann. Damit ergibt das Produkt niemals die Einheitsmatrix und somit ist die Matrix A nicht invertierbar.

Interessant ist natürlich die Frage, wie man für eine gegebene (invertierbare) Matrix deren Inverse bestimmen kann. Für (2×2)-Matrizen ist das relativ einfach. Betrachten wir die folgende allgemeine Darstellung einer (2×2)-Matrix:

$$A = \begin{pmatrix} a & b \\ c & d \end{pmatrix}$$

Unter der Voraussetzung, dass die Differenz $ad - bc$ der Diagonalprodukte verschieden von Null ist, ist die Inverse von A gegeben durch:

$$A^{-1} = \frac{1}{ad - bc} \begin{pmatrix} d & -b \\ -c & a \end{pmatrix}$$

Die Inverse der Matrix A erhält man also in diesem Fall dadurch, indem man die Elemente der Hauptdiagonale von A miteinander vertauscht, bei den Elementen der Nebendiagonale die Vorzeichen wechselt und die auf diese Weise modifizierte Matrix anschließend mit dem Skalar $1/(ad-bc)$ multipliziert. Dass die dadurch entstandene Matrix tatsächlich die Inverse von A ist, lässt sich überprüfen, indem man das Produkt der beiden Matrizen bildet. Man kann leicht verifizieren, dass das Ergebnis die Einheitsmatrix ergibt:

$$AA^{-1} = \begin{pmatrix} a & b \\ c & d \end{pmatrix} \cdot \frac{1}{ad-bc} \begin{pmatrix} d & -b \\ -c & a \end{pmatrix} = I$$

Die Inverse einer (2×2)-Matrix lässt sich somit unmittelbar aufschreiben. Ist zum Beispiel

$$A = \begin{pmatrix} 2 & -15 \\ 1 & 5 \end{pmatrix}$$

dann lautet die inverse Matrix

$$A^{-1} = \frac{1}{25} \begin{pmatrix} 5 & 15 \\ -1 & 2 \end{pmatrix}$$

wobei man noch den Skalar nach Bedarf in die Matrix multiplizieren kann. Inverse Matrizen höherer Größenordnung lassen sich mit Hilfe linearer Gleichungssysteme bestimmen. Im Folgenden soll lediglich die Grundidee skizziert werden. Der Einfachheit halber betrachten wir noch einmal die Situation für den Fall einer (2×2)-Matrix, wobei wir jetzt aber einen anderen Ansatz wählen.

Wir gehen aus von einer Matrix A, deren Inverse bestimmt werden soll, die wir jetzt einmal mit X bezeichnen. Gesucht ist die Lösung der Matrizengleichung $AX = I$, das heißt die Lösung der Gleichung

$$\begin{pmatrix} a & b \\ c & d \end{pmatrix} \cdot \begin{pmatrix} x_1 & x_2 \\ x_3 & x_4 \end{pmatrix} = \begin{pmatrix} 1 & 0 \\ 0 & 1 \end{pmatrix}$$

Wertet man das Produkt auf der linken Seite aus, dann erhält man zusammen mit den Werten der Einheitsmatrix auf der rechten Seite das folgende lineare Gleichungssystem[4] mit vier Gleichungen und vier Unbekannten x_1, x_2, x_3 und x_4:

$$\begin{aligned} ax_1 \quad + bx_3 \quad &= 1 \\ ax_2 \quad + bx_4 &= 0 \\ cx_1 \quad + dx_3 \quad &= 0 \\ cx_2 \quad + dx_4 &= 1 \end{aligned}$$

Falls dieses Gleichungssystem eine eindeutige Lösung besitzt, dann erhält man dadurch die Inverse der Matrix A. Mit Hilfe dieses Ansatzes lässt sich die Inverse einer beliebigen (invertierbaren) $(n \times n)$-Matrix bestimmen. Wie man lineare Gleichungssysteme beliebiger Größenordnung lösen kann, wird im nächsten Kapitel genauer behandelt.

Abschließend sind hier noch einige wichtige Rechenregeln für invertierbare Matrizen angeführt. Dass die Inverse der Inversen von A wiederum die ursprüngliche Matrix A ergibt, würde man wohl erwarten. Man beachte insbesondere die Reihenfolge der Matrizen bei der Berechnung der Inversen des Produkts zweier invertierbarer Matrizen.

Rechenregeln für invertierbare Matrizen

Sind A und B invertierbare $(n \times n)$-Matrizen, dann sind auch die Matrizen A^{-1}, A' und $A \cdot B$ invertierbar und es gilt:

1. $(A^{-1})^{-1} = A$

2. $(A')^{-1} = (A^{-1})'$

3. $(A \cdot B)^{-1} = B^{-1} \cdot A^{-1}$

4.3. Die Determinante einer Matrix

Die Einführung inverser Matrizen im vorigen Abschnitt führt natürlich zu einer naheliegenden Frage, nämlich, wie erkennt man eigentlich, ob eine quadratische Matrix überhaupt invertierbar ist? Hier wäre es wünschenswert, Kriterien zur Verfügung zu haben, die eine solche Entscheidung ermöglichen, ohne das man deshalb erst ein größeres lineares Gleichungssystem lösen muss. Eine Möglichkeit dazu bietet die Berechnung der sogenannten Determinante dieser Matrix. Es handelt sich dabei um einen Zahlenwert, den man für jede quadratische Matrix berechnen kann. Je nachdem, ob dieser Wert verschieden von Null ist oder nicht, ist die gegebene Matrix invertierbar oder eben nicht.

Es gibt verschiedene Möglichkeiten, die Determinante einer Matrix zu definieren. Allerdings ist keine davon ganz einfach, wenn man einmal von kleineren Matrizen absieht. Im Folgenden werden wir dazu eine rekursive Definition verwenden. Wir beginnen zunächst mit der Definition der Determinante von $(n \times n)$-Matrizen für $n = 1$ und $n = 2$. Darauf aufbauend wird dann gezeigt, wie man die Determinante einer (3×3)-Matrix definiert. Diese Definition wird dann verwendet, um die Determinante einer (4×4)-Matrix zu definieren usw.

Determinante einer $(n \times n)$-Matrix für $n = 1$ und $n = 2$

1. Ist $A = (a)$ eine (1×1)-Matrix, dann definiert man $\det A = a$.

2. Ist A eine (2×2)-Matrix, das heißt

$$A = \begin{pmatrix} a & b \\ c & d \end{pmatrix}$$

dann definiert man $\det(A) = ad - bc$.

Berechnen wir einmal die Determinante einer $(n \times n)$-Matrix. Im Falle der bereits zuvor verwendeten Matrix

$$A = \begin{pmatrix} 2 & -15 \\ 1 & 5 \end{pmatrix}$$

würden wir als Determinante den Wert

$$\det(A) = 2 \cdot 5 - (-15) \cdot 1 = 25$$

erhalten, die inverse Matrix von A kennen wir ja bereits. Für die Definition der Determinante größerer Matrizen werden wir zunächst spezielle Teilmatrizen einführen, die man durch Streichen gewisser Spalten und Zeilen der ursprünglichen Matrix erhält.

Ist A eine $(n \times n)$-Matrix mit $n \geq 3$, dann versteht man unter der Teilmatrix A_{ij} diejenige Matrix, die übrig bleibt, wenn man bei der Matrix A die i-te Zeile und die j-te Spalte streicht. Ist also eine Matrix

$$A = \begin{pmatrix} 4 & 2 & 2 \\ 2 & 5 & 1 \\ 3 & 1 & 3 \end{pmatrix}$$

gegeben, dann wären beispielsweise A_{11} und A_{23} gegeben durch

$$A_{11} = \begin{pmatrix} 5 & 1 \\ 1 & 3 \end{pmatrix} \qquad A_{23} = \begin{pmatrix} 4 & 2 \\ 3 & 1 \end{pmatrix}$$

Bei dieser Vorgangsweise erhält man somit (2×2)-Matrizen bei einer vorgegebenen (3×3)-Matrix. Mit Hilfe dieser Teilmatrizen lassen sich jetzt Determinanten von Matrizen höherer Ordnung berechnen.

Determinante einer $(n \times n)$-Matrix für $n \geq 3$

Man wähle eine beliebige Zeile einer $(n \times n)$-Matrix A. Wählt man die i-te Zeile (mit den Elementen a_{i1}, ..., a_{in}), dann wird die Determinante von A definiert durch

$$\det(A) = (-1)^{i+1}a_{i1}\det(A_{i1}) + \cdots + (-1)^{i+n}a_{in}\det(A_{in})$$

Bei dieser Definition sollte man zunächst beachten, dass es in theoretischer Hinsicht keine Rolle spielt, welche Zeile man auswählt[5]. Das Ergebnis der entsprechenden Summe liefert in jedem Fall den gleichen Wert, das heißt, die Determinante ist eindeutig definiert. Wählt man die i-te Zeile, so spricht man auch von der Entwicklung nach der i-ten Zeile.

Die Definition beruht auf einer rekursiven Beziehung zwischen der Determinante einer $(n \times n)$-Matrix und den Determinanten entsprechender $((n-1) \times (n-1))$-Teilmatrizen. Da zuvor bereits die Determinante für (2×2)-Matrizen definiert wurde, wird durch die obige Definition zunächst die Determinante für (3×3)-Matrizen definiert. Damit wird ihrerseits die Determinante für (4×4)-Matrizen definiert usw.

Im folgenden Beispiel wird die Determinante der Matrix

$$A = \begin{pmatrix} 2 & 3 & 2 \\ 2 & 1 & 1 \\ 1 & 4 & 1 \end{pmatrix}$$

durch Entwicklung nach der zweiten Zeile berechnet. Die zugehörige Formel lautet in ausführlicher Darstellung:

$$\det(A) = (-1)^{2+1}a_{21}\det(A_{21}) + (-1)^{2+2}a_{22}\det(A_{22}) + (-1)^{2+3}a_{23}\det(A_{23})$$

Setzt man die entsprechenden Werte in diese Formel ein, dann erhält man

$$\det(A) = -2 \cdot \det \begin{pmatrix} 3 & 2 \\ 4 & 1 \end{pmatrix} + 1 \cdot \det \begin{pmatrix} 2 & 2 \\ 1 & 1 \end{pmatrix} - 1 \cdot \det \begin{pmatrix} 2 & 3 \\ 1 & 4 \end{pmatrix}$$

$$= -2 \cdot (-5) + 1 \cdot 0 - 1 \cdot 5 = 5$$

Die Berechnung erscheint auf den ersten Blick etwas schwerfällig. Das sollte aber einfacher werden, sobald man einmal das Schema der Zeilenentwicklung verstanden hat.

Eigenschaften von Determinanten

Sind A und B zwei $(n \times n)$-Matrizen, dann gilt:

1. A ist genau dann invertierbar, falls $\det(A) \neq 0$ ist.

2. $\det(AB) = \det(A) \cdot \det(B)$

3. $\det(A') = \det(A)$

Von zentraler Bedeutung ist vor allem die erste Eigenschaft, die ja bereits vorher erwähnt wurde. Aus dieser Eigenschaft folgt natürlich sofort, dass eine Matrix, deren Determinante gleich Null ist, nicht invertierbar ist.

4.4. Der Rang einer Matrix

Den Begriff der linearen Unabhängigkeit von Vektoren haben wir bereits in Kapitel 3 kennengelernt. Es geht dabei um die Frage, ob, bei gegebenen Vektoren, wenigstens einer davon sich als Linearkombination der übrigen darstellen lässt. Ist dies möglich, dann bezeichnet man die Vektoren als linear abhängig, andernfalls als linear unabhängig. Im Rahmen der Matrizenrechnung ist die größte Zahl linear unabhängiger Spaltenvektoren (bzw. Zeilenvektoren) einer Matrix von Interesse.

Rang einer Matrix

Der Rang einer $(m \times n)$-Matrix A ist die Maximalzahl linear unabhängiger Spaltenvektoren von A.

Schreibweise: $\mathrm{rg}(A)$

Der Ausdruck „Maximalzahl", dargestellt in der Form $\mathrm{rg}(A) = k$, ist somit durch die folgenden beiden Eigenschaften gekennzeichnet: (1) Die Matrix A besitzt k linear unabhängige Spaltenvektoren, (2) mehr als k Spaltenvektoren sind linear abhängig. Sind alle Spaltenvektoren einer $(m \times n)$-Matrix linear unabhängig, dann sagt man auch, dass diese Matrix vollen Spaltenrang besitzt. Ein einfaches Beispiel dafür ist die folgende Matrix (Einheitsmatrix):

$$A = \begin{pmatrix} 1 & 0 & 0 \\ 0 & 1 & 0 \\ 0 & 0 & 1 \end{pmatrix}$$

Wir wissen bereits aus Kapitel 3, dass die gegebenen Spaltenvektoren linear unabhängig sind. Damit gilt $rg(A) = 3$. Bei der nächsten Matrix

$$B = \begin{pmatrix} 1 & 0 & 3 \\ 0 & 1 & 2 \\ 0 & 0 & 0 \end{pmatrix}$$

hat dagegen der Rang den Wert 2, da die ersten beiden Spaltenvektoren linear unabhängig sind, während der dritte Spaltenvektor sich aus den beiden ersten ergibt. Es gilt nämlich die folgende Gleichung:

$$\begin{pmatrix} 3 \\ 2 \\ 0 \end{pmatrix} = 3 \cdot \begin{pmatrix} 1 \\ 0 \\ 0 \end{pmatrix} + 2 \cdot \begin{pmatrix} 0 \\ 1 \\ 0 \end{pmatrix}$$

Anschließend sind einige Eigenschaften des Ranges einer Matrix zusammengefasst. Aus der zweiten Eigenschaft folgt übrigens, dass die Maximalzahl linear unabhängiger Zeilenvektoren von A mit der Maximalzahl linear unabhängiger Spaltenvektoren von A übereinstimmt (Zeilenvektoren von A = Spaltenvektoren von A'). Man kann somit den Rang einer Matrix sowohl durch die Spaltenvektoren als auch durch die Zeilenvektoren bestimmen. Die dritte Eigenschaft liefert ein Kriterium für die Invertierbarkeit einer (quadratischen) Matrix. Sind nämlich die Spaltenvektoren einer $(n \times n)$-Matrix A linear unabhängig, das heißt $rg(A) = n$, dann ist die Matrix A invertierbar.

Eigenschaften des Ranges einer Matrix

Ist A eine $(m \times n)$-Matrix, dann gilt:

1. $rg(A) \leq \min(m, n)$

2. $rg(A') = rg(A)$

3. Ist $m = n$ und $rg(A) = n$, dann ist A invertierbar und $rg(A^{-1}) = rg(A)$

Gelegentlich kann es vorkommen, dass aus sachlichen Gründen eine lineare Beziehung zwischen den Spaltenvektoren einer Matrix besteht. Angenommen, die Spaltenvektoren einer Matrix enthalten die entsprechenden Zahlen für den Gewinn, den Umsatz und die Kosten verschiedener Produkte. Auf Grund der (linearen) Beziehung „Gewinn = Umsatz − Kosten", sind die drei Spaltenvektoren natürlich linear abhängig.

4.5. Matrizengleichungen

Das Lösen von Gleichungen ist eine Beschäftigung, die einem vor allem von der Schule her vertraut sein sollte. Das Lösen von Matrizengleichungen gehört allerdings üblicherweise nicht dazu und soll hier an einigen Beispielen demonstriert werden. Gleichzeitig ist es eine einfache Übung für die Anwendung von Regeln für Matrizenoperationen.

BEISPIEL 4.1
Gegeben sei eine invertierbare $(n \times n)$-Matrix A sowie ein $(n \times 1)$-Vektor b. Gesucht ist der Lösungsvektor x der Gleichung $Ax = b$.

Durch (Links-)Multiplikation der obigen Gleichung mit der Matrix A^{-1}

$$A^{-1}Ax = A^{-1}b$$

ergibt sich unmittelbar als Lösung:

$$x = A^{-1}b$$

$\square$

Mit der Gleichung $Ax = b$ werden wir uns im folgenden Kapitel noch einmal beschäftigen. Man kann nämlich zeigen, dass sich jedes lineare Gleichungssystem in dieser kompakten Form darstellen lässt (dies gilt auch für den Fall, dass die Matrix A nicht quadratisch ist).

BEISPIEL 4.2
Gegeben seien zwei $(n \times n)$-Matrizen A und B mit $AX + B = A$, wobei X eine unbekannte $(n \times n)$-Matrix ist. Es wird vorausgesetzt, dass A invertierbar ist.

Durch Linksmultiplikation der Matrizengleichung erhält man

$$A^{-1}(AX + B) = A^{-1}A$$

Daraus folgt zunächst die Gleichung

$$X + A^{-1}B = I$$

und somit als Lösung

$$X = I - A^{-1}B$$

$\square$

BEISPIEL 4.3

Gegeben seien zwei $(m \times n)$-Matrizen A und B, wobei $A'A$ invertierbar ist. X sei eine unbekannte $(n \times n)$-Matrix mit $2XA' = B'$.

Aus der obigen Gleichung folgt durch Rechtsmultiplikation mit A

$$2XA'A = B'A$$

und somit durch eine weitere Rechtsmultiplikation mit $(A'A)^{-1}$ die Gleichung

$$2XA'A(A'A)^{-1} = B'A(A'A)^{-1}$$

Die Lösung lautet daher

$$X = \frac{1}{2}B'A(A'A)^{-1}$$

$\square$

Anmerkungen

1 Lies: „m mal n Matrix". In der Literatur wird auch die Schreibweise „(m, n)-Matrix" verwendet.

2 Eine invertierbare Matrix wird auch als reguläre Matrix bezeichnet, andernfalls nennt man sie eine singuläre Matrix.

3 Für die Definition der inversen Matrix würde es daher genügen, nur eine der beiden Gleichungen anzugeben. In der Literatur wird aber üblicherweise die etwas ausführlichere Darstellung $AB = BA = I$ verwendet.

4 Da sich ein Matrixprodukt aus den Produkten der einzelnen Zeilen und Spalten zusammensetzt, bedeutet also die Gleichung $AA^{-1} = A^{-1}A = I$, dass jeweils das Produkt aus i-ter Zeile und j-ter Spalte entweder den Wert 1 (für $i = j$) oder den Wert 0 (für $i \neq j$) annimmt.

5 Man kann die Determinante der Matrix A auch durch die Entwicklung nach einer Spalte berechnen. Wählt man die j-te Spalte (mit den Elementen $a_{1j}, \ldots, a_{nj}$), dann wird die Determinante von A definiert durch

$$\det(A) = (-1)^{1+j} a_{1j} \det(A_{1j}) + \cdots + (-1)^{n+j} a_{nj} \det(A_{nj})$$

Aufgaben

Die folgenden Aufgaben dienen dazu, das Verständnis des behandelten Stoffes zu erleichtern und zu vertiefen. Um einen entsprechenden Lerneffekt zu erzielen, sollten dabei die Konzepte und Methoden verwendet werden, die in diesem Kapitel präsentiert wurden. Soweit es um konkrete Berechnungen geht, sollte man besonders auf die Darstellung des Lösungswegs achten. Für die mit einem * gekennzeichneten Aufgaben ist eine geeignete Software erforderlich bzw. empfehlenswert. Beachten Sie dazu auch die Hinweise in Anhang B. Lösungen zu den Aufgaben mit geraden Nummern finden Sie in Anhang C.

4.1 Gegeben sind die Matrizen

$$A = \begin{pmatrix} 1 & 3 & 5 \\ 3 & 0 & 1 \\ 2 & 2 & 2 \end{pmatrix} \qquad B = \begin{pmatrix} 1 & 0 & 3 \\ 2 & 1 & 2 \\ 0 & 3 & 2 \end{pmatrix}$$

Berechnen Sie:

a) $2A + 4B$ b) AB

c) BA d) $A'B'$

4.2 Gegeben sind die Matrizen

$$A = \begin{pmatrix} 8 & 1 & 3 \\ 4 & 0 & 1 \\ 6 & 0 & 3 \end{pmatrix} \qquad B = \begin{pmatrix} 1 & 2 & 3 \\ 4 & 7 & 5 \\ 3 & 6 & 9 \end{pmatrix}$$

Berechnen Sie:

a) $3A - 2B$ b) AA'

c) $(AB)'$ d) $B'A'$

4.3   a) Ist B die inverse Matrix von A?

$$A = \begin{pmatrix} 1 & 4 \\ -2 & 5 \end{pmatrix} \qquad B = \begin{pmatrix} 1 & 3 \\ 3 & 9 \end{pmatrix}$$

b) Bestimmen Sie die inverse Matrix von

$$B = \begin{pmatrix} 2 & 8 \\ 1 & 6 \end{pmatrix}$$

4.4   a) Ist die Matrix C invertierbar?

$$C = \begin{pmatrix} 2 & 4 & 6 \\ 3 & 6 & 9 \\ 1 & 2 & 3 \end{pmatrix}$$

b) Bestimmen Sie die Inverse der Diagonalmatrix

$$D = \begin{pmatrix} 1 & 0 & 0 & 0 \\ 0 & 2 & 0 & 0 \\ 0 & 0 & 3 & 0 \\ 0 & 0 & 0 & 4 \end{pmatrix}$$

4.5 Berechnen Sie die Determinanten der folgenden Matrizen:

a) $A = \begin{pmatrix} 1 & 2 & 2 \\ 2 & 1 & 1 \\ 1 & 0 & 1 \end{pmatrix}$ b) $B = \begin{pmatrix} 1 & 2 & 2 & 2 \\ 2 & 1 & 1 & 1 \\ 0 & -2 & 0 & 3 \\ 1 & 4 & 1 & 0 \end{pmatrix}$

4.6 Berechnen Sie die Determinanten der folgenden Matrizen:

a) $C = \begin{pmatrix} 1 & 0 & -3 & 2 \\ 2 & 8 & 0 & 1 \\ 0 & -2 & 0 & -1 \\ 0 & 1 & 4 & 0 \end{pmatrix}$ b) $D = \begin{pmatrix} 1 & 2 & 1 \\ -1 & 3 & 1 \\ 0 & 1 & -5 \end{pmatrix}$

4.7 Bestimmen Sie den Rang der folgenden Matrizen:

a) $A = \begin{pmatrix} 2 & 0 & 2 \\ 3 & -1 & 0 \\ 0 & 2 & 1 \end{pmatrix}$ b) $B = \begin{pmatrix} 4 & 0 & 4 \\ -2 & 2 & 0 \\ 8 & 4 & 12 \end{pmatrix}$

4.8 Bestimmen Sie den Rang der folgenden Matrizen:

$$\text{a)} \quad C = \begin{pmatrix} 0 & -6 & 0 \\ 4 & 3 & 0 \\ 8 & 0 & 3 \end{pmatrix} \qquad \text{b)} \quad D = \begin{pmatrix} 1 & 2 & 3 \\ 0 & 1 & 4 \\ 1 & 2 & 0 \end{pmatrix}$$

4.9 a) Für die $(n \times n)$-Matrizen A, B und X gilt

$$XA' + B = A'$$

wobei A invertierbar ist. Wie lautet die Lösung dieser Gleichung?

b) C, D und X sind $(n \times n)$-Matrizen, wobei C und $D + 2I$ invertierbar sind. Bestimmen Sie die Lösung der Gleichung

$$CXD + 2CX = D$$

4.10 Gegeben sei eine $(m \times n)$ Matrix X, wobei $X'X$ invertierbar ist. Zeigen Sie mit Hilfe der Rechenregeln für Matrizen, dass für die Matrix

$$M = I - X(X'X)^{-1}X'$$

die Gleichung $MX = O$ gilt.

Fragen

1. Was sind Matrizen?

2. Unter welcher Voraussetzung kann man das Produkt zweier Matrizen bilden?

3. Was geschieht mit den Zeilen bzw. Spalten einer Matrix, wenn sie transponiert wird?

4. Was ist eine inverse Matrix?

5. Wie kann man feststellen, ob eine Matrix invertierbar ist?

6. Was sind Determinanten?

7. Was versteht man unter einer rekursiven Definition?

8. Was bedeutet der Rang einer Matrix?

9. Wie kann man den Rang einer Matrix bestimmen?

10. Wo werden Matrizen verwendet?

EXKURS

Von Neumann-Morgenstern oder die Wirtschaft als Spiel

Würde man im Rahmen einer Umfrage die Frage stellen „Was verstehen Sie unter einem Spiel?", dann könnte man sich eine Vielzahl von Antworten vorstellen. Eine der möglichen Antworten, die wohl wenig überraschen würde, wäre „Gesellschaftsspiel". Als klassisches Beispiel dafür gilt etwa Schach. Obwohl es häufig als ein eher logisches Spiel angesehen wird, wird hier der Psychologie eine nicht geringe Rolle zugestanden. Einer derjenigen Persönlichkeiten, von denen behauptet wurde, die Psychologie ins Schachspiel gebracht zu haben, war *E. Lasker* (1868–1941), Schachweltmeister von 1897 bis 1921. Als Schüler des berühmten Mathematikers *D. Hilbert* (1862–1943) war Logik für ihn sicher kein Fremdwort. Aber Lasker war auch bekannt für unerwartete oder sogar schlechte Züge, um dadurch den Gegner zu irritieren und zu Fehlern zu verleiten.

Stellung nach dem 26. Zug in einer Partie von Lasker (Schwarz) gegen Capablanca (Weltmeisterschaft 1921). Die Partie endete mit einem Remis nach dem 50. Zug. (Quelle: http://www.chessgames.com).

Mit seiner bahnbrechenden Arbeit „Zur Theorie der Gesellschaftsspiele" aus dem Jahre 1928 hat der aus Ungarn stammende Mathematiker *J. v. Neumann* (1903–1957) den Grundstein für die Entwicklung der sogenannten Spieltheorie gelegt. In dieser Arbeit bewies er das berühmte Minimax-Theorem. Es besagt, dass es bei einem endlichen Zweipersonenspiel für jeden der Spieler eine optimale Strategie gibt. Dabei wird ein Spiel vorausgesetzt, bei dem der Gewinn des einen dem Verlust des anderen entspricht. Folgt ein Spieler dieser Strategie, dann kann er sich zumindest einen durchschnittlichen Auszahlungswert sichern. Dies gilt unabhängig von der jeweiligen Strategie des Gegenspielers.

Im weiteren Sinne umfasst der Begriff „Spiel" natürlich nicht nur Gesellschaftsspiele, sondern ganz allgemein Situationen, in denen sich zwei Personen (oder Personengruppen) gegenüberstehen und durch ihre Handlungen (Aktionen) das Ergebnis des „Spiels" beeinflussen. Das können zum Beispiel Lohnverhandlungen zwischen Arbeitgebern und Arbeitnehmern sein oder Konfliktsituationen, bei der die Beteiligten versuchen, gleichzeitig die möglichen Gegenmaßnahmen der anderen Seite zu berücksichtigen. Zusammen mit dem österreichischen Ökonomen *O. Morgenstern* (1902–1977) veröffentlichte v. Neumann im Jahre 1944 das Buch „Theory of Games and Economic Behavior". Dieses Werk mit einem Umfang von über 600 Seiten stieß bereits bei seiner Veröffentlichung auf begeisterte Zustimmung. Zunächst interessierten sich aber vor allem Mathematiker für dieses Thema. Für viele Ökonomen galt es als zu mathematisch. Was nicht verwundert. "Thoroughly Hilbertian, the book is a manifesto for the use of modern set theory and discrete mathematics in the social realm, and this stance is reinforced by both von Neumann's disdain for the antiquity of Hicksian and Samuelsonian mathematical economics and Morgenstern's numerous diary references to his new 'modern' reading, be it Hausdorff, Fraenkel or van der Waerden" (Leonard [2010]).

Nicht zuletzt durch das zunehmende Interesse der Ökonomen an der Spieltheorie kam es zu einer Verbesserung der Mathematikausbildung an den Hochschulen. Mittlerweile hat die Spieltheorie jedenfalls einen festen Platz in den wirtschaftswissenschaftlichen Curricula eingenommen.

Literatur: Amann (2011), Leonard (2010), Nowak und Highfield (2011), v. Neumann und Morgenstern (1944/2007).

Kapitel 5.

Lineare Gleichungssysteme

Ein lineares Gleichungssystem ist eine Zusammenfassung von zwei oder mehr linearen Gleichungen, in denen Unbekannte auftreten. Die Aufgabe besteht dann darin, mit Hilfe der Gleichungen und der darin enthaltenen Größen, diese Unbekannten zu bestimmen, das heißt also das Gleichungssystem zu lösen. Lineare Gleichungssysteme besitzen zahlreiche Anwendungsmöglichkeiten, zum Beispiel in der Matrizenrechnung, der Linearen Optimierung oder in der Input-Output Analyse. Betrachten wir zu letzterem ein einfaches Beispiel. Gegeben sei eine Volkswirtschaft, die nur aus zwei Wirtschaftssektoren A und B besteht. Die wirtschaftliche Verflechtung der Sektoren wird durch die folgende Input-Output Tabelle beschrieben:

	A	B
A	0,3	0,1
B	0,1	0,2

Die erste Spalte besagt, dass im Sektor A für die Herstellung einer zusätzlichen Produktionseinheit 0,3 Einheiten aus dem Sektor A und 0,1 Einheiten aus dem Sektor B benötigt werden. Dagegen werden im Sektor B für die Herstellung einer zusätzlichen Produktionseinheit 0,1 Einheiten aus dem Sektor A und 0,2 Einheiten aus dem Sektor B benötigt. Die zeilenweise Betrachtung zeigt, in welchem Umfang jeder Sektor Produktionsleistungen für die anderen Sektoren erbringt. Die spaltenweise Betrachtung dagegen zeigt den Umfang der Produktionsleistungen, den ein einzelner Sektor von den übrigen Sektoren bezieht.

Angenommen, für Sektor A wird eine zusätzliche Nachfrage in Höhe von $d_1 = 20$ prognostiziert, während für den Sektor B der Wert $d_2 = 15$ prognostiziert wird. Im Rahmen der Input-Output Analyse stellt sich jetzt vor allem die Frage, wie viele Produktionseinheiten beide Sektoren produzieren müssen, um die geforderte Nachfrage zu erfüllen. Dazu ist es natürlich nicht ausreichend, gerade soviel zu produzieren, wie nachgefragt wird. Jeder Sektor muss ja zusätzliche Vorleistun-

$$
\begin{aligned}
a_{11}x_1 &+ a_{12}x_2 + \cdots + a_{1n}x_n = b_1 \\
a_{21}x_1 &+ a_{22}x_2 + \cdots + a_{2n}x_n = b_2 \\
\vdots \quad &+ \cdots + \cdots + \cdots \quad = \vdots \\
a_{m1}x_1 &+ a_{m2}x_2 + \cdots + a_{mn}x_n = b_m
\end{aligned}
$$

ABBILDUNG 5.1. Allgemeine Darstellung eines linearen Gleichungssystems

gen für die Produktion in den anderen Sektoren erbringen. Bezeichnet man die erforderlichen Produktionseinheiten der beiden Sektoren A und B mit x_1 und x_2, dann lassen sich die folgenden Gleichungen aufstellen:

$$
\begin{aligned}
x_1 &= 20 + 0{,}3x_1 + 0{,}1x_2 \\
x_2 &= 15 + 0{,}1x_1 + 0{,}2x_2
\end{aligned}
$$

Fasst man die Unbekannten x_1 und x_2 jeweils auf einer Seite zusammen, dann erhält man die übliche Darstellung eines linearen Gleichungssystems.

Bei einem Gleichungssystem mit zwei Gleichungen ist kein großer Aufwand erforderlich, um die Löung zu bestimmen. Bei einer größeren Zahl von Gleichungen sieht es allerdings etwas anders aus. In einem solchen Fall wäre es wünschenswert, einen numerisch effizienten Algorithmus zur Verfügung zu haben, mit dessen Hilfe man relativ rasch die gesuchte(n) Lösung(en) findet. Ein dafür besonders geeigneter Algorithmus ist das sogenannte Eliminationsverfahren, das auch als Gauss-Algorithmus bezeichnet wird und im Mittelpunkt dieses Kapitels steht. Mit Hilfe dieses Verfahrens lässt sich die Frage beantworten, wann ein lineares Gleichungssystem überhaupt lösbar ist und wenn ja, ob die Lösung eindeutig ist oder ob es mehrere Lösungen gibt.

Es folgt ein kurzer Überblick über den Inhalt dieses Kapitels. Der erste Abschnitt wiederholt zunächst das traditionelle Substitutionsverfahren. Außerdem werden die elementaren Umformungen beschrieben, auf denen das Eliminationsverfahren beruht. Im zweiten Abschnitt wird dann gezeigt, wie dieses Verfahren zur Lösung eines linearen Gleichungssystems verwendet wird, das eine eindeutige Lösung besitzt. Im folgenden Abschnitt wird dann ein lineares Gleichungssystem gelöst, das unendlich viele Lösungen besitzt. Im vierten Abschnitt wird gezeigt, dass man das Eliminationsverfahren auch verwenden kann, um zu untersuchen, ob ein lineares Gleichungssystem überhaupt lösbar ist.

5.1. Grundlagen

Zunächst werden wir kurz auf ein Verfahren eingehen, das man noch aus der Schule kennen sollte, das sogenannte Substitutionsverfahren. Betrachten wir dazu ein einfaches Beispiel eines linearen Gleichungssystems mit drei Gleichungen und drei Unbekannten:

$$x + 2y + 2z = 11$$
$$2x + y + z = 7$$
$$x + 4y + z = 15$$

Angenommen, wir lösen die erste Gleichung nach x auf

$$x = 11 - 2y - 2z$$

dann können wir in der zweiten und dritten Gleichung die Unbekannte x durch den Ausdruck $11-2y-2z$ ersetzen („substituieren"). Als Ergebnis erhält man ein reduziertes Gleichungssystem von der Form

$$-3y - 3z = -15$$
$$2y - z = 4$$

Wir müssen also jetzt nur noch ein Gleichungssystem mit zwei Gleichungen und zwei Unbekannten lösen. Dessen Lösung setzen wir dann in die Gleichung $x=11-2y-2z$ ein und erhalten damit die Lösung für das ursprüngliche Gleichungssystem.

Lösen wir jetzt die erste Gleichung des reduzierten Gleichungssystems nach y auf, dann erhalten wir $y=-z+5$. Einsetzen in die zweite Gleichung ergibt nach einigen Umformungen den Wert $z=2$. Für y erhält man daher den Wert $y=3$ und für x schließlich den Wert $x=1$. Die (eindeutige) Lösung des Gleichungssystems lautet somit: $x=1$, $y=3$, $z=2$.

Will man Gleichungssysteme mit vier, fünf oder mehr Gleichungen und entsprechend vielen Unbekannten lösen, dann erweist sich allerdings das Substitutionsverfahren sehr bald als eher schwerfälliges und nicht sehr übersichtliches Verfahren. In numerischer Hinsicht gilt dieses Verfahren als nicht sehr effizient. Ein Verfahren, dass in der Regel weniger Rechenoperationen erfordert, ist das sogenannte Eliminationsverfahren, das in den folgenden Abschnitten ausschließlich behandelt wird. Dieses Verfahren gilt allgemein als das klassische Verfahren zur Lösung linearer Gleichungssysteme und sollte grundsätzlich dem Substitutionsverfahren vorgezogen werden.

Ein lineares Gleichungssystem mit m Gleichungen und n Unbekannten besitzt allgemein folgendes Aussehen

$$a_{11}x_1 + a_{12}x_2 + \cdots + a_{1n}x_n = b_1$$
$$a_{21}x_1 + a_{22}x_2 + \cdots + a_{2n}x_n = b_2$$
$$\vdots \quad + \quad \cdots \quad + \cdots + \quad \cdots \quad = \vdots$$
$$a_{m1}x_1 + a_{m2}x_2 + \cdots + a_{mn}x_n = b_m$$

wobei die Aufgabe darin besteht, Werte für die Unbekannten x_1, x_2, ..., x_n zu finden, sodass alle m Gleichungen erfüllt sind. Als bekannt vorausgesetzt werden dabei die Koeffizienten a_{ij}, $1 \leq i \leq m$, $1 \leq j \leq n$ sowie die Werte b_1, b_2, ..., b_m auf der rechten Seite der Gleichungen. Falls gilt

$$b_1 = b_2 = \ldots = b_m = 0$$

dann nennt man das lineare Gleichungssystem homogen. Andernfalls bezeichnet man es als inhomogen. Homogene lineare Gleichungssysteme sind immer lösbar, das heißt, sie besitzen zumindest eine Lösung, nämlich $x_1 = x_2 = \cdots = x_n = 0$, die sogenannte Nulllösung oder triviale Lösung.

Im letzten Kapitel hatten wir bereits gesehen, dass es eine spezielle Beziehung zwischen Matrizen und linearen Gleichungssystemen gibt. Allgemein lässt sich nämlich ein lineares Gleichungssystem als Matrizengleichung in der Form

$$Ax = b$$

schreiben, wobei A die $(m \times n)$ Koeffizientenmatrix ist, x der $(n \times 1)$ Spaltenvektor mit den Unbekannten x_1, x_2, ..., x_n und b der $(m \times 1)$ Spaltenvektor mit den Werten b_1, b_2, ..., b_m.

Betrachten wir wieder das lineare Gleichungssystem

$$x_1 + 2x_2 + 2x_3 = 11$$
$$2x_1 + x_2 + x_3 = 7$$
$$x_1 + 4x_2 + x_3 = 15$$

dann kann man dieses daher mit Hilfe von A, b und x recht kompakt in der folgenden Form darstellen:

$$Ax = \begin{pmatrix} 1 & 2 & 2 \\ 2 & 1 & 1 \\ 1 & 4 & 1 \end{pmatrix} \begin{pmatrix} x_1 \\ x_2 \\ x_3 \end{pmatrix} = \begin{pmatrix} 11 \\ 7 \\ 15 \end{pmatrix} = b$$

In diesem Kapitel sollen folgende Fragen beantwortet werden:

a) Wann ist ein lineares Gleichungssystem lösbar?

b) Wann ist ein lineares Gleichungssystem eindeutig lösbar, das heißt, wann gibt es genau eine Lösung für die Unbekannten x_1, x_2, ..., x_n?

c) Wie kann man die Lösung(en) eines linearen Gleichungssystems bestimmen?

In den folgenden Abschnitten werden wir zeigen, wie man mit Hilfe des Eliminationsverfahrens die genannten Fragen beantworten kann. Betrachtet man einmal eine einfache lineare Gleichung

$$ax = b$$

mit einer einzigen Unbekannten x, dann sind offensichtlich drei verschiedene Fälle möglich. Erstens, $a \neq 0$. In diesem Fall ist die Gleichung eindeutig lösbar. Die Lösung lautet

$$x = \frac{b}{a}$$

Zweitens, $a = 0$ und $b = 0$. In diesem Fall gibt es unendlich viele Lösungen, da jede reelle Zahl die Gleichung erfüllt. Drittens, $a = 0$, $b \neq 0$. Dies ist der einzige Fall, bei dem es keine reelle Zahl gibt, die die Gleichung $ax = b$ erfüllt, das heißt die Gleichung ist nicht lösbar. Es ist wohl nicht sehr überraschend, dass diese drei Möglichkeiten auch für beliebige lineare Gleichungssysteme gelten[1].

Lösbarkeit linearer Gleichungssysteme

Ein lineares Gleichungssystem besitzt entweder

a) genau eine Lösung,

b) unendlich viele Lösungen,

c) keine Lösung.

Wir beginnen im folgenden Abschnitt mit der Behandlung linearer Gleichungssysteme, die eindeutig lösbar sind, also genau eine Lösung besitzen. Es wird sich herausstellen, dass das dort verwendete Eliminationsverfahren auch im Falle unendlich vieler Lösungen verwendet werden kann sowie bei der Beantwortung der Frage, ob ein lineares Gleichungssystem überhaupt eine Lösung besitzt.

Elementare Umformungen

Bei der Lösung eines linearen Gleichungssystems versteht man unter elementaren Umformungen die folgenden Operationen

a) das Vertauschen zweier Gleichungen,

b) die Multiplikation einer Gleichung mit einer Zahl ($\neq 0$),

c) die Addition des Vielfachen einer Gleichung zu einer anderen Gleichung.

Bei der Durchführung des Eliminationsverfahrens zur Lösung eines linearen Gleichungssystems werden wir nur von diesen drei Operationen Gebrauch machen. Auf Grund der Erfahrungen mit linearen Gleichungssystemen ist es nicht überraschend, dass die elementaren Umformungen zwar rein äußerlich das gegebene Gleichungssystem verändern, die Lösungsmenge aber unverändert lassen. Dabei versteht man unter der Lösungsmenge die Menge aller Lösungen bzw. Lösungsvektoren, die das gegebene Gleichungssystem erfüllen.

5.2. Eindeutig lösbare Gleichungssysteme

Das Eliminationsverfahren werden wir an Hand des bereits bekannten Gleichungssystems beschreiben:

$$x + 2y + 2z = 11$$
$$2x + y + z = 7$$
$$x + 4y + z = 15$$

Als sehr praktisch wird sich dabei die folgende abgekürzte Schreibweise für lineare Gleichungssysteme erweisen, die auch als erweiterte Koeffizientenmatrix oder besser als Gleichungsmatrix bezeichnet wird:

$$\begin{pmatrix} 1 & 2 & 2 & 11 \\ 2 & 1 & 1 & 7 \\ 1 & 4 & 1 & 15 \end{pmatrix}$$

Dabei enthält die erste Spalte die Koeffizienten der Variablen x, die zweite Spalte die Koeffizienten der Variablen y und die dritte Spalte die Koeffizienten der Variablen z. Die rechten Seiten der drei Gleichungen sind in der vierten Spalte zusammengefasst.

Die Anwendung elementarer Umformungen auf das gegebene Gleichungssystem entspricht im Falle der Matrixdarstellung natürlich gewissen Zeilenoperationen. Details dazu werden beim folgenden Beispiel klar werden. Das Prinzip des Eliminationsverfahrens besteht darin, mit Hilfe elementarer Umformungen bzw. durch Zeilenoperationen das ursprüngliche Gleichungssystem auf eine bestimmte Form (Stufenform) zu bringen bzw. in eine bestimmte Matrix umzuwandeln. Anschließend werden die einzelnen Unbekannten sukzessive berechnet, beginnend mit der letzten Unbekannten (in unserem Beispiel z). Wenden wir also jetzt auf die Gleichungsmatrix

$$\left(\begin{array}{ccc|c} 1 & 2 & 2 & 11 \\ 2 & 1 & 1 & 7 \\ 1 & 4 & 1 & 15 \end{array} \right)$$

das Eliminationsverfahren an:

1. Schritt:

Die erste Zeile bleibt unverändert. Danach addieren wir das (-2)-fache der ersten Zeile zur zweiten Zeile. Dabei werden die Matrixeintragungen elementweise multipliziert bzw. addiert. Anschließend addieren wir das (-1)-fache der ersten Zeile zur dritten Zeile. Die beschriebenen Zeilenoperationen führen zur Matrix

$$\left(\begin{array}{ccc|c} 1 & 2 & 2 & 11 \\ 0 & -3 & -3 & -15 \\ 0 & 2 & -1 & 4 \end{array} \right)$$

2. Schritt:

Die ersten beiden Zeilen werden unverändert übernommen. Dann addieren wir das $(2/3)$-fache der zweiten Gleichung zur dritten Gleichung. Die neue Matrix lautet daher:

$$\left(\begin{array}{ccc|c} 1 & 2 & 2 & 11 \\ 0 & -3 & -3 & -15 \\ 0 & 0 & -3 & -6 \end{array} \right)$$

3. Schritt:

Die im zweiten Schritt erhaltene Matrix wird wieder als Gleichungssystem geschrieben:

$$\begin{aligned} x + 2y + 2z &= 11 \\ -3y - 3z &= -15 \\ -3z &= -6 \end{aligned}$$

Man beachte, dass dieses neue Gleichungssystem äquivalent ist zu unserem ursprünglichen Gleichungssystem, das heißt, es besitzt die gleiche Lösungsmenge, da wir lediglich elementare Umformungen vorgenommen haben.

4. Schritt:

Die Unbekannten x, y und z lassen sich jetzt leicht berechnen, indem man zuerst die dritte Gleichung nach z auflöst, danach die zweite Gleichung nach y und schließlich die erste Gleichung nach x. Die Lösung unseres Gleichungssystems lautet (wie erwartet): $x = 1$, $y = 3$, $z = 2$.

Für die Durchführung der einzelnen Schritte werden wir jetzt eine erweiterte Schreibweise verwenden, bei der zusätzlich die elementaren Umformungen rechts von der bisherigen Matrix notiert werden. Dies geschieht mit Hilfe von römischen Ziffern (I = erste Zeile, II = zweite Zeile, usw.). Beim obigen Beispiel wurde etwa beim ersten Schritt die erste Zeile der Matrix

$$\left(\begin{array}{ccc|c} 1 & 2 & 2 & 11 \\ 2 & 1 & 1 & 7 \\ 1 & 4 & 1 & 15 \end{array} \right)$$

nacheinander mit den Faktoren -2 und -1 multipliziert und dann zur zweiten bzw. dritten Zeile addiert. Abgekürzt werden wir das wie folgt aufschreiben:

$$\left(\begin{array}{ccc|c} 1 & 2 & 2 & 11 \\ 2 & 1 & 1 & 7 \\ 1 & 4 & 1 & 15 \end{array} \right) \begin{array}{l} \\ (-2) \cdot \text{I} + \text{II} \\ (-1) \cdot \text{I} + \text{III} \end{array}$$

Der Ausdruck $(-2) \cdot \text{I} + \text{II}$ zeigt an, dass man das (-2)-fache der ersten Zeile zur zweiten Zeile addiert. Entsprechend bedeutet der Ausdruck $(-1) \cdot \text{I} + \text{III}$, dass das (-1)-fache der ersten Zeile zur dritten Zeile addiert wird. Diese Schreibweise werden wir jetzt bei einem weiteren Beispiel anwenden:

$$\begin{array}{rcr} x_1 + 3x_2 - 3x_3 + 2x_4 &=& 2 \\ -\ x_1 - 4x_2 + 5x_3 - 3x_4 &=& 1 \\ 2x_1 + 8x_2 - 12x_3 + 7x_4 &=& -5 \\ x_1 + 4x_2 - x_3 + 2x_4 &=& 6 \end{array}$$

Die Gleichungsmatrix lautet in diesem Fall:

$$\left(\begin{array}{rrrr|r} 1 & 3 & -3 & 2 & 2 \\ -1 & -4 & 5 & -3 & 1 \\ 2 & 8 & -12 & 7 & -5 \\ 1 & 4 & -1 & 2 & 6 \end{array} \right)$$

Hier sind die erforderlichen Schritte, um die Stufenform zu erzeugen:

1. Schritt:

$$\left(\begin{array}{rrrr|r} 1 & 3 & -3 & 2 & 2 \\ -1 & -4 & 5 & -3 & 1 \\ 2 & 8 & -12 & 7 & -5 \\ 1 & 4 & -1 & 2 & 6 \end{array}\right) \begin{array}{l} \\ \text{I} + \text{II} \\ (-2) \cdot \text{I} + \text{III} \\ (-1) \cdot \text{I} + \text{IV} \end{array}$$

2. Schritt:

$$\left(\begin{array}{rrrr|r} 1 & 3 & -3 & 2 & 2 \\ 0 & -1 & 2 & -1 & 3 \\ 0 & 2 & -6 & 3 & -9 \\ 0 & 1 & 2 & 0 & 4 \end{array}\right) \begin{array}{l} \\ \\ 2 \cdot \text{II} + \text{III} \\ \text{II} + \text{IV} \end{array}$$

3. Schritt:

$$\left(\begin{array}{rrrr|r} 1 & 3 & -3 & 2 & 2 \\ 0 & -1 & 2 & -1 & 3 \\ 0 & 0 & -2 & 1 & -3 \\ 0 & 0 & 4 & -1 & 7 \end{array}\right) \begin{array}{l} \\ \\ \\ 2 \cdot \text{III} + \text{IV} \end{array}$$

4. Schritt:

Der letzte Schritt führt zur gesuchten Stufenform:

$$\left(\begin{array}{rrrr|r} 1 & 3 & -3 & 2 & 2 \\ 0 & -1 & 2 & -1 & 3 \\ 0 & 0 & -2 & 1 & -3 \\ 0 & 0 & 0 & 1 & 1 \end{array}\right)$$

Diese Matrix wird jetzt wieder als Gleichungssystem geschrieben:

$$\begin{aligned} x_1 + 3x_2 - 3x_3 + 2x_4 &= 2 \\ - x_2 + 2x_3 - x_4 &= 3 \\ - 2x_3 + x_4 &= -3 \\ x_4 &= 1 \end{aligned}$$

5. Schritt:

Die einzelnen Gleichungen werden sukzessive gelöst, beginnend mit der letzten Gleichung. Die Lösung des Gleichungssystems lautet: $x_1 = 6$, $x_2 = 0$, $x_3 = 2$, $x_4 = 1$.

Auch in diesem Fall ist das Gleichungssystem eindeutig lösbar, das heißt, es gibt genau eine Lösung. Es kann allerdings vorkommen, dass lineare Gleichungssysteme mehr als eine Lösung haben (und zwar unendlich viele). Mit derartigen Gleichungssystemen werden wir uns im folgenden Abschnitt beschäftigen.

5.3. Gleichungssysteme mit unendlich vielen Lösungen

Hier ist ein Beispiel für ein lineares Gleichungssystem, das nicht eindeutig lösbar ist, was sich wiederum durch Anwendung des Eliminationsverfahrens feststellen lässt:

$$
\begin{aligned}
x_1 + x_2 - x_3 + 3x_4 &= -3 \\
2x_1 + x_2 + x_3 + 4x_4 &= -1 \\
2x_1 + 3x_2 - 5x_3 + 8x_4 &= -11 \\
- x_1 + x_2 - 5x_3 + x_4 &= -7
\end{aligned}
$$

Im ersten Schritt schreiben wir wieder die Gleichungsmatrix auf, zusammen mit den elementaren Umformungen:

1. Schritt:

$$
\left(\begin{array}{rrrr|r}
1 & 1 & -1 & 3 & -3 \\
2 & 1 & 1 & 4 & -1 \\
2 & 3 & -5 & 8 & -11 \\
-1 & 1 & -5 & 1 & -7
\end{array}\right)
\begin{array}{l}
\\ (-2)\cdot \text{I} + \text{II} \\ (-2)\cdot \text{I} + \text{III} \\ \text{I} + \text{IV}
\end{array}
$$

2. Schritt:

$$
\left(\begin{array}{rrrr|r}
1 & 1 & -1 & 3 & -3 \\
0 & -1 & 3 & -2 & 5 \\
0 & 1 & -3 & 2 & -5 \\
0 & 2 & -6 & 4 & -10
\end{array}\right)
\begin{array}{l}
\\ \\ \text{II} + \text{III} \\ 2\cdot \text{II} + \text{IV}
\end{array}
$$

3. Schritt:
Die Stufenform lautet nach den letzten elementaren Umformungen

$$
\left(\begin{array}{rrrr|r}
1 & 1 & -1 & 3 & -3 \\
0 & -1 & 3 & -2 & 5 \\
0 & 0 & 0 & 0 & 0 \\
0 & 0 & 0 & 0 & 0
\end{array}\right)
$$

und hier ist das dazugehörige Gleichungssystem

$$
\begin{aligned}
x_1 + x_2 - x_3 + 3x_4 &= -3 \\
- x_2 + 3x_3 - 2x_4 &= 5
\end{aligned}
$$

wobei die beiden Nullzeilen $(0=0)$ weggelassen wurden. Dieses Gleichungssystem besitzt offensichtlich mehrere Lösungen. Tatsächlich sind es unendlich viele. Wie schreibt man so etwas auf? Lösen wir einmal die zweite Gleichung nach x_2 auf:

$$x_2 = 3x_3 - 2x_4 - 5$$

Das Ergebnis setzen wir in die erste Gleichung ein und lösen diese dann nach x_1 auf:

$$x_1 = -(3x_3 - 2x_4 - 5) + x_3 - 3x_4 - 3$$
$$= -2x_3 - x_4 + 2$$

Damit erhalten wir insgesamt folgendes Resultat:

$$
\begin{aligned}
x_1 &= -2x_3 - x_4 + 2 \\
x_2 &= 3x_3 - 2x_4 - 5 \\
x_3 & \quad \text{beliebig} \\
x_4 & \quad \text{beliebig}
\end{aligned}
$$

wobei hinzugefügt wurde, dass x_3 und x_4 beliebig gewählt werden können[2]. Diese Darstellung bezeichnet man auch als allgemeine Lösung des linearen Gleichungssystems. Mit ihrer Hilfe kann man sämtliche Lösungen bestimmen (und das sind unendlich viele). Um zu einer speziellen Lösung zu gelangen, wählt man einfach beliebige Werte für x_3 und x_4 und berechnet dann die entsprechenden Werte für x_1 und x_2. Spezielle Lösungen wären zum Beispiel $x_1 = 2$, $x_2 = -5$, $x_3 = 0$, $x_4 = 0$ bzw. $x_1 = -1$, $x_2 = -4$, $x_3 = 1$, $x_4 = 1$.

Was die Darstellung der Lösung(en) betrifft, könnte man natürlich auch versuchen, diese einfach durch die Angabe der Lösungsmenge zu beschreiben. Da aber in diesem Fall zwei verschiedene Schreibweisen kombiniert werden, nämlich die Mengenschreibweise und die Vektorschreibweise, sieht das Ergebnis manchmal etwas unansehnlich aus. Eine andere Möglichkeit wäre, die allgemeine bzw spezielle Lösung einfach in Vektorform darzustellen. Bei unserem Beispiel würde das etwa so aussehen:

$$\text{Allgemeine Lösung: } x = \begin{pmatrix} -2x_3 - x_4 + 2 \\ 3x_3 - 2x_4 - 5 \\ x_3 \\ x_4 \end{pmatrix} \quad x_3 \text{ und } x_4 \text{ beliebig}$$

$$\text{Spezielle Lösung: } x^* = \begin{pmatrix} 2 \\ -5 \\ 0 \\ 0 \end{pmatrix}$$

5.4. Nicht lösbare Gleichungssysteme

Es ist nicht schwierig, sich ein lineares Gleichungssystem vorzustellen, das nicht lösbar ist. das heißt überhaupt keine Lösung besitzt. So existieren etwa für das folgende Gleichungssystem keine Zahlen x_1 und x_2, die gleichzeitig beide Gleichungen erfüllen:

$$x_1 + \ x_2 = 0$$
$$2x_1 + 2x_2 = 1$$

Im Allgemeinen, insbesondere bei größeren Gleichungssystemen, erkennt man diese Eigenschaft aber nicht auf den ersten Blick. Um festzustellen, ob ein lineares Gleichungssystem lösbar ist oder nicht, kann man wieder das Eliminationsverfahren verwenden. Betrachten wir dazu das folgende Beispiel:

$$x_1 + \ x_2 - \ x_3 = \ -3$$
$$2x_1 + \ x_2 + \ x_3 = \ -1$$
$$2x_1 + 3x_2 - 5x_3 = -10$$

1. Schritt:

$$\left(\begin{array}{ccc|c} 1 & 1 & -1 & -3 \\ 2 & 1 & 1 & -1 \\ 2 & 3 & -5 & -10 \end{array} \right) \quad \begin{array}{l} \\ (-2) \cdot \mathrm{I} + \mathrm{II} \\ (-2) \cdot \mathrm{I} + \mathrm{III} \end{array}$$

2. Schritt:

$$\left(\begin{array}{ccc|c} 1 & 1 & -1 & -3 \\ 0 & -1 & 3 & 5 \\ 0 & 1 & -3 & -4 \end{array} \right) \quad \begin{array}{l} \\ \\ \mathrm{II} + \mathrm{III} \end{array}$$

Dies ist das Ergebnis des zweiten Schritts, wobei die letzte Zeile der Stufenform auf einen Widerspruch hinweist:

$$\left(\begin{array}{ccc|c} 1 & 1 & -1 & -3 \\ 0 & -1 & 3 & 5 \\ 0 & 0 & 0 & 1 \end{array} \right)$$

Das entsprechende Gleichungssystem lautet nämlich:

$$x_1 + x_2 - \ x_3 = -3$$
$$- x_2 + 3x_3 = \ 5$$
$$0 = \ 1 \ (!)$$

Die Interpretation des Ergebnisses ist offensichtlich. Dieses Gleichungssystem ist nicht lösbar. Es gibt keine Zahlen x_1, x_2, und x_3, die alle drei Gleichungen erfüllen. Da elementare Umformungen die Lösungsmenge eines Gleichungssystems nicht ändern, folgt somit, dass auch das ursprüngliche Gleichungssystem nicht lösbar ist.

---

klausurtipp

Bei den bisherigen Beispielen haben wir mit Hilfe der elementaren Umformungen zunächst die erste Spalte „behandelt", dann die zweite Spalte usw. Natürlich wäre es möglich, das oben beschriebene Eliminationsverfahren auch auf eine etwas andere Weise durchzuführen. Man könnte ohne weiteres auch zuerst mit der zweiten Spalte beginnen, das heißt eine andere Reihenfolge vornehmen.

Davon kann man aber nur abraten. Klausuraufgaben werden häufig so gestellt, dass die Berechnungen nicht zu kompliziert sind und mehr oder weniger „schöne" Ergebnisse liefern. Sollte aber jemand seinen eigenen, das heißt also einen anderen Lösungsweg gehen, ist diese Garantie nicht mehr gegeben. Zahlreich dokumentierte Irrwege bei Klausuren (die sich oft über mehrere Seiten erstrecken können) sprechen hier eine deutliche Sprache.

Ein weiteres Argument bezieht sich auch auf die Übungsaufgaben. Falls bei der Durchführung des Eliminationsverfahrens ein Fehler auftritt, beruht er in der Regel auf einer falschen Anwendung elementarer Umformungen und/oder auf Rechenfehlern. Bei einem gemeinsamen, einheitlichen, Vorgehen ist natürlich die Chance größer, einen solchen Fehler zu finden und zu korrigieren. Betrachten Sie das Eliminationsverfahren auch als ein Beispiel für die schrittweise Durchführung eines Algorithmus.

Anmerkungen

1 In diesem Zusammenhang könnte die Frage auftauchen, wie es eigentlich mit der Lösbarkeit nichtlinearer Gleichungssysteme aussieht. Im Unterschied zu linearen Gleichungssystemen gibt es bei nichtlinearen – neben eindeutig lösbaren, unlösbaren und solchen mit unendlich vielen Lösungen – auch Gleichungssysteme mit einer endlichen Anzahl $k > 1$ von Lösungen. Diese Aussage wird leicht verständlich, wenn man an eine nichtlineare Gleichung wie etwa

$$x^2 - 1 = 0$$

denkt bzw. allgemein an die Nullstellenbestimmung von Polynomen höherer Ordnung. Im Vergleich zu linearen Gleichungssystemen weisen nichtlineare Gleichungssysteme eine wesentlich höhere Komplexität auf, wie man an dem folgenden (lösbaren) Beispiel erkennen kann:

$$\ln x + xy = 0$$
$$\frac{1}{x} - y^2 = 1$$

Abgesehen von Spezialfällen lassen sich nichtlineare Gleichungen/Gleichungssysteme nicht in geschlossener Form lösen, das heißt, es gibt keine „analytischen" (formelmäßigen) Lösungen. Nichtlineare Gleichungen/Gleichungssysteme werden numerisch gelöst mit Hilfe approximativer Verfahren (Iterationsverfahren). Derartige Verfahren sind Gegenstand der Numerischen Mathematik.

2 Bei diesem Beispiel kann man also zwei Variablen frei wählen, die anderen beiden sind dadurch eindeutig festgelegt. Man könnte im Prinzip auch sagen, dass man in diesem Fall zwei Freiheitsgrade hat. Bei einem eindeutig lösbaren Gleichungssystem hat man dagegen keinen Freiheitsgrad.

Aufgaben

Die folgenden Aufgaben dienen dazu, das Verständnis des behandelten Stoffes zu erleichtern und zu vertiefen. Um einen entsprechenden Lerneffekt zu erzielen, sollten dabei die Konzepte und Methoden verwendet werden, die in diesem Kapitel präsentiert wurden. Soweit es um konkrete Berechnungen geht, sollte man besonders auf die Darstellung des Lösungswegs achten. Für die mit einem * gekennzeichneten Aufgaben ist eine geeignete Software erforderlich bzw. empfehlenswert. Beachten Sie dazu auch die Hinweise in Anhang B. Lösungen zu den Aufgaben mit geraden Nummern finden Sie in Anhang C.

Verwenden Sie für die folgenden Gleichungssysteme das Eliminationsverfahren (soweit nicht anders angegeben). Falls ein Gleichungssystem unendlich viele Lösungen besitzt, geben Sie bitte die allgemeine Lösung sowie eine spezielle Lösung an.

5.1 Lösen Sie die folgenden Gleichungssysteme:

a)

$$
\begin{aligned}
-6x_1 - 4x_2 + 2x_3 &= 0 \\
3x_1 + 6x_2 + x_3 &= 4 \\
6x_1 + 5x_2 + 2x_3 &= 15
\end{aligned}
$$

b)

$$\begin{aligned} x_1 + \; x_2 \quad\quad &= 1 \\ 2x_1 + 4x_2 + 2x_3 &= 2 \\ 3x_1 + 5x_2 + 4x_3 &= 1 \end{aligned}$$

5.2 Lösen Sie die folgenden Gleichungssysteme:

a)

$$\begin{aligned} 2v + 3w &= \;\;9 \\ 2u - \; v + 2w &= \;\;8 \\ 4v - \; w &= -3 \end{aligned}$$

b)

$$\begin{aligned} 4x_1 + 5x_2 + \; x_3 &= \;\;11 \\ - \; x_1 - 2x_2 - 2x_3 &= -7 \\ - 7x_1 + 4x_2 + \; x_3 &= -1 \end{aligned}$$

5.3 Sind die folgenden Gleichungssysteme lösbar? Wenn ja, bestimmen Sie deren Lösung(en).

a)

$$\begin{aligned} x_1 + \;\; 3x_2 - 4x_3 + \;\; 3x_4 &= \;\;9 \\ 3x_1 + \;\; 9x_2 - 2x_3 - 11x_4 &= -3 \\ 4x_1 + 12x_2 - 6x_3 - \;\; 8x_4 &= \;\;6 \end{aligned}$$

b)

$$\begin{aligned} 4x_1 + 8x_2 + 8x_3 &= 0 \\ x_1 + 2x_2 + 2x_3 &= 0 \\ 2x_1 + 4x_2 + 4x_3 &= 0 \end{aligned}$$

5.4 Sind die folgenden Gleichungssysteme lösbar? Wenn ja, bestimmen Sie deren Lösung(en).

a)

$$\begin{aligned} x_1 - \;\; x_2 + \;\; x_3 - x_4 + \;\; x_5 &= 1 \\ 2x_1 - \;\; x_2 + 3x_3 \quad\quad + 4x_5 &= 2 \\ 3x_1 - 2x_2 + 2x_3 + x_4 + \;\; x_5 &= 1 \end{aligned}$$

b)

$$\begin{aligned} x_1 + \;\; 2x_2 + \;\; x_3 &= \;\;1 \\ - 9x_1 - 12x_2 - 3x_3 &= -9 \\ 4x_1 + \;\; 4x_2 \quad\quad &= \;\;4 \end{aligned}$$

5.5 Richtig oder falsch? Beurteilen Sie die Gültigkeit der folgenden Aussagen:

a) Jedes inhomogene lineare Gleichungssystem ist lösbar.

b) Ist ein lineares Gleichungssystem nicht lösbar, dann ist es inhomogen.

c) Wenn ein lineares Gleichungssystem mindestens zwei Lösungen hat, dann hat es unendlich viele Lösungen.

d) Es gibt homogene lineare Gleichungssysteme, die nicht lösbar sind.

5.6 Ein Unternehmer errichtet zwei neue Imbiss-Stände in einer Kleinstadt. Zur Auswahl stehen allerdings zunächst nur zwei Produkte, nämlich Currywurst und Afri Cola. Die erwarteten täglichen Verkaufszahlen lauten wie folgt:

	Imbiss-Stand A	Imbiss-Stand B
Currywurst	100	150
Afri Cola	30	80

Wie hoch müsste der Preis für eine Currywurst bzw. für eine Flasche Afri Cola sein, damit der tägliche Umsatz 300 Euro (Imbiss-Stand A) bzw. 500 Euro (Imbiss-Stand B) beträgt? Formulieren Sie ein lineares Gleichungssystem für diese Fragestellung und bestimmen Sie dessen Lösung.

5.7 Untersuchen Sie, ob das Gleichungssystem lösbar ist.

$$\begin{aligned} x_1 + 2x_2 + x_3 &= 2 \\ 3x_1 + x_2 - 2x_3 &= 1 \\ 4x_1 + 8x_2 - x_3 &= 3 \\ 2x_1 + 4x_2 + 2x_3 &= 2 \end{aligned}$$

5.8 Untersuchen Sie, ob das Gleichungssystem lösbar ist.

$$\begin{aligned} x_1 + 2x_2 + x_3 &= 1 \\ -2x_1 - 2x_2 &= -2 \\ 6x_1 + 8x_2 + 2x_3 &= 4 \end{aligned}$$

5.9 Ein Unternehmen stellt die Produkte A, B und C her. Für die Herstellung dieser Produkte sind pro Stück folgende Mengeneinheiten (ME) der Rohstoffe R_1, R_2 und R_3 erforderlich:

Produkt	Rohstoffe		
	R_1	R_2	R_3
A	2	4	6
B	—	2	4
C	3	5	7

Für einen bestimmten Zeitraum stehen 50 ME des Rohstoffs R_1, 100 ME des Rohstoffs R_2 und 150 ME des Rohstoffs R_3 zur Verfügung. In welchen Stückzahlen können die Produkte A, B und C in diesem Zeitraum hergestellt werden?

a) Formulieren Sie ein entsprechendes Gleichungssystem für die Bestimmung der Stückzahlen.

b) Welches Problem ergibt sich hier, wenn man versucht, die Lösung des Gleichungssystems zu bestimmen?

5.10 Ein Gleichungssystem besitzt nach einigen elementaren Umformungen die folgende Stufenform:

$$\left(\begin{array}{cccc|c} 1 & -1 & 2 & -1 & -1 \\ 0 & 3 & -6 & 0 & 0 \\ 0 & 0 & 0 & 0 & 0 \\ 0 & 0 & 0 & 0 & 0 \end{array} \right)$$

Bestimmen Sie die Lösungen dieses Gleichungssystems.

Fragen

1. Was ist der Unterschied zwischen homogenen und inhomogenen linearen Gleichungssystemen?

2. Wie viele Lösungen kann ein lineares Gleichungssystem haben?

3. Was versteht man unter dem Substitutionsverfahren?

4. Was sind elementare Umformungen?

5. Was bedeutet der Ausdruck „Stufenform"?

6. Wie wird das Eliminationsverfahren durchgeführt?

7. Worin besteht der Vorteil des Eliminationsverfahrens gegenüber dem Substitutionsverfahren?

8. Was ist der Unterschied zwischen allgemeiner und spezieller Lösung?

9. Wie kann man ein lineares Gleichungssystem in Matrixschreibweise formulieren?

10. Wo gibt es Anwendungen linearer Gleichungssysteme?

EXKURS

Leontief – der Begründer der Input-Output Analyse

W. Leontief (1905–1999) wurde 1905 in München geboren und wuchs in Sankt Petersburg (Leningrad, 1924 bis 1991) auf als Sohn eines Professors für Ökonomie. Mit 16 Jahren begann er an der dortigen Universität Philosophie, Soziologie und Ökonomie zu studieren. Nach seinem Studienabschluss 1925 verließ er die Sowjetunion (die Erlaubnis zur Ausreise erhielt er auf Grund einer schweren Erkrankung). In Berlin begann er sein Doktoratsstudium unter dem Soziologen und Wirtschaftshistoriker *W. Sombart* (1863–1941) und dem Statistiker *L. v. Bortkiewicz* (1868–1931). Sein Doktorat erhielt Leontief im Jahr 1928 mit einer Dissertation über das Thema „Wirtschaft als Kreislauf".

Danach ging er an das Institut für Weltwirtschaft in Kiel. Im gleichen Jahr wurde mit *J. Marschak* (1898–1977) ein weiterer Ökonom aus Berlin Mitarbeiter des Instituts. Während seines Aufenthalts in Kiel begann Leontief, seine Ideen zur Input-Output Analyse zu entwickeln. 1929 erhielt Leontief eine Einladung zu einem einjährigen Forschungsaufenthalt in China. Aus Mangel an empirischen Daten wurden dabei Schätzungen der landwirtschaftlichen Produktion mit Hilfe von Photos von Ernten vom Flugzeug aus aufgenommen. 1931 erhielt er eine Einladung aus den USA, an das National Bureau of Economic Research (NBER, New York) zu kommen. Eine seiner ersten Aktivitäten, kurz nach seiner Ankunft in den USA, war übrigens ein gemeinsamer Besuch mit seiner späteren Frau im „Cotton Club", einem berühmten New Yorker Nachtclub. Die Hausband des Clubs wurde damals von *C. „Cab" Calloway* (1907–1994) geleitet.

Seine erste Arbeit zur Input-Output Analyse erschien 1936. Damals publizierte er erstmals Input-Output-Tabellen für die US-Wirtschaft und zwar für die Jahre 1919 und 1929. Diese Tabellen wurden auf der Basis von zehn Wirtschaftssektoren erstellt. Die nächste Input-Output Tabelle erstellte Leontief für das Jahr 1939, wobei er diesmal insgesamt 42 Sektoren verwendete. Die Berechnungen wurden erstmals mit einem Computer – dem Harvard Mark II – durchgeführt. Die Berechnungszeit sank dramatisch, dauerte aber immer noch über 50 Stunden. Weitere Input-Output Tabellen wurden in den Jahren 1947, 1958 und 1963 erstellt.

Seit 1967 werden die Tabellen in einem regelmäßigen Rhythmus erstellt und zwar jeweils in den Jahren, die mit der Ziffer „2" oder der Ziffer „7" enden.

Während Input-Output Tabellen dazu dienen, die Leistungsverflechtungen zwischen den verschiedenen Wirtschaftssektoren zu beschreiben, geht die Input-Output Analyse einen Schritt weiter. Hier geht es vor allem darum, die Auswirkungen einer Nachfrageerhöhung bei Gütern eines Sektors auf andere Sektoren sowie die Nachfrage nach primären Inputs zu bestimmen. In der Darstellung und Messung der sogenannten indirekten Effekte liegt der eigentliche Vorteil der Input-Output Analyse.

Natürlich sollte man auch die Schwächen des Input-Output Ansatzes nicht vergessen. Dazu gehören insbesondere stark vereinfachende Annahmen sowie die beschränkten Möglichkeiten im Hinblick auf die Erstellung längerfristiger Prognosen.

Nach einer gewissen Anlaufzeit wurde die Bedeutung seiner Arbeiten und ihr praktischer Nutzen sehr rasch erkannt. Besonders die ungewöhnliche Art und Weise, die wirtschaftlichen Beziehungen innerhalb einer Volkswirtschaft an Hand einer Matrix darzustellen, stieß auf großes Interesse. Man kann sich aber gut vorstellen, dass dies auch heftige Kritik hervorrief. Nicht wenige befürchteten dadurch die Einführung der Planwirtschaft in den USA, vorbereitet durch einen Migranten aus der Sowjetunion.

Obwohl Leontief sich eher als Theoretiker empfand, war für ihn die Verbindung von Theorie und Empirie von entscheidender Bedeutung – empirische Analyse erfordert gleichzeitig theoretische Analyse. Wenn man empirisch arbeiten will, muss man die Fakten kennen, die Organisation der Fakten erfolgt dabei durch die Theorie. Abfällig äußerte er sich über die bei nicht wenigen theoretischen Ökonomen anzutreffende Praxisferne. „Manche Forscher sind wie Flugzeuge, die abheben, kreisen und niemals wieder landen."

Im Jahr 1973 wurde Leontief der Nobelpreis für Wirtschaftswissenschaften verliehen "for the development of the input-output method and its application to important economic problems". Er starb 1999 in New York im Alter von 93 Jahren.

Literatur: Dietzenbacher und Lahr (2004), Linß (2007), Samuelson und Barnett (2007), Winker (2007).

Kapitel 6.

Lineare Optimierung

Leo B. ist stolzer Eigentümer eines Bio-Ladens. Zur Erweiterung seines Kunden-kreises plant er, sein Sortiment etwas stärker an den Bedürfnissen der Studenten der nahegelegenen Hochschule auszurichten. Zu diesem Zweck möchte er eine eigene Mischung Studentenfutter herstellen und unter dem Namen Leos Studen-tenfutter verkaufen. Die notwendigen Zutaten – Rosinen, Haselnüsse, Mandeln und Walnüsse – erhält er von einem Lieferanten zu den folgenden Preisen: Rosi-nen 4,50 Euro, Haselnüsse 6,50 Euro, Mandeln 6 Euro und Walnüsse 3,50 Euro (jeweils pro kg). Nach einigen Überlegungen gelangt Leo B. zu dem Entschluss, dass die Mischung mindestens 25 % Rosinen, mindestens 15 % von jeder Nusssorte, allerdings nicht mehr als 40 % von jeder einzelnen Zutat enthalten soll.

Rasch stellt er fest, dass man bei Verwendung von 25 % pro Zutat bereits eine einfache Mischung herstellen könnte. Allerdings gibt es noch viele weitere Mi-schungsvarianten, und jede hat ihren speziellen Herstellungspreis. Bevor er aber den Verkaufspreis festsetzt, möchte er zunächst eine entscheidende Frage klären. Diese betrifft ein klassisches ökonomisches Optimierungsproblem, womit wir uns dem Thema dieses Kapitels nähern: Welche Mengen an Rosinen, Haselnüssen, Mandeln und Walnüssen sollte eine 100 g-Mischung enthalten, wenn der Herstel-lungspreis möglichst gering gehalten werden soll?

Dieses Beispiel weist die typischen Eigenschaften eines Problems der Linearen Optimierung auf. Gegeben sind verschiedene variable Größen (die Mengenanteile von Rosinen, Haselnüssen, Mandeln und Walnüssen), einige Restriktionen für die-se Größen (die sogenannten Nebenbedingungen) sowie eine spezielle Zielfunktion (die Herstellungskosten), die optimiert werden soll. In diesem Kapitel werden wir uns mit dem Lösen derartiger Probleme beschäftigen.

Für einfache Probleme der Linearen Optimierung ist eine grafische Lösung durchaus möglich. Bei unserem Beispiel wäre allerdings die Zahl der Variablen und Restriktionen zu groß. In diesem Kapitel werden wir daher vor allem den von

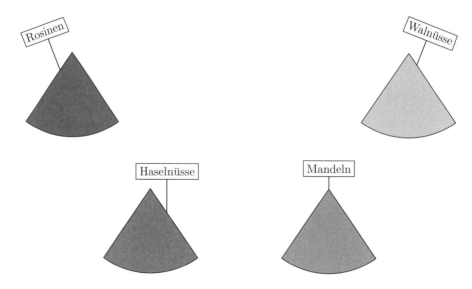

ABBILDUNG 6.1. Zutaten für Studentenfutter

G. B. Dantzig (1914–2005) entwickelten Simplex-Algorithmus verwenden. Dies ist in der Praxis die am häufigsten benutzte Methode zur Lösung von linearen Optimierungsproblemen. Bei den in diesem Kapitel auftretenden Beispielen wird dabei vorausgesetzt, dass eine entsprechende Software zur Verfügung steht, bei der dieser Algorithmus implementiert ist (beachten Sie dazu auch die Hinweise in Anhang B).

Es folgt ein kurzer Überblick über den Inhalt dieses Kapitels. Der erste Abschnitt beschreibt an Hand eines einfachen Beispiels den Grundtyp eines linearen Optimierungsproblems, das sogenannte Standardproblem. Im zweiten Abschnitt wird gezeigt, wie man ein Standardproblem bei Vorliegen von nur zwei Variablen grafisch lösen kann. Damit lässt sich der Grundgedanke des Simplex-Algorithmus relativ leicht motivieren. Der dritte Abschnitt beschäftigt sich mit der Beschreibung und Anwendung des Simplexalgorithmus auf das Standardproblem. Auf eine detaillierte Darstellung des Algorithmus wird hier allerdings verzichtet. Im vierten Abschnitt werden wir auf einige Varianten des Standardproblems eingehen und anschließend auch das Studentenfutter-Problem lösen. Der fünfte Abschnitt stellt das sogenannte duale Problem vor. Dabei geht es um eine spezielle Beziehung zwischen linearen Maximierungs- und Minimierungsproblemen. Abschließend geht der sechste Abschnitt auf die besondere Problematik der ganzzahligen Optimierung ein.

6.1. Das Standardproblem

Beginnen wir mit einem einfachen Beispiel, das die Struktur eines typischen Problems der Linearen Optimierung aufweist. Angenommen, ein Unternehmen erzeugt die beiden Produkte A und B. Die Herstellung dieser Produkte erfolgt jeweils in zwei Arbeitsschritten, die von den Maschinen 1, 2 und 3 durchgeführt werden. Zur Herstellung von Produkt A sind vier Minuten bei Maschine 1 und drei Minuten bei Maschine 2 erforderlich, zur Herstellung von Produkt B sind drei Minuten bei Maschine 2 und sechs Minuten bei Maschine 3 erforderlich (Zeitangaben jeweils pro Stück). Die maximale Nutzungsdauer pro Tag beträgt jeweils fünf Stunden bei den Maschinen 1 und 2 sowie sechs Stunden bei Maschine 3. Der Gewinn beträgt ein Euro bei Produkt A und zwei Euro bei Produkt B (jeweils pro Stück). Die Aufgabe besteht jetzt darin, diejenigen täglichen Stückzahlen der beiden Produkte zu bestimmen, für die der Gesamtgewinn aus der Produktion maximal ist.

Aus Gründen der Übersichtlichkeit werden zunächst die obigen Angaben zu Maschinenzeiten und maximaler Nutzungsdauer in einer Tabelle zusammengefasst. Man beachte, dass die Nutzungsdauer in Minuten umgerechnet wurde.

TABELLE 6.1. Produktionsbedingungen der Maschinen

| | Maschinenzeiten (pro Stück) | | maximale |
	Produkt A	Produkt B	Nutzungsdauer
Maschine 1	4	–	300
Maschine 2	3	3	300
Maschine 3	–	6	360

Um eine gewisse Vorstellung zu bekommen von der Auswirkung der Produktionszahlen auf den Gesamtgewinn, könnte man einmal für verschiedene Stückzahlen den Gesamtgewinn bestimmen. Tabelle 6.2 enthält für einige Kombinationen der Stückzahlen von A und B die tatsächliche Nutzungsdauer sowie den zugehörigen Gesamtgewinn. Die Ergebnisse zeigen, dass die Nutzungsdauer bei den jeweiligen Kombinationen der Stückzahlen entsprechend variiert, wobei in einzelnen Fällen die Kapazität einer Maschine voll ausgeschöpft wurde. Dies stellt allerdings in unserem Fall keine explizite Bedingung dar. Die zugehörigen Restriktionen besagen ja nur, dass die maximale Nutzungsdauer der Maschinen nicht überschritten werden kann. Das Ziel ist die Maximierung des Gesamtgewinns. Dieser liegt bei den angegebenen Stückzahlen zwischen 70 und 150 Euro.

TABELLE 6.2. Beispiele für Stückzahlen

Stückzahlen		Nutzungsdauer			
A	B	1	2	3	Gewinn
50	10	200	180	60	70
70	30	280	300	180	130
50	50	200	300	300	150
30	60	120	270	360	150
10	50	40	180	300	110

Was ist jetzt das Problem bei diesem Beispiel? Offensichtlich sollen für die beiden Produkte A und B „optimale" Stückzahlen, nennen wir sie x_1 und x_2, ermittelt werden. Genauer gesagt, unter allen möglichen Kombinationen von Stückzahlen, die unter den oben angegebenen Produktionsbedingungen erzeugt werden können, sollen diejenigen mit dem größten Gesamtgewinn bestimmt werden. Bevor wir in den folgenden Abschnitten näher auf verschiedene Lösungsmethoden für derartige Probleme eingehen, werden wir als ersten Schritt, der bei solchen Beispielen erforderlich ist, ein mathematisches Modell erstellen. Auf dessen Grundlage werden wir dann versuchen, die Lösung zu bestimmen. Für unser Problem würde das mathematische Modell folgendes Aussehen besitzen:

$$Z = x_1 + 2x_2 = \text{Maximum!}$$

$$4x_1 \quad\quad\quad \leq 300$$
$$3x_1 + 3x_2 \leq 300$$
$$6x_2 \leq 360$$
$$x_1 \geq 0, x_2 \geq 0$$

Dabei besagt etwa die Ungleichung $3x_1 + 3x_2 \leq 300$, dass die Produktionszeit für Maschine 2 bei der Herstellung von x_1 Stück des Produkts A und x_2 Stück des Produkts B höchstens 300 Minuten (= fünf Stunden) betragen darf (analoge Aussagen gelten für die beiden anderen Ungleichungen). Eine weitere Nebenbedingung besagt, dass die Stückzahlen nichtnegativ sind. Z gibt schließlich den Gesamtgewinn bei der Produktion von x_1 Stück des Produkts A und x_2 Stück des Produkts B an.

Dies ist das gesuchte mathematische Modell. Es handelt sich dabei um ein Beispiel für das sogenannte Standardproblem der Linearen Optimierung, bei dem eine lineare Zielfunktion Z maximiert werden soll, wobei bei der Maximierung gewisse Nebenbedingungen (Restriktionen) einzuhalten sind, die in Form von linearen Ungleichungen vorliegen[1].

Das Standardproblem der linearen Optimierung

$$Z = c_1 x_1 + c_2 x_2 + \cdots + c_n x_n = \text{Maximum!}$$

$$a_{11} x_1 + a_{12} x_2 + \cdots + a_{1n} x_n \leq b_1$$

$$\vdots \quad + \quad \cdots \quad + \cdots + \quad \cdots \quad \leq \quad \vdots$$

$$a_{m1} x_1 + a_{m2} x_2 + \cdots + a_{mn} x_n \leq b_m$$

$$x_1 \geq 0, x_2 \geq 0, \ldots, x_n \geq 0$$

Betrachten wir noch einmal die einzelnen Bestandteile des Standardproblems. Die Zielfunktion Z ist eine lineare Funktion in den n Variablen x_1, x_2, ..., x_n, die auch als Entscheidungsvariablen bezeichnet werden[2]. Bei vorgegebenen Koeffizienten c_1, c_2, ..., c_n sollen die Werte für die Entscheidungsvariablen so bestimmt werden, dass die Zielfunktion ein Maximum annimmt. Bei der Maximierung gelten für die Entscheidungsvariablen allerdings eine Reihe gewisser Restriktionen, die hier in Form von m linearen Ungleichungen (vom Typ $\leq$) angeführt sind. Die in den Ungleichungen auftretenden Koeffizienten a_{ij}, $i = 1$, ..., m, $j = 1$, ..., n bzw. b_1, b_2, ..., b_m sind vorgegeben (problemabhängig). Hinzu kommt noch die Einschränkung, dass die Entscheidungsvariablen nichtnegativ sind. Diese Nebenbedingung wird auch als Nichtnegativitätsbedingung bezeichnet[3].

Im nächsten Abschnitt werden wir sehen, wie man das Produktionsbeispiel mit Hilfe eines grafischen Verfahrens relativ einfach lösen kann.

6.2. Eine grafische Lösung

Um die Lösung auf grafische Weise zu finden[4], werden zunächst die Nebenbedingungen für die maximale Nutzungsdauer in Form von Gleichungen geschrieben werden, das heißt:

$$4x_1 \qquad\quad = 300$$

$$3x_1 + 3x_2 = 300$$

$$6x_2 = 360$$

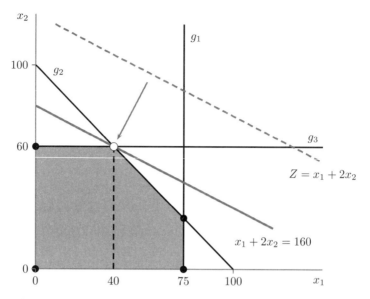

ABBILDUNG 6.2. Grafische Lösung des Produktionsbeispiels

Diese Gleichungen werden in Abbildung 6.2 durch die Geraden g_1, g_2 und g_3 dargestellt (schwarze Linien). Offensichtlich sind alle Punkte (x_1, x_2), die sämtliche Nebenbedingungen erfüllen, genau diejenigen, die sich in dem grauen Bereich befinden. Diese bezeichnet man auch als zulässige Lösungen. Die grafische Figur, die durch Ecken und Kanten begrenzt wird, nennt man auch einen Simplex.

Entscheidend ist jetzt die Zielfunktion. Für einen beliebigen positiven Wert für Z erhält man jeweils eine Gerade (etwa die gestrichelte Linie). Man beachte, dass diese Geraden alle parallel sind. Verschiebt man jetzt die gestrichelte Linie in Richtung der grauen Fläche (alle zulässigen Lösungen), dann gibt es an einer oberen Ecke der grauen Fläche einen Punkt (weiß), der eine zulässige Lösung darstellt und außerdem auf einer speziellen Gewinngeraden liegt. Dieser Punkt ist die optimale Lösung des Maximierungsproblems. Würde man nämlich die gestrichelte Linie noch weiter nach links verschieben, dann würde der Gewinn geringer werden. Verschiebt man dagegen die gestrichelte Linie nach rechts, dann gibt es keine zulässige Lösung mehr auf der Gewinngeraden, was für die optimale Lösung aber erforderlich ist. Daher ist der Punkt (x_1, x_2), mit $x_1 = 40$ und $x_2 = 60$ die optimale Lösung[5]. Der maximale Gewinn beträgt 160 Euro.

Bei diesem Beispiel ist die Lösung eindeutig. Würde aber etwa die Gewinngerade parallel zur Geraden g_2 verlaufen, dass würde es unendlich viele optimale Lösungen geben, die alle den gleichen maximalen Gewinn aufweisen.

6.3. Anwendung des Simplex-Algorithmus

An Hand von Abbildung 6.2 kann man vielleicht schon erkennen, welche Überlegungen entscheidend sind, falls man zum Beispiel ein Standardproblem mit einer größeren Zahl von Variablen betrachten würde. Der Simplex wäre in diesem Fall eine mehrdimensionale Figur, begrenzt durch Ecken und Kanten. Offensichtlich sind die Punkte, die als Kandidaten für die optimale Lösung relevant sind, ausschließlich die Eckpunkte des Simplex. Dort wird die optimale Lösung liegen (vorausgesetzt, dass diese existiert).

Dann würde es aber genügen, nur die (endlich vielen) Eckpunkte des Simplex heranzuziehen, um die optimale Lösung zu finden. Diese müssten dann sukzessive geprüft werden, um so diejenige zulässige Lösung mit dem größtmöglichen Wert zu finden. Auf diesem Ansatz beruht der Simplex-Algorithmus. Bei jedem Schritt des Algorithmus ergibt sich eine Verbesserung des Wertes der Zielfunktion. Auf diese Weise wird dann nach endlich vielen Schritten die optimale Lösung erreicht. Dieser Algorithmus gehört zu den am häufigsten verwendeten Methoden zur Lösung eines linearen Optimierungsproblems. Mit einer geeigneten Software, bei der dieser Algorithmus implementiert ist, könnte man das Ergebnis der grafischen Lösung natürlich überprüfen (beachten Sie dazu auch die Hinweise in Anhang B).

Auf die genaue Durchführung des Algorithmus werden wir hier nicht weiter eingehen. Näheres dazu findet man zum Beispiel in Opitz und Klein (2011) oder Tietze (2002). Es sei abschließend nur noch erwähnt, dass es durchaus Optimierungsanwendungen gibt, bei denen die Zahl der Variablen bzw. der Nebenbedingungen zwei- oder dreistellige Werte annehmen kann.

6.4. Varianten des Standardproblems

Falls ein Optimierungsproblem nicht dem Standardproblem entspricht, besteht in einigen Fällen die Möglichkeit, durch eine entsprechende Modifikation zu einem Standardproblem zu gelangen.

Auftreten einer Ungleichung vom Typ „$\geq$"

Falls eine Nebenbedingung aus einer linearen Ungleichung vom Typ „$\geq$" besteht, dann erhält man durch Multiplikation der Ungleichung mit dem Faktor -1 wieder eine lineare Ungleichung vom Typ „$\leq$".

Nebenbedingung in Form einer Gleichung

Liegt eine Nebenbedingung in Form einer Gleichung vor, wie zum Beispiel

$$x_1 + x_2 = 1$$

dann kann man diese durch zwei gegengerichtete Ungleichungen ersetzen:

$$x_1 + x_2 \geq 1$$
$$x_1 + x_2 \leq 1$$

Durch Multiplikation der ersten Ungleichung mit dem Faktor -1 erhält man dann zwei Ungleichungen vom Typ „$\leq$"

$$-x_1 - x_2 \leq -1$$
$$x_1 + x_2 \leq 1$$

Minimierung der Zielfunktion

Angenommen, die Zielfunktion $Z = c_1x_1 + c_2x_2$ soll minimiert werden. Maximiert man stattdessen die Zielfunktion $Z' = -c_1x_1 - c_2x_2$, dann gilt für die Werte x_1^* und x_2^* der optimalen Lösung

$$-c_1x_1^* - c_2x_2^* \geq -c_1x_1 - c_2x_2$$

wobei x_1 und x_2 die Werte einer beliebigen zulässigen Lösung darstellen. Daraus folgt aber

$$c_1x_1^* + c_2x_2^* \leq c_1x_1 + c_2x_2$$

Damit erhält man mit x_1^* und x_2^* die gesuchten Werte, die die Zielfunktion Z minimieren.

Es sollte jetzt keine größeren Schwierigkeiten bereiten, das zu Beginn des Kapitels beschriebene Studentenfutter-Problem zu lösen. Im Folgenden sind die entsprechende Zielfunktion sowie die zugehörigen Nebenbedingungen angeführt. Man beachte dabei, dass es sich bei den Entscheidungsvariablen in diesem Fall um Anteile handelt, wobei x_1 den Anteil an Rosinen, x_2 den Anteil an Haselnüssen, x_3 den Anteil an Mandeln und x_4 den Anteil an Walnüssen bedeutet. Daher wird als spezielle Nebenbedingung verlangt, dass die Summe der Entscheidungsvariablen gleich Eins sein muss.

$$Z = 4{,}5x_1 + 6{,}5x_2 + 6{,}0x_3 + 3{,}5x_4 = \text{Minimum!}$$

$$x_1 \qquad\qquad\qquad\qquad \geq 0{,}25$$
$$x_2 \qquad\qquad\qquad \geq 0{,}15$$
$$x_3 \qquad\qquad \geq 0{,}15$$
$$x_4 \geq 0{,}15$$
$$x_1 \qquad\qquad\qquad \leq 0{,}40$$
$$x_2 \qquad\qquad \leq 0{,}40$$
$$x_3 \qquad \leq 0{,}40$$
$$x_4 \leq 0{,}40$$
$$x_1 + x_2 + x_3 + x_4 = 1$$
$$x_1 \geq 0, x_2 \geq 0, x_3 \geq 0, x_4 \geq 0$$

Die Anwendung des Simplex-Algorithmus liefert als Ergebnis die Anteile $x_1 = 0{,}3$, $x_2 = 0{,}15$, $x_3 = 0{,}15$, $x_4 = 0{,}4$ sowie die Kosten von 4,63 Euro (pro kg).

6.5. Das duale Problem

In diesem Abschnitt wird gezeigt, wie man speziellen Minimierungsproblemen durch eine etwas ungewöhnliche Modifikation ein Standardproblem zuordnen kann. Die Anwendung des Simplex-Algorithmus auf das Standardproblem liefert dann quasi „nebenbei" die Lösung des Minimierungsproblems. Betrachten wir dazu das folgende lineare Optimierungsproblem, bei dem die Zielfunktion Z_y minimiert werden soll:

$$Z_y = 4y_1 + 2y_2 + 3y_3 = \text{Minimum!}$$

$$2y_1 \qquad\quad + 4y_3 \geq 5$$
$$2y_1 + 3y_2 + \ y_3 \ \geq 4$$
$$y_1 \geq 0, y_2 \geq 0, y_3 \geq 0$$

Man vergleiche dieses Minimierungsproblem mit dem Standardproblem

$$Z_x = 5x_1 + 4x_2 = \text{Maximum!}$$

$$2x_1 + 2x_2 \leq 4$$
$$3x_2 \leq 2$$
$$4x_1 + \ x_2 \ \leq 3$$
$$x_1 \geq 0, x_2 \geq 0$$

Die neue Zielfunktion stellt jetzt eine Maximum-Bedingung dar, wobei deren Koeffizienten gerade die rechten Seiten der Nebenbedingungen des Minimierungsproblems sind. Umgekehrt stimmen die rechten Seiten der Nebenbedingungen des Standardproblems mit den Koeffizienten der Zielfunktion Z_y überein. Was das Standardproblem betrifft, so erhält man die entsprechenden Koeffizienten der rechten Seiten der Nebenbedingungen durch „Transponieren" der Koeffizienten des Minimierungsproblems.

Zugegeben, das Ganze ist nicht unkompliziert. Betrachten wir die beiden Optimierungsprobleme einmal in allgemeiner Matrixform:

$$Z_y = b'y = \text{Minimum!}$$

$$A'y \geq c$$

$$y \geq 0$$

$$Z_x = c'x = \text{Maximum!}$$

$$Ax \leq b$$

$$x \geq 0$$

Was ist jetzt das Besondere an diesen beiden Optimierungsproblemen? Zunächst gilt das folgende Resultat. Besitzt das Standardproblem eine optimale Lösung, dann gilt dies auch für das Minimierungsproblem, und umgekehrt: falls das Minimierungsproblem eine optimale Lösung hat, dann hat auch das Standardproblem eine optimale Lösung. Bemerkenswert ist dabei die Tatsache, dass die Optimalwerte der beiden Zielfunktionen übereinstimmen. Anders ausgedrückt, sind x^* und y^* optimale Lösungen des Standardproblems bzw. des Minimierungsproblems, dann gilt:

$$c'x^* = b'y^*$$

Führt man den Simplex-Algorithmus für das Standardproblem durch, dann liefert dieser zusätzlich auch die optimale Lösung des Minimierungsproblems. Bei den obigen Optimierungsproblemen erhält man übrigens als optimalen Wert der Zielfunktion jeweils die Zahl 67/12.

Auf Grund des besonderen Zusammenhangs zwischen den beiden angegebenen Optimierungsproblemen sagt man, dass beide Probleme „dual" zueinander stehen. Üblicherweise wird dabei das Standardproblem das primale Problem und das Minimierungsproblem das duale Problem genannt. Die optimale Lösung eines linearen Minimierungsproblems von der oben angegebenen Form kann man also dadurch finden, dass man das zugehörige Standardproblem löst, das nebenbei auch die Lösung des Minimierungsproblems liefert. Auf Einzelheiten werden wir aber hier nicht näher eingehen.

6.6. Ganzzahlige lineare Optimierung

Bei linearen Optimierungsproblemen tritt häufig eine zusätzliche Nebenbedingung auf, die sich zwar unmittelbar aus der Natur der konkreten Anwendung ergibt, die aber nicht immer explizit unter den Nebenbedingungen angeführt wird. Die Rede ist hier von der Annahme, dass die optimale Lösung, soweit es bei den Entscheidungsvariablen um Stückzahlen, Personenzahlen etc. geht, natürlich aus ganzzahligen Größen bestehen soll. Betrachten wir einmal das folgende Optimierungsproblem, bei dem die optimale Lösung für x_1 und x_2 aus nichtnegativen ganzen Zahlen bestehen soll:

$$Z = 2x_1 + 3x_2 = \text{Maximum!}$$

$$2x_1 + 8x_2 \leq 33$$
$$6x_1 + 4x_2 \leq 29$$
$$x_1 \geq 0, x_2 \geq 0$$

Wendet man auf dieses Problem den Simplex-Algorithmus an, so erhält man als Lösung die Werte $x_1 = 2{,}5$ und $x_2 = 3{,}5$ sowie den Wert $Z = 15{,}5$ als maximalen Wert der Zielfunktion. Wie kommt man aber jetzt zu einer ganzzahligen Lösung? Man könnte auf den Gedanken kommen, die Werte für x_1 und x_2 auf- bzw. abzurunden. In diesem Fall würden sich vier mögliche Zahlenkombinationen ergeben: (2,3), (2,4), (3,3) und (3,4). Ein Vergleich mit den obigen Nebenbedingungen zeigt allerdings, dass (2,4), (3,3) und (3,4) keine zulässigen Lösungen darstellen. Somit bleibt nur noch die Kombination (2,3) übrig. Woher weiss man, ob es sich dabei um eine optimale Lösung handelt? Da hier ein relativ „kleines" Optimierungsproblem vorliegt, kann man einmal sämtliche zulässigen Lösungen betrachten, mit den dazugehörigen Werten der Zielfunktion. Man sieht, dass die Kombination (2,3) tatsächlich den größten Z-Wert besitzt und daher die gesuchte optimale Lösung mit ganzzahligen Werten ist. Bei größeren Optimierungsproblemen stellt dies aber keine empfehlenswerte Vorgangsweise dar, da die Zahl der möglichen zulässigen Lösungen sehr groß sein könnte. Es sei hier nur erwähnt, dass es für

TABELLE 6.3. Zulässige Lösungen

x_1	x_2	Z	x_1	x_2	Z
0	0	0	3	0	6
1	0	2	0	3	9
0	1	3	3	1	9
1	1	5	1	3	11
2	0	4	3	2	12
2	1	7	2	3	13
2	2	10	4	0	8
0	2	6	0	4	12
1	1	5	4	1	11

Probleme der sogenannten ganzzahligen Optimierung eine Reihe spezieller Algorithmen gibt. Mit deren Hilfe kann man zu einer ganzzahligen optimalen Lösung gelangen, falls die Anwendung des Simplex-Algorithmus eine nichtganzzahlige Lösung ergeben hat. Auf Details werden wir aber hier nicht näher eingehen[6].

Anmerkungen

1 Die Verwendung von Ungleichungen ist oft realistischer (an Stelle von Gleichungen). Sie ist auch allgemeiner, da eine Gleichung immer durch Ungleichungen dargestellt werden kann, so lässt sich zum Beispiel $z = x + y$ durch $z \leq x + y$ und $z \geq x + y$ darstellen.

2 Man beachte, dass es sich bei der Zielfunktion eines linearen Optimierungsproblems um eine Funktion von mehreren Variablen handelt. Man könnte daher auch schreiben $Z = Z(x_1, x_2, \ldots, x_n)$. Ansonsten werden hier aber keine speziellen Kenntnisse über derartige Funktionen vorausgesetzt. Eine Einführung in die Theorie von Funktionen mehrerer Variablen erfolgt in Kapitel 11.

3 Gelegentlich werden dafür in der Literatur Abkürzungen verwendet, wie zum Beispiel ZF – Zielfunktion, NB – Nebenbedingungen, NNB – Nichtnegativitätsbedingungen.

4 Die grafische Lösung soll vor allem die spezielle Problematik der linearen Optimierung anschaulich machen und dient daher eher didaktischen Zwecken. Bei einer größeren Zahl von Nebenbedingungen wird die Darstellung allerdings sehr schnell unübersichtlich.

5 Man könnte die Frage stellen, warum die Differentialrechnung bei solchen Optimierungsproblemen nicht zur Anwendung kommt. Der Grund dafür ist recht einfach: das Optimum liegt hier bei einer Ecke, und bekanntlich existiert dort keine Ableitung.

6 Informationen dazu finden sich zum Beispiel in Hillier und Lieberman (2005).

Aufgaben

Die folgenden Aufgaben dienen dazu, das Verständnis des behandelten Stoffes zu erleichtern und zu vertiefen. Um einen entsprechenden Lerneffekt zu erzielen, sollten dabei die Konzepte und Methoden verwendet werden, die in diesem Kapitel präsentiert wurden. Soweit es um konkrete Berechnungen geht, sollte man besonders auf die Darstellung des Lösungswegs achten. Für die mit einem * gekennzeichneten Aufgaben ist eine geeignete Software erforderlich bzw. empfehlenswert. Beachten Sie dazu auch die Hinweise in Anhang B. Lösungen zu den Aufgaben mit geraden Nummern finden Sie in Anhang C.

6.1 Bestimmen Sie eine grafische Lösung für das folgende Optimierungsproblem:

$$Z = 3x_1 + x_2 = \text{Maximum}!$$

$$2x_1 + 2x_2 \leq 10$$
$$24x_1 + 9x_2 \leq 60$$
$$x_1 \geq 0, x_2 \geq 0$$

*6.2 Lösen Sie das folgende Optimierungsproblem:

$$Z = x_1 + 3x_2 = \text{Maximum}!$$

$$2x_1 - 2x_2 \leq 14$$

$$2x_1 + 3x_2 \leq 24$$

$$x_2 \leq 6$$

$$x_1 \geq 0, x_2 \geq 0$$

Bestimmen Sie die Lösung mit Hilfe des Simplex-Algorithmus.

*6.3 (Fortsetzung von Aufgabe 6.1)
Verwenden Sie eine geeignete Software und vergleichen Sie die grafische Lösung mit dem Ergebnis des Simplexalgorithmus.

*6.4 In einem Unternehmen werden zwei Produkte A und B erzeugt. Zur Herstellung jedes dieser Produkte werden insgesamt drei Maschinen benötigt. Die folgende Tabelle enthält die Angaben über die für eine Tagesproduktion erforderlichen Maschinenzeiten (pro Stück in Minuten) sowie die maximale Nutzungsdauer jeder Maschine (in Stunden).

	Produkt A	Produkt B	Nutzungsdauer
Maschine I	50	30	8
Maschine II	20	30	6
Maschine III	10	–	1

Der Gewinn beträgt 50 Euro bei Produkt A und 20 Euro bei Produkt B (jeweils pro Stück). Bestimmen Sie die täglichen Stückzahlen der Produkte, sodass der Gesamtgewinn aus der Produktion maximal ist.

*6.5 Ein Hersteller von Motoren erzeugt die Motortypen A und B. Zur Herstellung eines Motors werden 30 (A) bzw. 50 (B) Stunden benötigt. Insgesamt stehen für die Produktion 5000 Arbeitsstunden zur Verfügung. Der Motorenprüfstand steht maximal 100 Stunden zur Verfügung, wobei für einen Motor vom Typ A 1 Stunde, für Typ B 2 Stunden erforderlich sind. Das vorhandene Motorenlager kann maximal 50 Motoren vom Typ A und 80 Motoren vom Typ B aufnehmen. Der Reingewinn pro erzeugtem Motor beträgt 50 GE für A und 75 GE für B (GE = Geldeinheiten). Wie viele Motoren sollten von jedem Typ produziert werden, um den Gesamtreingewinn zu maximieren?

*6.6 (Variante von Aufgabe 6.4)
Angenommen, ein weiteres Produkt C wird bei der Optimierung berücksichtigt, wobei die Maschinenzeiten 20 Minuten (Maschine I), 10 Minuten (Maschine II) und 10 Minuten (Maschine III) betragen. Der Gewinn liegt bei 40 Euro (pro Stück). Wie groß sind jetzt die optimalen Stückzahlen, wenn der Gesamtgewinn aus der Produktion maximiert werden soll?

*6.7 Die Kaufhäuser A, B und C benötigen wöchentlich 100, 200 und 300 Tonnen eines bestimmten Produkts. In der Region wird dieses Produkt in zwei Fabriken eines

Unternehmens hergestellt. Die Produktionskapazität der beiden Fabriken liegt bei 200 bzw. 400 Tonnen pro Woche. Die Frachtkosten (in GE = Geldeinheiten pro Tonne) für die Lieferung von den Fabriken zu den Kaufhäusern sind wie folgt gegeben:

	Kaufhaus A	Kaufhaus B	Kaufhaus C
Fabrik 1	20	10	30
Fabrik 2	40	70	20

Wieviel Tonnen soll jede Fabrik an die einzelnen Kaufhäuser liefern, wenn die gesamten Frachtkosten möglichst gering gehalten werden sollen?

*6.8 Ein Anleger möchte 10.000 Euro in zwei Aktienfonds F_1 und F_2 investieren. Für den riskanteren Fonds F_1 wird eine jährliche Rendite von 10 % erwartet, für den weniger riskanten Fonds F_2 eine jährliche Rendite von 7 %. Entsprechend seinem Risikoprofil entscheidet sich der Anleger, höchstens 6.000 Euro in F_1 und mindestens 2.000 Euro in F_2 zu investieren, wobei der Anlagebetrag in F_1 mindestens so hoch sein soll wie in F_2. Für welche Portfolioverteilung ist die jährliche Gesamtrendite maximal?

*6.9 (Variante von Aufgabe 6.7)
Angenommen, das betreffende Produkt wird in den beiden Fabriken zu unterschiedlichen Produktionskosten erzeugt, die 50 GE bei Fabrik 1 und 40 GE bei Fabrik 2 ausmachen (jeweils pro Tonne). Wieviel Tonnen sollten in diesem Fall von jeder Fabrik an die einzelnen Kaufhäuser geliefert werden, wenn die Gesamtkosten möglichst gering gehalten werden sollen?

*6.10 Für die Herstellung eines speziellen Produkts stehen einem Unternehmen drei Produktionsstraßen zur Verfügung, wobei drei verschiedene Rohstoffe in unterschiedlichen Mengen verwendet werden. Für die Herstellung einer Produkteinheit sind, abhängig von der jeweiligen Produktionsstrasse, folgende Rohstoffmengen (Angabe in RE = Rohstoffeinheiten) erforderlich:

	Rohstoff A	Rohstoff B	Rohstoff C
Produktion 1	2	0	6
Produktion 2	1	1	4
Produktion 3	3	2	2

Für die Herstellung des Produkts stehen maximal 10 (A), 12 (B) bzw. 36 (C) RE zur Verfügung. Wie hoch ist die maximale Gesamtproduktion?

Fragen

1. Was versteht man unter dem Standardproblem der linearen Optimierung?

2. Was ist eine zulässige Lösung?

3. Unter welchen Voraussetzungen kann man eine grafische Lösung für ein lineares Optimierungsproblem finden?

4. Wie kann man vereinfacht den Simplex-Algorithmus beschreiben?

5. Was wäre zum Beispiel eine Funktion, die man als Zielfunktion für den Simplex-Algorithmus nicht verwenden könnte?

6. Wie lässt sich das Standardproblem erweitern?

7. Wie kann man bei den Nebenbedingungen eine Gleichung berücksichtigen?

8. Wie kann man beim Standardproblem die Minimierung einer Zielfunktion berücksichtigen?

9. Was versteht man unter dem dualen Problem?

10. Welche Schwierigkeit kann bei der Anwendung des Simplex-Algorithmus auf ein ganzzahliges lineares Optimierungsproblem auftreten?

Moderne Effizienzmessung mit der DEA

In einer modernen Gesellschaft werden durch die öffentliche Verwaltung eine Vielzahl von Aufgaben erbracht. Da hierbei Steuergelder verwendet werden, rückt seit einigen Jahren die Überprüfung der Wirtschaftlichkeit des Mitteleinsatzes immer stärker in den Vordergrund des öffentlichen Interesses. Eine derartige Überprüfung inkludiert insbesondere Methoden zur Messung der Effizienz und der Effektivität (Wirksamkeit) in Relation zu den eingesetzten Mitteln.

Um die Effizienz von Organisationen bestimmen zu können, werden typischerweise den erreichten Outputs die dafür benötigten Inputs gegenübergestellt. Dazu ist es jedoch notwendig, messbare Inputs und Outputs zu definieren. Mit Hilfe von Wirkungskennzahlen kann man dann das Verhältnis zwischen einem speziellen Output und einem speziellen Input bestimmen. Aufgrund der Vielzahl an In- und Outputs, die für öffentliche Verwaltungseinheiten kennzeichnend sind, besitzen Wirkungskennzahlen jedoch den Nachteil, dass sie mehrere Inputs und Outputs nicht simultan erfassen können, um zu einer Gesamtwirkungskennzahl zu gelangen. Für eine derartige multidimensionale Optimierung steht man außerdem häufig vor dem Problem, nichtmonetäre Größen miteinander zu vergleichen.

In solchen Situationen stellt die Data Envelopment Analysis (DEA) eine geeignete Möglichkeit zur Effizienzmessung dar. Bei der DEA handelt es sich um einen methodischen Ansatz zur Effizienzanalyse, der von Charnes et al. (1978) vorgeschlagen und in den vergangenen Jahrzehnten weiterentwickelt wurde. Grundlage der DEA sind dabei die sogenannten Entscheidungseinheiten (DMUs – Decision Making Units). Solche DMUs können unterschiedlichster Natur sein. Neben Verwaltungseinheiten können dies Unternehmen bzw. Unternehmensabteilungen sein, Konzernfilialen, Krankenhäuser, Universitätsinstitute oder Postämter.

Wesentliche Voraussetzung dieses Ansatzes ist, dass bei den zu betrachtenden DMUs jeweils die gleichen Inputs und Outputs gemessen werden können. Darüber hinaus wird unterstellt, dass alle DMUs dem gleichen Produktionsprozess unterliegen und sich nur durch das Outputniveau und die Effizienz der eingesetzten Mittel voneinander unterscheiden.

Ökonomisch lässt sich der Zusammenhang zwischen Inputs und Outputs durch eine Produktionsfunktion beschreiben. Unterstellt man einmal die Kenntnis einer solchen Produktionsfunktion, dann könnte man versuchen, den maximalen Output bei gegebenem Input bzw. den minimalen Input bei gegebenem Output zu bestimmen. Dabei bezeichnet man ersteres als Outputorientierung, letzteres als Inputorientierung. Üblicherweise ist aber die Produktionsfunktion nicht bekannt und müsste daher geschätzt werden. Verwendet man einen traditionellen Schätzansatz, dann wäre es erforderlich, die funktionale Form dieser Funktion a priori zu spezifizieren. Der besondere Vorteil des DEA-Ansatzes besteht nun gerade darin, dass diese Spezifikation nicht erforderlich ist, da sie durch das Verfahren selbst generiert wird!

Die Effizienz einer DMU könnte im Falle eines einzigen Inputs und eines einzigen Outputs dadurch berechnet werden, dass man den Quotienten aus Output und Input bildet. Für den realistischeren Fall mehrerer Inputs und/oder mehrerer Outputs müssen aber zunächst die einzelnen Input- bzw. Outputgrößen aggregiert werden. Falls derartige Größen einen Marktwert aufweisen, könnte man eine monetäre Bewertung vornehmen. Allerdings ist dies nicht immer der Fall bzw. es handelt sich (etwa bei Monopolpreisen) nicht um echte Marktpreise.

Um die einzelnen Input- und Outputgrößen zu aggregieren, die möglicherweise unterschiedliche Maßeinheiten aufweisen, stellt die DEA einen Ansatz dar, bei dem die Gewichtungen der Inputs und Outputs durch Anwendung der DEA bestimmt werden. Dadurch werden auch die Probleme einer etwaigen vorher subjektiv festgesetzten Gewichtung vermieden, da die Gewichtungen durch das DEA-Verfahren bestimmt werden. Für jede DMU wird dabei jene Gewichtung gesucht, die seine relative Effizienz am besten maximiert, wobei dies unter der Nebenbedingung geschieht, dass die resultierenden Effizienzwerte stets zwischen Null und Eins liegen. Die relative Effizienz ist dabei der Quotient aus der Summe der gewichteten Inputs und der Summe der gewichteten Outputs. Bei der durch die DEA ermittelten Effizienz handelt es sich um eine relative Effizienz, da sie im Vergleich mit den anderen zugrunde liegenden DMUs gemessen wird.

Die in der folgenden Abbildung angegebenen Punkte stehen für die entsprechenden Input/Output-Werte verschiedener DMUs. Mit Hilfe der DEA wird eine effiziente Randproduktionsfunktion erzeugt, die durch die

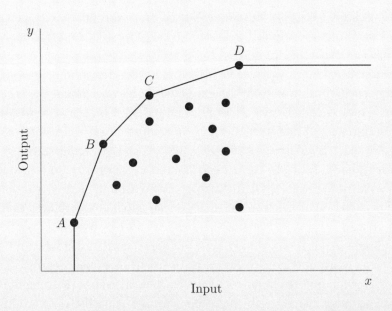

schwarze Linie veranschaulicht wird. Alle DMUs, die einen Effizienzwert von Eins besitzen, liegen auf dem Rand der Produktionsfunktion (A, B, C, D). Deren Abstand ist daher gleich Null. Bei allen anderen DMUs misst der Abstand zur Produktionsfunktion gerade das Ausmaß der Ineffizienz. Eine effiziente DMU ist dadurch charakterisiert, dass kein Output erhöht werden kann, ohne zumindest einen anderen Output zu verringern oder zumindest einen Input zu erhöhen bzw. dass kein Input verringert werden kann, ohne dass zumindest einer der anderen Inputs erhöht wird oder zumindest ein Output verringert wird.

Formal betrachtet ist bei der Durchführung des DEA-Verfahrens eine sogenannte Quotientenprogrammierung erforderlich. Dieses Optimierungsproblem lässt sich allerdings mit Hilfe der Charnes-Cooper Transformation in ein lineares Programmierungsproblem umwandeln. Um die optimalen Gewichte für die einzelnen DMUs zu bestimmen, ist somit für jede DMU ein entsprechendes lineares Programm zu lösen. Die Anwendung der DEA im Rahmen von Effizienzuntersuchungen könnte dazu beitragen, auch die Qualität der Prüfungen der öffentlichen Verwaltung zu verbessern und in weiterer Folge die Effektivität der Mittelverwendung zu steigern.

Literatur: Charnes et al. (1978).

Teil III.

Analysis

Kapitel 7.

Folgen, Reihen, Grenzwerte

$13 - 3 - 2 - 21 - 1 - 1 - 8 - 5$. Als Sophie Neveu, eine der Hauptfiguren des Romans „Sakrileg" von Dan Brown, die obigen Zahlen in einen PC eintippte, kamen ihr vor dem Drücken der ENTER-Taste einige Bedenken. Für den Zugang zu einem offensichtlich sehr wichtigen Depot erschienen ihr die Zahlen des Passworts doch etwas zu beliebig. Als Kryptologin erkannte sie allerdings rasch, dass zwischen diesen Zahlen eine Gesetzmäßigkeit besteht, die man aber eigentlich erst dann erkennt, wenn man die Zahlen in der „richtigen" Reihenfolge betrachtet:

$$1 - 1 - 2 - 3 - 5 - 8 - 13 - 21$$

Dies sind nämlich die ersten acht Zahlen der berühmten Fibonacci-Folge! Diese Folge beginnt zunächst mit zwei Einsern und danach erhält man jedes weitere Folgenelement, indem man ihre beiden Vorgänger addiert[1]. Es bleibt noch zu erwähnen, dass es sich bei den Fibonacci-Zahlen tatsächlich um die korrekte Depotnummer handelte, was zwar von entscheidender Bedeutung für den Fortgang des Romans, nicht aber für das Verständnis des vorliegenden Kapitels ist. Wir sind nämlich jetzt beim zentralen Thema dieses Kapitels gelandet – den Folgen.

Zunächst einmal, was genau versteht man unter einer Folge? Von einer Folge reeller Zahlen (und nur solche betrachten wir hier) spricht man, wenn jeder natürlichen Zahl n genau eine reelle Zahl x_n zugeordnet wird. Betrachten wir dazu einige Beispiele:

$$1, \frac{1}{2}, \frac{1}{3}, \frac{1}{4}, \frac{1}{5}, \dots$$

$$-1, 1, -1, 1, -1, \dots$$

$$2, 4, 8, 16, 32, \dots$$

Bei der ersten Folge handelt es sich um die Kehrwerte der natürlichen Zahlen. Diese werden offensichtlich immer kleiner, je weiter man die Folge betrachtet.

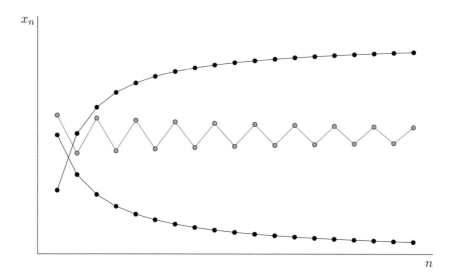

ABBILDUNG 7.1. Verschiedene Folgen reeller Zahlen

Die zweite Folge ist eine sogenannte alternierende Folge, bei der die einzelnen Folgenelemente ständig das Vorzeichen wechseln. Die letzte Folge ist ein Beispiel für eine geometrische Folge, die dadurch charakterisiert ist, dass der Quotient zweier aufeinanderfolgender Elemente konstant ist. In unserem Beispiel hat der Quotient den Wert 2.

Symbolisch wird für derartige Folgen häufig eine abgekürzte Schreibweise verwendet, bei der nur das n-te Element der Folge angegeben wird. Die obigen Folgen kann man dann auch so schreiben: $x_n = 1/n$, $y_n = (-1)^n$ und $z_n = 2^n$. In diesem Kapitel werden wir diese und weitere Beispiele von Folgen betrachten, wobei im Mittelpunkt das Konzept des Grenzwerts einer Folge steht.

Es folgt ein kurzer Überblick über den Inhalt dieses Kapitels. Im ersten Abschnitt werden monotone und beschränkte Folgen eingeführt. Im zweiten Abschnitt wird der Begriff des Grenzwerts einer Folge definiert. Dieser Begriff gehört zu den wichtigsten mathematischen Grundbegriffen überhaupt. Er trifft später in anderen Zusammenhängen immer wieder auf. Im folgenden Abschnitt werden unendliche Reihen eingeführt. Hier wird gezeigt, wie man einer Summe von unendlich vielen Zahlen unter gewissen Voraussetzungen einen Wert zuweisen kann. Im vierten Abschnitt wird eine besonders wichtige Reihe behandelt, die sogenannte geometrische Reihe, bei der die Summanden eine geometrische Folge bilden. Mit Hilfe dieser Reihe lässt sich zum Beispiel der Wert einer ewigen Rente sehr einfach berechnen.

7.1. Monotone und beschränkte Folgen

Folgen können sehr unterschiedliche Eigenschaften aufweisen, wie wir bereits an den ersten Beispielen gesehen haben. In diesem Kapitel werden wir die wichtigsten dieser Eigenschaften kennenlernen. Beginnen wir zunächst mit dem Konzept der monotonen Folge.

Monotone Folge

Eine Folge (x_n) heißt

1. streng monoton wachsend, falls $x_n < x_{n+1}$ für alle $n \in \mathbb{N}$ gilt,

2. streng monoton fallend, falls $x_n > x_{n+1}$ für alle $n \in \mathbb{N}$ gilt.

Offensichtlich ist die Folge $x_n = 1/n$ streng monoton fallend, während die Folge $z_n = 2^n$ streng monoton wachsend ist. Die Folge $y_n = (-1)^n$ dagegen besitzt keine spezielle Monotonieeigenschaft.

Beschränkte Folge

Eine Folge (x_n) heißt

1. nach oben beschränkt, falls $x_n \leq C$ ist für eine Zahl C,

2. nach unten beschränkt, falls $x_n \geq C$ ist für eine Zahl C.

Insbesondere nennt man eine Folge beschränkt, falls sie nach oben und nach unten beschränkt ist. Wegen

$$0 \leq \frac{1}{n} \leq 1$$

ist die Folge $x_n = 1/n$ eine beschränkte Folge. Dies gilt natürlich auch für die Folge $y_n = (-1)^n$, da sie nur zwei verschiedene Werte annimmt. Die Folge $z_n = 2^n$ wächst dagegen unbeschränkt, wenn n größer wird. Sie ist allerdings nach unten beschränkt, zum Beispiel durch die Zahl 2.

Die interessanteste Eigenschaft einer Folge betrifft ihr Konvergenzverhalten. Dabei geht es um die Frage, ob die Folge bei zunehmenden Werten für n einem „Grenzwert" zustrebt. In diesem Fall würde man von einer konvergenten Folge sprechen. Damit werden wir uns jetzt im folgenden Abschnitt beschäftigen.

7.2. Der Grenzwert einer Folge

Intuitiv dürfte klar sein, was man unter dem Grenzwert einer konvergenten Folge versteht. In diesem Fall nähern sich die Folgenglieder bei wachsendem Index n immer mehr einem bestimmten Wert an – dem Grenzwert der Folge. Für die Folge der Kehrwerte der natürlichen Zahlen

$$x_n = \frac{1}{n}$$

ist dies offensichtlich die Zahl Null. Soweit die Intuition. Kommen wir jetzt zur formalen Definition[2] des Grenzwertkonzepts.

Grenzwert einer Folge (x_n)

Falls für jedes offene Intervall I um einen Punkt x gilt, dass ab einem bestimmten Index die restlichen Folgenelemente im Intervall I liegen, dann nennt man x den Grenzwert der Folge (x_n).

Schreibweise: $\displaystyle \lim_{n \to \infty} x_n = x$

Ist also x der Grenzwert der Folge (x_n), dann gilt für jedes offene Intervall I, das den Punkt x enthält: ab einem bestimmten Index n_0 liegen die Folgenelemente $x_{n_0}, x_{n_0+1}, x_{n_0+2}, \ldots$ im Intervall I. Verbal wird das auch so formuliert: in jedem offenen Intervall um den Punkt x liegen fast alle Elemente der Folge (x_n). Statt[3] $\lim_{n\to\infty} x_n = x$ verwendet man häufig auch die Schreibweise $x_n \to x$. Das Konzept des Grenzwerts einer Folge ist für die Mathematik[4] von großer Bedeutung. So sind etwa Ableitungen und bestimmte Integrale nichts anderes als Grenzwerte von Folgen.

Für die Folge $x_n = 1/n$ lässt sich die Konvergenzeigenschaft leicht nachweisen. Betrachten wir ein beliebiges offenes Intervall $I = (a, b)$ um den Punkt 0. Damit gilt also $a < 0 < b$. Egal, wie klein das Intervall (a, b) ist, ab einem bestimmten Index n_0 muss gelten

$$a < \frac{1}{n} < b$$

für alle natürlichen Zahlen $n \geq n_0$. Da das Intervall $I = (a, b)$ beliebig war, gilt daher:

$$\lim_{n \to \infty} \frac{1}{n} = 0$$

Betrachten wir zum Beispiel das offene Intervall $I = (-0{,}01, +0{,}01)$. Für $n \geq 101$ gilt dann:

$$-0{,}01 < \frac{1}{n} < +0{,}01$$

Mit Ausnahme der ersten 100 Folgenelemente liegen alle übrigen im Intervall I. Eine Folge mit dem Grenzwert 0 bezeichnet man übrigens auch als Nullfolge.

Ist eine Folge nicht konvergent, das heißt, besitzt sie keinen Grenzwert, dann nennt man sie divergent. Ein Beispiel für eine divergente Folge ist die zu Beginn des Kapitels genannte alternierende Folge

$$y_n = (-1)^n$$

Diese Folge wechselt ständig zwischen den Werten -1 und 1 und erfüllt daher nicht die für eine konvergente Folge erforderliche Eigenschaft. Eine für die Anwendungen sehr wichtige Folge ist die bereits erwähnte geometrische Folge, die in ihrer einfachsten Variante lautet

$$1, q, q^2, q^3, q^4, \ldots$$

wobei q eine beliebige Zahl sein kann. Man kann zeigen, dass die geometrische Folge für $-1 < q < 1$ eine Nullfolge ist, das heißt, es gilt

$$\lim_{n \to \infty} q^n = 0$$

Für $q = 1$ konvergiert die Folge natürlich gegen 1. Für jeden anderen Wert von q ist sie divergent.

Betrachten wir noch einmal die Situation der stetigen Verzinsung. In Kapitel 2 haben wir bereits von der Grenzwert-Eigenschaft

$$\lim_{m \to \infty} \left(1 + \frac{1}{m}\right)^m = e$$

Gebrauch gemacht. Es gilt sogar ein allgemeineres Resultat, nämlich

$$\lim_{m \to \infty} \left(1 + \frac{x}{m}\right)^m = e^x$$

für jedes $x \in \mathbb{R}$. Damit ist übrigens die sogenannte Exponentialfunktion $y = e^x$ definiert, die wir in diesem Fall mit Hilfe der stetigen Verzinsung hergeleitet haben. Auf diese Funktion werden wir im nächsten Kapitel noch eingehen.

Um den Grenzwert einer Folge zu bestimmen, wäre es in der Regel zu umständlich (und auch zu schwierig), die Definition heranzuziehen. Hierfür gibt es einige Rechenregeln, mit deren Hilfe Grenzwerte leichter berechnet werden können.

Rechenregeln für konvergente Folgen

Falls (x_n) und (y_n) konvergente Folgen sind, dann sind auch das Vielfache, die Summe, das Produkt und der Quotient dieser Folgen konvergent und es gilt:

1. $\lim\limits_{n \to \infty} (c \cdot x_n) = c \cdot \lim\limits_{n \to \infty} x_n$

2. $\lim\limits_{n \to \infty} (x_n \pm y_n) = \lim\limits_{n \to \infty} x_n \pm \lim\limits_{n \to \infty} y_n$

3. $\lim\limits_{n \to \infty} (x_n \cdot y_n) = \lim\limits_{n \to \infty} x_n \cdot \lim\limits_{n \to \infty} y_n$

4. $\lim\limits_{n \to \infty} \dfrac{x_n}{y_n} = \dfrac{\lim_{n \to \infty} x_n}{\lim_{n \to \infty} y_n}$ falls $\lim\limits_{n \to \infty} y_n \neq 0$

Untersuchen wir das Grenzverhalten von Folgen an Hand einiger Beispiele[5]:

1. $x_n = \dfrac{n+1}{n}$

$$\frac{n+1}{n} = 1 + \frac{1}{n} \to 1 + 0 = 1$$

2. $x_n = \dfrac{1}{n^2} \cdot \dfrac{2n^2 + 4n}{n^2}$

$$\frac{1}{n^2} \cdot \frac{2n^2 + 4n}{n^2} = \frac{1}{n^2} \cdot \left(2 + \frac{4}{n}\right) \to 0 \cdot 2 = 0$$

3. $x_n = \dfrac{4n^2 + 3}{n^3 - 1}$

$$\frac{4n^2 + 3}{n^3 - 1} = \frac{\dfrac{4}{n} + \dfrac{3}{n^3}}{1 - \dfrac{1}{n^3}} \to \frac{0}{1} = 0$$

7.3. Konvergente Reihen

Gibt man in seinen Taschenrechner die Division $1 \div 3$ ein, dann sollte man als Ergebnis 0,333333333 erhalten (dies hängt von der Stellenanzahl ab). Wer noch gelernt hat, mit der Hand bzw. mit dem Kopf zu rechnen, weiß natürlich, dass das Ergebnis nur eine näherungsweise Lösung darstellt. Das genaue Ergebnis der Division $1 \div 3$ müsste man eigentlich als 0,333333333... schreiben, wobei die

Punkte ... andeuten sollen, dass die Zahl 3 an dieser Stelle unendlich oft wiederholt wird. Damit sind wir auf einfache Weise bei den unendlichen Summen bzw. unendlichen Reihen, wie sie in der Mathematik üblicherweise genannt werden, angelangt. Die Zahl 0,333333333... ist nämlich nichts anderes als eine Abkürzung für den Ausdruck

$$\frac{3}{10} + \frac{3}{100} + \frac{3}{1000} + \cdots$$

Was uns in diesem Zusammenhang zunächst interessiert, ist die Frage, wie eine unendliche Reihe eigentlich definiert ist. Für eine endliche Reihe ist das klar. Wie ist das aber bei unendlichen Reihen? Was man dazu benötigt, ist der Begriff der Partialsummenfolge. Die Partialsummenfolge einer gegebenen Folge (x_n) ist definiert als die Folge

$$s_n = x_1 + x_2 + \cdots + x_n$$

das heißt, s_n ist gleich der Summe der ersten n Elemente der Folge (x_n). So lauten zum Beispiel die ersten drei Elemente der Partialsummenfolge: $s_1 = x_1$, $s_2 = x_1 + x_2$, $s_3 = x_1 + x_2 + x_3$. Den Ausdruck s_n kann man unter Verwendung des Summenzeichens auch so aufschreiben:

$$s_n = \sum_{k=1}^{n} x_k$$

Die Definition einer konvergenten Reihe ergibt sich dann durch den Grenzwert der Partialsummenfolge (falls dieser existiert).

Konvergente Reihe

Eine unendliche Reihe heißt konvergent, falls die Partialsummenfolge (s_n) konvergiert. Für den Grenzwert x der Folge (s_n) schreibt man dann

$$x = x_1 + x_2 + x_3 + \cdots = \sum_{k=1}^{\infty} x_k$$

Ist also n „hinreichend groß", dann kann man den Grenzwert einer konvergenten Reihe mit Hilfe der Partialsummenfolge s_n approximieren. Es gibt verschiedene Kriterien, um zu überprüfen, ob eine gegebene Reihe konvergent ist, und es gibt auch verschiedene Rechenregeln für das Arbeiten mit konvergenten Reihen. Darauf werden wir hier aber nicht weiter eingehen.

7.4. Die geometrische Reihe

Im Rahmen dieses Kapitels werden wir lediglich die geometrischen Reihen behandeln, das heißt unendliche Reihen, deren Summanden eine geometrische Folge bilden. Derartige Reihen können zum Beispiel auftreten bei der Bewertung von Aktien, von Unternehmen oder auch bei Investitionsprojekten mit unbegrenzter Laufzeit. Betrachten wir dazu als Illustration ein einfaches Beispiel. Angenommen, jemand erhält das Angebot, bis an sein Lebensende jährlich einen festen Betrag a zu erhalten[6]. Man könnte dann die Frage stellen, welchen Wert dieses Angebot, das heißt der gesamte Zahlungsstrom, zum heutigen Zeitpunkt besitzt. Was die Berücksichtigung der Laufzeit bei der Berechnung betrifft, würde man wohl an die erwartete (Rest-) Lebensdauer der Person denken. Es gibt aber eine Alternative, die man als Approximation heranziehen könnte. Man geht dabei von einer unbegrenzten Laufzeit des Zahlungsstroms aus und definiert ihren Gesamtwert A als Barwert aller abgezinsten künftigen Zahlungen

$$A = \frac{a}{1+i} + \frac{a}{(1+i)^2} + \frac{a}{(1+i)^3} + \cdots$$

$$= \sum_{k=1}^{\infty} \frac{a}{(1+i)^k}$$

wobei jährlich (beginnend mit dem folgenden Jahr) der Betrag a ausbezahlt wird. Der verwendete Zinssatz i wird hier der Einfachheit halber als konstant angenommen. Um den Wert dieser Reihe zu berechnen, werden wir zunächst eine Formel für die geometrische Reihe

$$1 + q + q^2 + q^3 + \cdots = \sum_{k=0}^{\infty} q^k \tag{7.1}$$

entwickeln, wobei wir voraussetzen, dass $-1 < q < 1$ ist. Man kann zeigen, dass unter dieser Bedingung die geometrische Reihe einen Grenzwert besitzt. Betrachten wir dazu die Partialsummenfolge von (7.1):

$$s_n = 1 + q + q^2 + q^3 + \cdots + q^n$$

Aus Kapitel 2 kennen wir bereits den Wert dieser Summe:

$$s_n = \frac{q^{n+1} - 1}{q - 1}$$

Für $n \to \infty$ besitzt diese Folge einen Grenzwert, wenn man voraussetzt, dass $-1 < q < 1$ ist. Es gilt nämlich:

$$\lim_{n \to \infty} s_n = \lim_{n \to \infty} \frac{q^{n+1} - 1}{q - 1}$$

$$= \frac{1}{1 - q}$$

da (q^{n+1}) eine Nullfolge ist auf Grund der Annahme $-1 < q < 1$. Da die Folge der Partialsummen konvergiert, erhalten wir somit als Resultat

$$\sum_{k=0}^{\infty} q^k = \frac{1}{1 - q} \qquad \text{für } -1 < q < 1$$

Soll die Summation zum Beispiel erst ab $k = 1$ beginnen, dann besitzt die Reihe den Wert

$$\sum_{k=1}^{\infty} q^k = q + q^2 + q^3 + \cdots$$

$$= q(1 + q + q^2 + \cdots)$$

$$= q\frac{1}{1 - q} = \frac{q}{1 - q}$$

Betrachten wir als einfaches Beispiel die Summe aller Elemente der Folge 2^{-k}, $k = 0,1,2,\ldots$ Dies ist eine geometrische Folge mit $q = 1/2$. Die zugehörige geometrische Reihe besitzt daher den Wert

$$\sum_{k=0}^{\infty} 2^{-k} = \sum_{k=0}^{\infty} \frac{1}{2^k} = \frac{1}{1 - \frac{1}{2}} = 2$$

Kommen wir jetzt zurück zu unserem Beispiel der ewigen Rente. Der gesuchte Wert A des gesamten Zahlungsstroms lautet:

$$A = \sum_{k=1}^{\infty} \frac{a}{(1 + i)^k}$$

$$= a \sum_{k=1}^{\infty} \left(\frac{1}{1 + i}\right)^k$$

$$= a \cdot \frac{\frac{1}{1+i}}{1 - \frac{1}{1+i}} = \frac{a}{i}$$

Dabei wurde in der letzten Zeile der Wert der geometrischen Reihe für $q = 1/(1 + i)$ berechnet. Da der Zinssatz i positiv ist und daher $-1 < q < 1$ gilt, kann man die

Summenformel für die geometrische Reihe anwenden, die nach einigen algebraischen Umformungen zum Endergebnis führt. Damit hat man hier eine einfache Praktikerformel zur Hand. Um den Gesamtwert des Zahlungsstroms zu erhalten, muss man lediglich die jährliche Auszahlung a durch den (angenommenen) jährlichen Zinssatz i dividieren. Ist zum Beispiel $a = 1000$ (Euro) und der Zinssatz $i = 5\,\%$, dann entspricht das genannte Angebot einem derzeitigen Geldwert in der Höhe von $A = 20000$ (Euro).

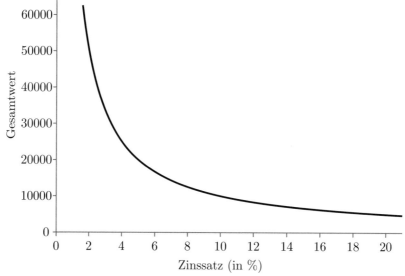

ABBILDUNG 7.2. Gesamtwert in Abhängigkeit vom Zinssatz ($a = 1000$)

Abbildung 7.2 zeigt den Gesamtwert der ewigen Rente in Abhängigkeit vom Zinssatz, wobei der jährliche Betrag mit $a = 1000$ angenommen wurde. Der Gesamtwert fällt also umso geringer aus, je höher der zugrunde gelegte Zinssatz ist. Das ist leicht verständlich, da bei einem höheren Zinssatz die Barwerte der einzelnen Zahlungen entsprechend kleiner ausfallen.

Interessant ist natürlich die Frage, ab welchem Zeitraum (= Anzahl der Jahre, in denen der Betrag a ausbezahlt wird) der obige Grenzwert eine einigermaßen gute Approximation darstellt. Tabelle 7.1 zeigt, dass bei einem nicht zu niedrigen Zinssatz (der wohl auch nicht sehr realistisch wäre) und einem Zeitraum von wenigen Jahrzehnten der Grenzwert a/i (letzte Zeile: ∞) bereits recht akzeptable Ergebnisse liefert[7]. Jedenfalls besitzt man damit eine obere Schranke für den Barwert der Zahlungen über einen beliebigen Zeitraum.

TABELLE 7.1. Barwerte für verschiedene Zeiträume und Zinssätze

| Zeitraum | Zinssatz (in %) | | | | |
(in Jahren)	5	7,5	10	15	20
5	4329	4046	3791	3352	2991
10	7722	6864	6145	5019	4192
20	12462	10194	8514	6259	4870
30	15372	11810	9427	6566	4979
40	17159	12594	9779	6642	4997
50	18256	12975	9915	6661	4999
75	19485	13275	9992	6666	5000
100	19848	13324	9999	6667	5000
∞	20000	13333	10000	6667	5000

Die Darstellung einer konvergenten geometrischen Reihe für den Fall $-1 < q < 1$ könnte vielleicht jemanden zu der Schlussfolgerung veranlassen, dass unendliche Reihen immer dann konvergent sind, wenn die Summanden eine Nullfolge bilden. Dies ist allerdings nicht der Fall. Genauer gesagt, handelt es sich hier um eine notwendige, nicht aber um eine hinreichende Bedingung. Anders ausgedrückt, die Summanden einer konvergenten Reihe bilden stets eine Nullfolge. Umgekehrt folgt aber aus der Tatsache, dass die Summanden einer unendlichen Reihe eine Nullfolge bilden, im Allgemeinen nicht, dass die Reihe konvergent ist. Das wohl bekannteste Beispiel dazu ist die harmonische Reihe

$$\sum_{k=1}^{\infty} \frac{1}{k} = 1 + \frac{1}{2} + \frac{1}{3} + \cdots$$

Zwar bilden hier die Summanden eine Nullfolge (wie wir bereits wissen), aber dennoch ist diese Reihe nicht konvergent, da ihre Partialsummenfolge gegen $+\infty$ strebt! Wenn man also entsprechend viele Kehrwerte der natürlichen Zahlen addiert, dann übertrifft deren Summe letztlich jede vorgegebene Schranke.

Anmerkungen

1 Formal kann man diese Folge so aufschreiben:

$$x_1 = 1$$
$$x_2 = 1$$
$$x_n = x_{n-1} + x_{n-2} \qquad \text{für } n = 3, 4, \ldots$$

Die Fibonacci-Folge ist ein Beispiel für eine sogenannte rekursive Folge, bei der die einzelnen Folgenelemente (abgesehen vom Beginn der Folge) mit Hilfe vorangehender Elemente gebildet werden.

2 In der Literatur findet man auch häufig die folgende Definition, die für beweistechnische Zwecke geeigneter ist:

Eine Folge (x_n) konvergiert gegen einen Grenzwert x, falls es zu jedem $\varepsilon > 0$ ein $n(\varepsilon) \in \mathbb{N}$ gibt mit
$$|x_n - x| < \varepsilon \qquad \text{für alle } n \geq n(\varepsilon).$$

Anders ausgedrückt, diese Definition verlangt, dass in jedem ε-Intervall $(x-\varepsilon, x+\varepsilon)$ um den Punkt x fast alle Glieder der Folge liegen. Man kann sich überlegen, dass unsere Definition und die obige Definition äquivalent sind.

3 Lies: „Limes von x_n ist gleich x (für n gegen unendlich)".

4 Die folgende Internetadresse bietet den Zugang zu einem mathematischen Lexikon. `http://www.mathe-online.at/mathint/lexikon/index.html` (*mathe online*)

5 Die unten angegebene Internetadresse präsentiert einen interaktiven Test, bei dem man entscheiden soll, welche der angegebenen Folgen konvergent oder divergent ist. Die Inhalte der beiden Kästchen mit der Aufschrift „konvergent" und „divergent" lassen sich mit der linken Maustaste zu den freien Feldern verschieben. Klicken Sie anschließend auf „Auswerten".
`http://www.mathe-online.at/tests/grenz/konvdiv.html`

6 Eine solche Vereinbarung wird auch als Leibrente bezeichnet.

7 Man beachte, dass es bei diesem Beispiel nicht darauf ankommt, ob die Annahme einer unendlichen Lebensdauer realistisch ist (offensichtlich ist sie das nicht), sondern darauf, wie gut dieser Ansatz den Wert der Leibrente approximiert.

Aufgaben

Die folgenden Aufgaben dienen dazu, das Verständnis des behandelten Stoffes zu erleichtern und zu vertiefen. Um einen entsprechenden Lerneffekt zu erzielen, sollten dabei die Konzepte und Methoden verwendet werden, die in diesem Kapitel präsentiert wurden. Soweit es um konkrete Berechnungen geht, sollte man besonders auf die Darstellung des Lösungswegs achten. Für die mit einem * gekennzeichneten Aufgaben ist eine geeignete Software erforderlich bzw. empfehlenswert. Beachten Sie dazu auch die Hinweise in Anhang B. Lösungen zu den Aufgaben mit geraden Nummern finden Sie in Anhang C.

7.1 Was kann man über die Beschränktheit und Monotonie dieser Folgen aussagen?

a) $x_n = \dfrac{n+1}{n}$

b) $y_n = \dfrac{2n^2 + 1}{n}$

c) $z_n = \dfrac{(-1)^n}{n}$

7.2 Was kann man über die Beschränktheit und Monotonie dieser Folgen aussagen?

a) $x_n = \left(\dfrac{1}{2}\right)^n$

b) $y_n = \dfrac{n(n-4)}{2n^2}$

c) $z_n = \mathrm{e}^{-n}$

7.3 Bestimmen Sie die Grenzwerte der Folgen (sofern sie existieren):

a) $x_n = \dfrac{n(n-4)}{2n^2}$

b) $y_n = \dfrac{2n^2 + 5n - 4}{4n^3 - n}$

c) $z_n = \dfrac{2n^2(n-2)}{3n^2 + n}$

*7.4 Berechnen Sie die Werte der Folgen für $n = 1, 2, \ldots, 100$.

a) $x_n = \dfrac{1}{n}$

b) $y_n = \left(\dfrac{1}{2}\right)^n$

c) $z_n = \dfrac{1}{\sqrt{n}}$

7.5 Bestimmen Sie die Grenzwerte der Folgen:

a) $x_n = \dfrac{n}{6n} \cdot \dfrac{n+1}{n} \cdot \dfrac{2n+1}{n}$

b) $y_n = \dfrac{1}{n} \cdot \dfrac{n+1}{n} \cdot \dfrac{2n^2 + 1}{n}$

7.6 Welche der Folgen ist konvergent, welche ist divergent? Bestimmen Sie gegebenenfalls den Grenzwert.

a) $1, -\dfrac{1}{2}, \dfrac{1}{3}, -\dfrac{1}{4}, \dfrac{1}{5}, -\dfrac{1}{6}, \ldots$

b) $1, \dfrac{1}{2}, 1, \dfrac{1}{3}, 1, \dfrac{1}{4}, 1, \dfrac{1}{5}, \ldots$

c) $0, -\dfrac{1}{2}, 0, -\dfrac{1}{3}, 0, -\dfrac{1}{4}, 0, -\dfrac{1}{5}, \ldots$

d) $-1, \dfrac{1}{2}, -\dfrac{1}{2}, \dfrac{2}{3}, -\dfrac{1}{3}, \dfrac{3}{4}, -\dfrac{1}{4}, \dfrac{4}{5}, \ldots$

7.7 Bestimmen Sie die Grenzwerte der Folgen:

a) $x_n = \left(1 + \dfrac{1}{n}\right)^3$

b) $y_n = \left(\dfrac{4}{5}\right)^n$

c) $z_n = \dfrac{8n^2 + 32n - 7}{(2n - 4)^2}$

7.8 Führen Sie den bei der folgenden Internetadresse angegebenen interaktiven Test durch.

`http://www.mathe-online.at/tests/grenz/konvdiv.html`

7.9 Bestimmen Sie jeweils die Summe der folgenden Reihen:

a) $1 - \dfrac{1}{2} + \dfrac{1}{4} - \dfrac{1}{8} + \cdots$

b) $\dfrac{9}{10} + \dfrac{9}{100} + \dfrac{9}{1000} + \cdots$

c) $\displaystyle\sum_{k=1}^{\infty} \dfrac{3}{10^k}$

*7.10 Vergleichen Sie die Werte der Folge

$$z_n = \left(1 + \dfrac{1}{n}\right)^n$$

und der Partialsummenfolge

$$s_n = 1 + \dfrac{1}{1!} + \dfrac{1}{2!} + \cdots + \dfrac{1}{n!}$$

für $n = 1, 2, \ldots, 100$.

Hinweis: $n!$ (lies: „n Fakultät") ist definiert durch $n! = n \cdot (n-1) \cdot \ldots \cdot 2 \cdot 1$, zum Beispiel ist $4! = 4 \cdot 3 \cdot 2 \cdot 1 = 24$.

Fragen

1. Was ist eine monotone Folge?

2. Wann nennt man eine Folge beschränkt?

3. Was versteht man unter einer geometrischen Folge?

4. Was ist eine alternierende Folge?

5. Was versteht man unter dem Grenzwert einer konvergenten Folge?

6. Unter welcher Bedingung ist eine geometrische Folge konvergent und wie lautet deren Grenzwert?

7. Kennen Sie ein Beispiel einer divergenten Folge?

8. Was versteht man unter der Partialsummenfolge einer unendlichen Reihe?

9. Wann ist eine geometrische Reihe konvergent und welchen Wert besitzt diese Reihe?

10. Welche Anwendungen von Folgen und Reihen kennen Sie?

Wo kommt eigentlich das Unendliche in der Praxis vor?

Dies ist sicher eine Frage, die man sich einmal stellen könnte. Wo kommt das Unendliche vor? Einige Beispiele dazu haben wir bereits kennengelernt. Dazu gehört etwa die Zahl 1/3, das heißt der Wert der Division von 1 durch 3. Die Bedeutung des Ausdrucks „ein Drittel" gehört wohl zur Allgemeinbildung, man findet ihn häufig in der Umgangssprache und in den Medien. Aber selbst wenn ein Taschenrechner die Antwort 0,3333333333 gibt, ist wohl den meisten bekannt, dass dies nur eine Näherung ist. Das zeigt ja auch die Probe, wenn man dieses Ergebnis mit 3 multipliziert.

Die stetige Verzinsung ist ein weiteres Beispiel. Wenn man an Sparbücher denkt, denkt man wohl automatisch auch an Zinsen. Wir haben gesehen, wie man zur Euler'schen Zahl e gelangt, wenn man die Zahl der unterjährigen Zinsperioden immer weiter anwachsen lässt. Der Übergang zur Exponentialfunktion ergibt sich dann auf recht natürliche Weise. Wenn der Umsatz eines Unternehmens exponentiell wächst, ist sich wohl jeder Mitarbeiter klar darüber, was das eigentlich bedeutet. Als Vorgriff auf das folgende Kapitel sei hier noch erwähnt, dass die Dichtefunktion der bekanntesten Wahrscheinlichkeitsverteilung, nämlich der Normalverteilung, auf der Exponentialfunktion aufgebaut ist.

Wir haben gesehen, wie man den Wert einer ewigen Rente mit Hilfe einer unendlichen (geometrischen) Reihe bestimmen kann. Derartige Reihen treten aber auch im Zusammenhang mit der Bewertung von Aktien auf. Aktien sind bekanntlich Wertpapiere mit einer unbegrenzten Laufzeit, die insbesondere das Recht auf Gewinnausschüttung in Form einer jährlichen Dividende verbriefen. Ein bekanntes Bewertungsmodell für Aktien ist das sogenannte Dividendenbarwertmodell, nach dem sich der Wert einer Aktie als Summe der abgezinsten (diskontierten) erwarteten Dividenden ergibt. Dies kann man wie folgt darstellen

$$S = \frac{D_1}{1+i} + \frac{D_2}{(1+i)^2} + \cdots = \sum_{k=1}^{\infty} \frac{D_k}{(1+i)^k}$$

wobei S der (theoretische) Wert der Aktie ist, D_1, D_2, ... die erwarteten Dividenden, und i ein Zinssatz, der hier als konstant angenommen wird.

Würde man die erwartete Dividende ebenfalls als konstant annehmen, dann hätte man natürlich die gleiche Formel wie bei der ewigen Rente. Realistischer wäre es, ein konstantes Dividendenwachstum anzunehmen, das heißt $D_k = D(1+g)^{k-1}$ für $k = 1, 2, \ldots$, wobei D die aktuelle Dividende ist und g die Wachstumsrate mit $0 < g < i$. In diesem Fall ergibt sich als Wert der Aktie:

$$S = \sum_{k=1}^{\infty} \frac{D_k}{(1+i)^k}$$

$$= \frac{D}{1+g} \sum_{k=1}^{\infty} \left(\frac{1+g}{1+i} \right)^k = \frac{D}{i-g}$$

Wegen $1 + g < 1 + i$ ist der Wert der Klammer in der zweiten Zeile kleiner als Eins und daher kann man die Summenformel für die geometrische Reihe anwenden. Nach einigen Umformungen führt dies schließlich zum obigen Ergebnis. Ist zum Beispiel die aktuelle Dividende $D = 2$ (Euro), das Dividendenwachstum $g = 5\,\%$ und der Zinssatz $i = 10\,\%$, dann besitzt die Aktie nach diesem Modell den Wert $S = 40$ (Euro).

Ein verwandtes Problem stellt die Bewertung eines Unternehmens dar. Eine der bekanntesten Bewertungsmethoden in diesem Zusammenhang ist die sogenannte DCF-Methode (DCF = Discounted Cash Flow). Danach ist der Wert eines Unternehmens gleich der Summe der diskontierten zukünftigen Cash Flows. In mathematischer Hinsicht ist dieses Problem ähnlich gelagert wie beim obigen Beispiel.

Unendliche Reihen können auch verwendet werden, wenn es um die Frage nach der Höhe des Lebenseinkommens geht. Angenommen, man würde für eine fiktive Person im Alter von 15 Jahren drei Ausbildungsalternativen untersuchen: (1) der Abschluss einer Lehre, (2) der Abschluss einer höheren Schule (ohne Studium) und (3) ein Hochschulabschluss. Wie hoch würde man für jede Alternative das gesamte Lebenseinkommen veranschlagen? Eine wohl auch in politischer Hinsicht interessante Frage. Ein Ansatz könnte sein, jeweils die Summe der diskontierten erwarteten Jahreseinkommen zu bestimmen (wie man so etwas durchführen würde ist allerdings ein anderes Problem).

Zum Abschluss sei noch ein Beispiel aus der Praxis erwähnt, bei dem das Symbol für Unendlich deutlich sichtbar ist. Die Rede ist hier von einer Entfernungseinstellung bei Photoapparaten, nämlich: ∞!

Kapitel 8.

Funktionen einer Variablen

Electronic Banking, elektronische Unterschrift, verschlüsselte E-mails – zu Beginn des 21. Jahrhunderts gehören derartige Themen beinahe schon zur Allgemeinbildung. Vielleicht haben Sie auch schon von kryptologischen Verfahren wie RSA gehört oder von der Verschlüsselungssoftware PGP. Die Kryptologie ist eine wissenschaftliche Disziplin an der Schnittstelle zwischen Informatik und Mathematik. Einfach ausgedrückt, beschäftigt sich die Kryptologie mit der Verschlüsselung und Entschlüsselung von Informationen. Eines der ältesten Verschlüsselungsverfahren ist übrigens die nach dem römischen Feldherrn und Staatsmann *G. J. Caesar* (100–44 v. Ch.) benannte CAESAR-Verschlüsselung. Dabei wird jeder Buchstabe des Alphabets durch den drei Stellen weiter rechts stehenden Buchstaben ersetzt[1].

In der Kryptologie werden üblicherweise Kleinbuchstaben für den Klartext und Großbuchstaben für den Geheimtext verwendet. Bei der eben erwähnten CAESAR-Verschlüsselung wird somit der Klartextbuchstabe a durch den Geheimtextbuchstaben D ersetzt, b durch E, c durch F usw. Die Buchstaben x, y und z werden entsprechend durch A, B und C ersetzt. Abbildung 8.1 zeigt eine Chiffrierscheibe mit der CAESAR-Verschlüsselung. Wesentlich bei dieser Verschlüsselung ist, dass jedem der Kleinbuchstaben a, b, c, ..., z genau einer der Großbuchstaben A, B, C, ..., Z zugeordnet wird. Mathematisch betrachtet liegt hier eine Funktion vor, womit wir bei unserem neuen Thema sind.

Der Begriff der Funktion gehört zu den wichtigsten Grundbegriffen der Mathematik. Er bildet die Basis für die sogenannte Kurvendiskussion. Insbesondere, wenn von Ableitungen oder Integralen die Rede ist, dann geht es dabei natürlich um spezielle Aspekte im Zusammenhang mit Funktionen. Auch wenn die hier betrachteten Funktionen bereits von der Schule her bekannt sein dürften, so sollte man dennoch beachten, dass man mit Hilfe von Funktionen bestimmte Beziehungen zwischen zwei prinzipiell völlig beliebigen Mengen beschreiben kann. So gesehen, liegt hier ein sehr allgemeines Konzept vor.

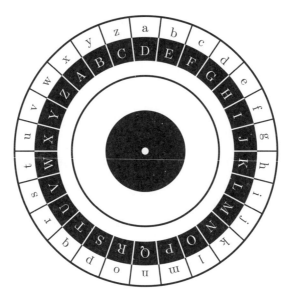

ABBILDUNG 8.1. Chiffrierscheibe

Bei den in diesem Kapitel auftretenden Beispielen handelt es sich um Funktionen, die nur von einer einzigen Variablen abhängen. In Kapitel 11 werden wir auch auf Funktionen von mehreren Variablen eingehen. Bei vielen Anwendungen erscheint es sicher als realistischer, davon auszugehen, dass eine betrachtete Größe von mehreren anderen Größen abhängt, als lediglich von einer einzigen. Die entsprechende Theorie stellt sich allerdings auch als wesentlich komplexer heraus, insbesondere muss man bei mehr als zwei Variablen auf die von der Schule vertraute Anschaulichkeit verzichten.

Es folgt ein kurzer Überblick über den Inhalt dieses Kapitels. Der erste Abschnitt behandelt verschiedene Grundbegriffe, so etwa den Begriff der injektiven bzw. surjektiven Funktion und damit den Begriff der umkehrbaren (bijektiven) Funktion. Außerdem werden beschränkte und monotone Funktionen definiert. Im zweiten Abschnitt wird das Grenzwertkonzept für Folgen auf Funktionen übertragen. Damit lässt sich der Begriff der stetigen Funktion einführen. Der dritte Abschnitt behandelt Eigenschaften und Rechenregeln von zwei besonders wichtigen Funktionen, der Exponentialfunktion und der Logarithmusfunktion. Abschließend wird im vierten Abschnitt auf sogenannte Dichtefunktionen eingegangen. Diese spielen eine zentrale Rolle in der Wahrscheinlichkeitsrechnung und Statistik, da man mit ihrer Hilfe Wahrscheinlichkeiten berechnen kann. Als Beispiele dienen die Dichtefunktionen der Exponentialverteilung und der Standardnormalverteilung.

8.1. Grundbegriffe

Ganz allgemein spricht man von einer Funktion, wenn jedem Element aus einer Menge D genau ein Element aus einer Menge W zugeordnet wird. D nennt man die Definitionsmenge und W die Zielmenge der Funktion. Dieser Sachverhalt wird häufig durch folgende Schreibweise ausgedrückt[2]

$$f\colon D \to W$$

wobei f das entsprechende Funktionssymbol bedeutet. Den Begriff der Funktion haben wir eigentlich bereits im vorigen Kapitel verwendet, obwohl darauf nicht eigens hingewiesen wurde. Folgen sind nämlich nichts anderes als spezielle Funktionen. Eine Folge ist ja dadurch gekennzeichnet, dass jeder natürlichen Zahl n genau ein Folgenelement x_n zugeordnet wird. Somit wäre die Definitionsmenge einer Zahlenfolge die Menge der natürlichen Zahlen und die Zielmenge die Menge der reellen Zahlen.

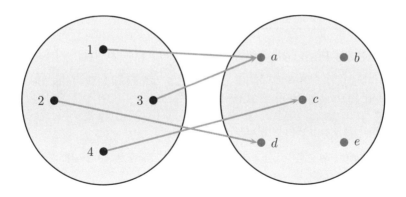

ABBILDUNG 8.2. Grafische Darstellung einer Funktion

Abbildung 8.2 zeigt eine Funktion, die jeder Zahl aus der Menge $D = \{1, 2, 3, 4\}$ genau einen Buchstaben aus der Menge $W = \{a, b, c, d, e\}$ zuordnet. Anders ausgedrückt, von jeder Zahl geht genau ein Pfeil aus zu einem Buchstaben. Offensichtlich kann es bei einer Funktion durchaus vorkommen, dass verschiedenen Elementen in der Definitionsmenge dasselbe Element in der Zielmenge zugeordnet wird oder auch, wie bei diesem Beispiel, dass es Elemente in der Zielmenge gibt, die keinem Element in der Definitionsmenge zugeordnet sind. Bei der CAESAR-Verschlüsselung wäre übrigens $D = \{a, b, c, \ldots, z\}$ und $W = \{A, B, C, \ldots, Z\}$. Die Zuordnungsvorschrift würde lauten: $f(a) = D$, $f(b) = E$, $f(c) = F$, etc. In diesem und den folgenden Kapiteln werden wir allerdings grundsätzlich davon ausgehen (falls nichts anderes vermerkt wird), dass D und W Teilmengen reeller Zahlen sind, das heißt D, $W \subset \mathbb{R}$.

Bei der Untersuchung der Eigenschaften von Funktionen spielt der Begriff der Umkehrfunktion, auch inverse Funktion genannt, eine wichtige Rolle. Zur Illustration dieses Begriffs verwenden wir noch einmal die zu Beginn des Kapitels beschriebene CAESAR-Verschlüsselung. Wie bereits erwähnt, handelt es sich hier um eine Funktion

$$f \colon D \to W$$

mit $D = \{a, b, c, \ldots, z\}$ und $W = \{A, B, C, \ldots, Z\}$. Will der Empfänger eines verschlüsselten Texts den entsprechenden Klartext lesen, dann muss er natürlich den Geheimtext entschlüsseln. Dies geschieht einfach dadurch, indem man jedem Großbuchstaben den im Alphabet um drei Stellen nach links(!) verschobenen Kleinbuchstaben zuordnet. Die Entschlüsselung des Geheimtextes gelingt hier deshalb, weil die „Verschlüsselungsfunktion" eine besonders wichtige Eigenschaft besitzt – sie ist umkehrbar.

Umkehrbare Funktion

Eine Funktion $f \colon D \to W$ heißt umkehrbar oder bijektiv, falls die beiden folgenden Eigenschaften erfüllt sind:

1. Ist $x_1 \neq x_2$, dann folgt $f(x_1) \neq f(x_2)$.

2. Zu jedem $y \in W$ gibt es ein $x \in D$ mit der Eigenschaft

$$f(x) = y$$

Die erste Eigenschaft einer umkehrbaren Funktion besagt, dass verschiedene Elemente (Argumente) in der Definitionsmenge D stets verschiedene Funktionswerte (Bilder) haben. Eine Funktion mit dieser Eigenschaft nennt man injektiv. Abbildung 8.3 zeigt ein einfaches Beispiel einer injektiven Funktion. Da jeder Zahl genau ein Buchstabe zugeordnet ist, handelt es sich natürlich um eine Funktion. Allerdings sind in diesem Fall verschiedenen Zahlen stets auch verschiedene Buchstaben zugeordnet.

Die zweite Eigenschaft besagt, dass jedes Element aus der Zielmenge W der Funktionswert eines Elements aus der Definitionsmenge D ist. Eine Funktion mit dieser Eigenschaft nennt man surjektiv. Setzt man $W = \{a, b, c, d\}$, dann zeigt

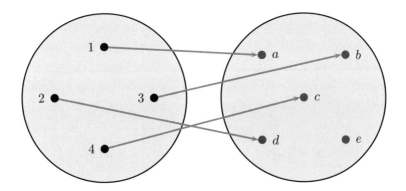

ABBILDUNG 8.3. Grafische Darstellung einer injektiven Funktion

die Abbildung 8.4 eine surjektive Funktion. Jeder Zahl ist genau ein Buchstabe zugeordnet, wobei in diesem Fall auch jedem Buchstaben eine Zahl zugeordnet ist. Diese Funktion ist außerdem injektiv und daher bijektiv.

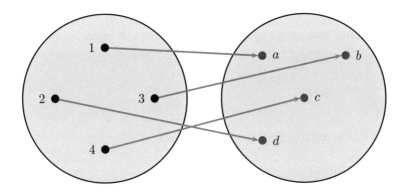

ABBILDUNG 8.4. Grafische Darstellung einer surjektiven Funktion

Die Bedeutung einer umkehrbaren bzw. bijektiven Funktion liegt darin, dass sie die Existenz einer Umkehrfunktion

$$f^{-1}\colon W \to D$$

garantiert, die die Eigenschaft $f^{-1}(y) = x$ besitzt, wobei $f(x) = y$ ist. Die Existenz der Umkehrfunktion f^{-1} ergibt sich wie folgt: Ist f umkehrbar, dann gibt es zu einem beliebigen $y \in W$ ein $x \in D$ mit $f(x) = y$ (Eigenschaft 2.). Kann es ein von x verschiedenes Element $x' \in D$ geben mit $f(x') = y$? Nein! Das ist nicht möglich (Eigenschaft 1.). Damit liegt eine eindeutige Zuordnung vor, genauer eine Funktion von W in D, die häufig mit f^{-1} bezeichnet wird.

Fassen wir zusammen: Ist f eine umkehrbare Funktion, dann existiert eine Umkehrfunktion f^{-1}. Wird also einem Punkt $x \in D$ der Funktionswert $f(x) = y \in W$ zugeordnet, dann liefert die Anwendung der Umkehrfunktion f^{-1} gerade den ursprünglichen Wert x:

$$f^{-1}(y) = f^{-1}(f(x)) = x$$

Hier ist ein einfaches Beispiel für eine umkehrbare Funktion. Es sei

$$f(x) = y = 4x + 2$$

wobei die Funktion f für $x = 2$ den Wert $f(2) = 10$ ergibt. Die zugehörige Umkehrfunktion lautet dann:

$$f^{-1}(y) = x = \frac{y - 2}{4}$$

Wendet man jetzt die Umkehrfunktion f^{-1} auf den Wert $y = 10$ an, dann erhält man $f^{-1}(10) = 2$, das heißt den ursprünglichen x-Wert. Da man häufig y statt $f(x)$ schreibt, kann man natürlich auch auf die explizite Angabe des Symbols $f^{-1}(y)$ verzichten.

Bei der Bestimmung der Umkehrfunktion könnte man grundsätzlich auch so vorgehen, dass man zunächst die Variablen x und y vertauscht, das heißt $x = 4y + 2$ bildet, und dann die Gleichung nach y auflöst:

$$y = \frac{x - 2}{4}$$

Auf diese Weise erhält man wieder die übliche Form der Darstellung, bei der die (unabhängige) Variable x auf der rechten Seite und die (abhängige) Variable y auf der linken Seite der Gleichung steht.

Betrachten wir einige Eigenschaften von Funktionen[3,4]. Beginnen wir mit dem Begriff der Beschränktheit. Angenommen, ein bestimmtes Gut wird mit der folgenden Kostenfunktion produziert:

$$K(x) = 0{,}5x^2 + 100$$

Eine solche Funktion kann natürlich nicht beliebige Werte annehmen. Es gilt zum Beispiel:

$$K(x) \geq 100$$

Allerdings kann die Funktion im Prinzip beliebig große Werte annehmen. Die Situation wäre natürlich anders, wenn ein Produkt innerhalb eines bestimmten Zeitraums nur in einer maximalen Stückzahl hergestellt werden kann.

Beschränktheit von Funktionen

Eine Funktion $f(x)$ heißt

1. nach oben beschränkt, falls es eine Konstante C gibt, mit

$$f(x) \leq C$$

2. nach unten beschränkt, falls es eine Konstante C gibt, mit

$$f(x) \geq C$$

3. beschränkt, falls sie nach oben und nach unten beschränkt ist.

An dieser Stelle sollte man einen wichtigen Aspekt beachten. Durch die Änderung der Definitionsmenge bzw. der Zielmenge einer Funktion können sich durchaus auch deren Eigenschaften ändern. Die Kenntnis der Funktionsvorschrift (Zuordnungsvorschrift) allein reicht in der Regel für die Bestimmung der Eigenschaften einer Funktion nicht aus. Definitionsmenge und Zielmenge sind ebenfalls Bestandteile einer Funktion und sollten daher nicht ignoriert werden.
Einfach zu formulieren ist der Begriff der Nullstelle.

Nullstelle einer Funktion

Ein Punkt $x \in D$ heißt Nullstelle der Funktion $f(x)$, falls gilt:

$$f(x) = 0$$

Wegen $K(x) = 0{,}5x^2 + 100 > 0$ besitzt die Kostenfunktion offensichtlich keine Nullstelle (was wohl sinnvoll ist). Betrachten wir dagegen das folgende Beispiel. Gegeben seien die Kostenfunktion

$$K(x) = 4x + 200 \qquad x > 0$$

sowie die Umsatzfunktion

$$U(x) = 6x \qquad x > 0$$

eines Produkts. Die Gewinnfunktion lautet dann:

$$G(x) = U(x) - K(x) = 2x - 200$$

Nullsetzen der Gewinnfunktion, das heißt $G(x) = 0$, würde uns daher den Break-Even-Point liefern, also denjenigen Punkt, ab dem die Produktion in der Gewinnzone liegt. In unserem Beispiel wäre das $x = 100$.

Allgemein kann eine Funktion eine oder mehrere Nullstellen haben oder auch gar keine, wie wir bereits gesehen haben. Für die Bestimmung von Nullstellen erweist sich dabei die Unterscheidung in monoton wachsende und monoton fallende Funktionen als recht zweckmäßig.

Monotone Funktion

Eine Funktion $f \colon D \to \mathbb{R}$ heißt

1. streng monoton wachsend, falls aus $x_1 < x_2$ folgt $f(x_1) < f(x_2)$,

2. streng monoton fallend, falls aus $x_1 < x_2$ folgt $f(x_1) > f(x_2)$.

Falls man in der obigen Definition die Ungleichung „$f(x_1) < f(x_2)$" ersetzen kann durch „$f(x_1) \leq f(x_2)$", dann nennt man die Funktion monoton wachsend. Kann man „$f(x_1) > f(x_2)$" ersetzen durch „$f(x_1) \geq f(x_2)$", dann nennt man die Funktion entsprechend monoton fallend.

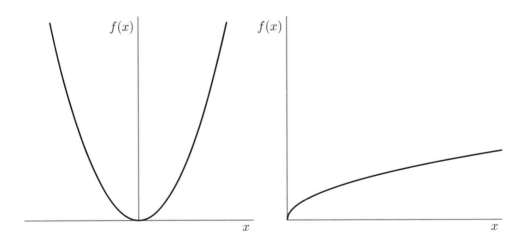

ABBILDUNG 8.5. Darstellung der Funktionen $f(x) = x^2$ (links) und $f(x) = \sqrt{x}$ (rechts)

Die Abbildungen 8.5 und 8.6 zeigen einige Beispiele bekannter Funktionen. Dabei sind die Funktionen $f(x) = \sqrt{x}$ und $f(x) = x^3$ streng monton wachsend über

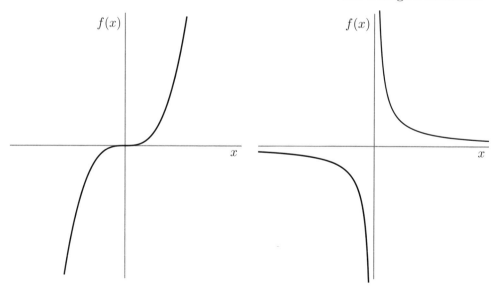

ABBILDUNG 8.6. Darstellung der Funktionen $f(x) = x^3$ (links) und $f(x) = 1/x$ (rechts)

die gesamte Definitionsmenge. Die Funktion $f(x) = x^2$ dagegen ist rechts vom Nullpunkt streng monoton wachsend, links vom Nullpunkt streng monoton fallend. Die Funktion $f(x) = 1/x$ ist sowohl rechts als auch links vom Nullpunkt streng monoton fallend.

8.2. Stetige Funktionen

Zur Definition einer stetigen Funktion benötigt man das Konzept des Grenzwerts einer Funktion. Dies ist eine Erweiterung des Grenzwertkonzepts von Folgen.

Grenzwert einer Funktion

Eine Funktion $f\colon D \to W$ besitzt an der Stelle $a \in D$ den Grenzwert z, falls für jede Folge (x_n) in D mit $x_n \neq a$ gilt:

$$\text{Wenn } x_n \to a, \text{ dann folgt } f(x_n) \to z$$

Schreibweise: $\lim_{x \to a} f(x) = z$

Sprachlich könnte man die Schreibweise so ausdrücken: „Wenn x gegen a geht, dann geht $f(x)$ gegen z". Die in Kapitel 7 angegebenen Rechenregeln für konvergente Folgen lassen sich unmittelbar auf Grenzwerte von Funktionen übertragen.

Rechenregeln für Grenzwerte von Funktionen

Wenn $f(x)$ und $g(x)$ zwei Funktionen sind, die an der Stelle $a \in D$ einen Grenzwert besitzen, dann gilt:

1. $\lim\limits_{x \to a}(c \cdot f(x)) = c \cdot \lim\limits_{x \to a} f(x)$

2. $\lim\limits_{x \to a}(f(x) \pm g(x)) = \lim\limits_{x \to a} f(x) \pm \lim\limits_{x \to a} g(x)$

3. $\lim\limits_{x \to a}(f(x) \cdot g(x)) = \lim\limits_{x \to a} f(x) \cdot \lim\limits_{x \to a} g(x)$

4. $\lim\limits_{x \to a} \dfrac{f(x)}{g(x)} = \dfrac{\lim_{x \to a} f(x)}{\lim_{x \to a} g(x)} \qquad \left(\lim\limits_{x \to a} g(x) \neq 0 \right)$

Betrachten wir dazu das Grenzverhalten der folgenden Funktionen:

1. $f(x) = \dfrac{x+1}{x}$

$$x \to 1: \qquad \frac{x+1}{x} = 1 + \frac{1}{x} \to 2$$

2. $f(x) = \dfrac{1}{x^2} \cdot \dfrac{2x^2 + 4x}{x^2}$

$$x \to 2: \qquad \frac{1}{x^2} \cdot \frac{2x^2 + 4x}{x^2} = \frac{1}{x^2} \cdot \left(2 + \frac{4}{x} \right) \to \frac{1}{4} \cdot 4 = 1$$

Wir kommen jetzt zum Begriff der stetigen Funktion. Salopp ausgedrückt könnte man eine Funktion als stetig bezeichnen, wenn man sie ohne abzusetzen zeichnen kann, das heißt, wenn der Graph der Funktion nicht „zerreißt".

Stetigkeit einer Funktion

Eine Funktion $f \colon D \to W$ heißt stetig in einem Punkt $a \in D$, falls gilt:

$$\lim\limits_{x \to a} f(x) = f(a)$$

Ist eine Funktion f in einem Punkt $a \in D$ stetig, dann muss also für jede Folge (x_n) in der Definitionsmenge mit der Eigenschaft $x_n \to a$ gelten: $f(x_n) \to f(a)$. Von einer stetigen Funktion spricht man, wenn sie in jedem Punkt der Definitionsmenge stetig ist. Summe, Differenz, Produkt, Quotient und Zusammensetzung stetiger Funktionen ergeben übrigens wieder eine stetige Funktion.

Das Konzept der Stetigkeit lässt sich vermutlich besser verstehen an Hand einer Funktion, die nicht stetig ist (genauer: die in einem bestimmten Punkt nicht stetig ist). Ein einfaches Beispiel für eine solche Funktion ist:

$$f(x) = \begin{cases} 1 & x > 1 \\ -1 & x = 1 \\ -1 & x < 1 \end{cases}$$

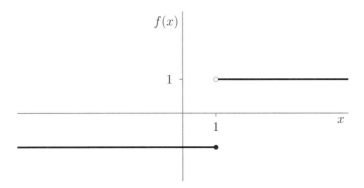

ABBILDUNG 8.7. Eine Unstetigkeitsstelle im Punkt $x=1$

Betrachten wir eine Folge, die von rechts gegen den Punkt $x=1$ konvergiert, wie zum Beispiel die Folge

$$x_n = 1 + \frac{1}{n}$$

Da $x_n > 1$ ist, gilt für jede natürliche Zahl n

$$f(x_n) = f\left(1 + \frac{1}{n}\right) = 1$$

Damit ist der Grenzwert dieser Folge gleich Eins, das heißt $\lim_{n\to\infty} f(x_n) = 1$. Andererseits ist aber $f(1) = -1$ und somit $\lim_{n\to\infty} f(x_n) \neq f(1)$. Also ist die Funktion im Punkt $x=1$ nicht stetig (Unstetigkeitsstelle, Sprungstelle). In jedem Punkt $x \neq 1$ ist die Funktion dagegen stetig.

8.3. Exponentialfunktion und Logarithmusfunktion

In diesem Abschnitt werden die Eigenschaften zweier wichtiger Funktionen kurz beschrieben. Es handelt sich dabei um die Exponentialfunktion sowie die Logarithmusfunktion, wobei bei letzterer der natürliche Logarithmus gemeint ist. Die Exponentialfunktion $f(x) = e^x$, die auch mit $f(x) = \exp(x)$ bezeichnet wird, ist

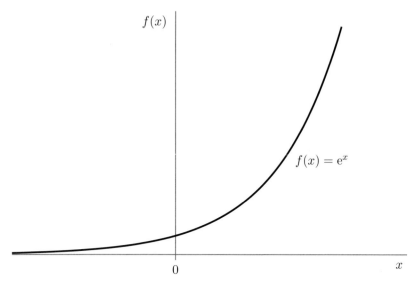

ABBILDUNG 8.8. Darstellung der Exponentialfunktion $f(x) = \mathrm{e}^x$

für jede reelle Zahl x definiert. Sie ist überall positiv, stetig, streng monoton wachsend und außerdem umkehrbar. Ihre Umkehrfunktion ist die Logarithmusfunktion $\ln x$, wobei für jedes x gilt:

$$\ln\left(\mathrm{e}^x\right) = x$$

Abbildung 8.8 zeigt die grafische Darstellung der Exponentialfunktion. Im Folgenden sind einige Rechenregeln für die Exponentialfunktion zusammengefasst.

Rechenregeln für die Exponentialfunktion $(x, y \in \mathbb{R})$:

1. $\mathrm{e}^{x+y} = \mathrm{e}^x \cdot \mathrm{e}^y$

2. $\mathrm{e}^{-x} = \dfrac{1}{\mathrm{e}^x}$

3. $\left(\mathrm{e}^x\right)^y = \mathrm{e}^{x \cdot y}$

4. $\mathrm{e}^0 = 1$

Die Logarithmusfunktion $f(x) = \ln x$ ist die Umkehrfunktion der Exponentialfunktion und für jede Zahl $x > 0$ definiert. Sie ist stetig, streng monoton wachsend und umkehrbar. Ihre Umkehrfunktion ist wieder die Exponentialfunktion e^x, wo-

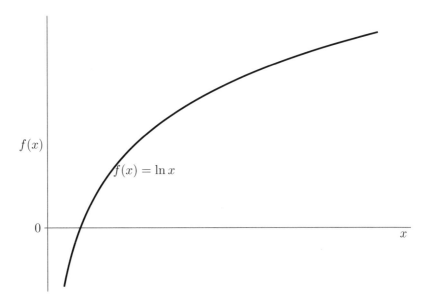

ABBILDUNG 8.9. Darstellung der Logarithmusfunktion $f(x) = \ln x$

bei für jedes $x > 0$ die folgende Gleichung gilt:

$$e^{\ln x} = x$$

Bei den anschließenden Rechenregeln für die Logarithmusfunktion beachte man besonders, dass hier positive Werte für x und y vorausgesetzt werden, da die Logarithmusfunktion nur für positive Werte definiert ist.

Rechenregeln für die Logarithmusfunktion $(x, y > 0)$:

1. $\ln(x \cdot y) = \ln(x) + \ln(y)$

2. $\ln\left(\dfrac{x}{y}\right) = \ln(x) - \ln(y)$

3. $\ln(x^y) = y \cdot \ln(x)$

4. $\ln(1) = 0$

8.4. Dichtefunktionen

Bei der Berechnung von Wahrscheinlichkeiten hat man es häufig mit sogenannten Dichtefunktionen zu tun. Dichtefunktionen sind dadurch definiert, dass sie

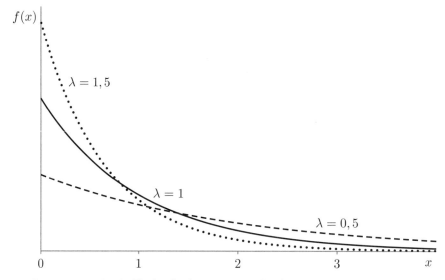

ABBILDUNG 8.10. Dichtefunktionen verschiedener Exponentialverteilungen

nichtnegativ sind und dass die Fläche zwischen dem Graphen der Funktion und der gesamten x-Achse den Wert Eins besitzt. Abbildung 8.10 zeigt ein einfaches Beispiel für eine solche Dichtefunktion, die etwa im Zusammenhang mit der Lebensdauer technischer Produkte verwendet wird. In diesem Fall handelt es sich um die Dichtefunktion der Exponentialverteilung

$$f(x) = \begin{cases} \lambda \cdot e^{-\lambda x} & \text{falls } x \geq 0 \\ 0 & \text{falls } x < 0 \end{cases}$$

wobei λ ein Parameter $(\lambda > 0)$ ist, das heißt eine Art freie Konstante. Mit Hilfe dieses Parameters lässt sich die Dichtefunktion „steuern". Bei Produkten mit einer hohen Lebensdauer wäre ein niedriger Wert für λ sinnvoll. Bei Produkten mit einer geringen Lebensdauer dagegen wäre eher ein größerer Wert für λ geeignet. In Abbildung 8.10 kann man sehr deutlich den unterschiedlichen Verlauf der Dichtefunktionen für verschiedene Werte des Parameters λ erkennen.

Einfach ausgedrückt beschreibt die Dichtefunktion die Verteilung der Lebensdauer-Wahrscheinlichkeiten über den gesamten Zeitbereich. So entspricht etwa die Fläche oberhalb des Intervalls $[0, 1]$ der Wahrscheinlichkeit, dass die Lebensdauer, zum Beispiel eines elektronischen Bauteils, höchstens eine Zeiteinheit (zum Beispiel ein Jahr) beträgt. Eine Dichtefunktion beschreibt die Wahrscheinlichkeitsverteilung einer Zufallsvariablen. Dass die Gesamtfläche unterhalb der Dichtefunktion den Wert Eins besitzt, wird damit verständlich.

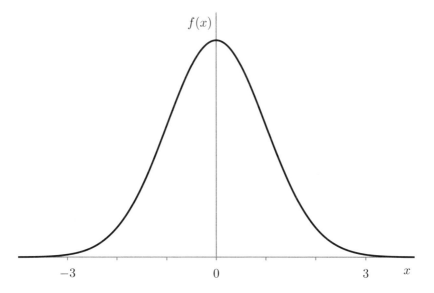

ABBILDUNG 8.11. Dichtefunktion der Standardnormalverteilung

Die bekannteste Dichtefunktion ist die der Standardnormalverteilung, die man auf Grund ihrer besonderen Form auch als „Glockenkurve" bezeichnet. Es handelt sich dabei um eine stetige Funktion, die symmetrisch um den Nullpunkt verläuft.

Links vom Nullpunkt ist die Dichtefunktion streng monoton wachsend, rechts davon streng monoton fallend. Die Funktion ist dabei wie folgt definiert:

$$f(x) = \frac{1}{\sqrt{2\pi}} \cdot e^{-\frac{1}{2}x^2} \qquad -\infty < x < \infty$$

Man beachte, dass Werte außerhalb des Intervalls $[-3, 3]$ nur mit einer geringen Wahrscheinlichkeit auftreten. Weitere Informationen dazu findet man zum Beispiel in Alt (2010).

Anmerkungen

1 In dem Science Fiction Klassiker „2001 – Odyssee im Weltraum" des amerikanischen Regisseurs *S. Kubrick* (1928–1999) spielt ein Supercomputer namens HAL 9000 eine zentrale Rolle. Angeblich handelt es sich bei der Bezeichnung HAL um die Abkürzung von „Heuristically programmed ALgorithmic computer". Gibt es vielleicht noch eine andere Erklärung? Versuchen Sie es einmal mit einer Variante der CAESAR-Verschlüsselung, bei der jeder Buchstabe nur um eine Stelle verschoben wird.

2 Lies: „f ist eine Funktion von D in W".

3 Hier ist eine Internetadresse mit einem interaktiven Test zur Beschränktheit von Funktionen. Bei jedem der Funktionsausdrücke ist anzugeben, ob die entsprechende Funktion nach oben oder nach unten beschränkt ist. Ziehen Sie zur Beantwortung dieser Frage eines der beiden Kästchen „nach oben" bzw. „nach unten" in das freie Feld unterhalb des jeweiligen Funktionsausdrucks.
http://www.mathe-online.at/tests/fun2/obenoderunten.html

4 Bei der folgenden Internetadresse gibt es einen Multiple-Choice-Test, bei dem es um Eigenschaften von Funktionen geht. Bei jeder Frage sind eine oder mehrere Antworten richtig.
http://www.mathe-online.at/tests/fun1/eigensch.html

Aufgaben

Die folgenden Aufgaben dienen dazu, das Verständnis des behandelten Stoffes zu erleichtern und zu vertiefen. Um einen entsprechenden Lerneffekt zu erzielen, sollten dabei die Konzepte und Methoden verwendet werden, die in diesem Kapitel präsentiert wurden. Soweit es um konkrete Berechnungen geht, sollte man besonders auf die Darstellung des Lösungswegs achten. Für die mit einem * gekennzeichneten Aufgaben ist eine geeignete Software erforderlich bzw. empfehlenswert. Beachten Sie dazu auch die Hinweise in Anhang B. Lösungen zu den Aufgaben mit geraden Nummern finden Sie in Anhang C.

8.1 Für welche Werte von x sind die folgenden Funktionen definiert?

a) $f(x) = \dfrac{1}{2x^2 - 72}$

b) $f(x) = \sqrt{1 - x^2}$

c) $f(x) = \dfrac{\ln(4 - x)}{\sqrt{x - 4}}$

d) $f(x) = \dfrac{1 - x^3}{e^x - 1}$

8.2 Geben Sie für diese Funktionen jeweils die größtmögliche Definitionsmenge an:

a) $g(x) = 4x^3 - 2x^2 + 8$

b) $g(x) = \dfrac{x^2}{9 - x^2}$

c) $g(x) = \dfrac{1}{x(1 - x^3)}$

d) $g(x) = \ln(x^2 - 3x + 2)$

8.3 Welche dieser Funktionen ist injektiv, surjektiv bzw. bijektiv?

    a) $f \colon \mathbb{R} \to \mathbb{R}$ mit $f(x) = 2x^2 + 4$

    b) $g \colon [0, 1] \to \mathbb{R}$ mit $g(x) = 2x^2 + 4$

    c) $h(x) = \sqrt{5x + 100}$

    d) $h(x) = \dfrac{x^2}{9 - x^2}$

8.4 Welche der folgenden Funktionen ist (nach oben bzw. nach unten) beschränkt? Geben Sie etwaige Schranken an.

    a) $f(x) = \dfrac{5x^2 - 30}{6x^2}$

    b) $f(x) = x(1 - x^3)$

8.5 Welche der Funktionen in Aufgabe 8.3 ist (nach oben bzw. nach unten) beschränkt? Geben Sie etwaige Schranken an.

8.6 Führen Sie den bei der folgenden Internetadresse angegebenen interaktiven Test „Beschränktheit von Funktionen" durch.
`http://www.mathe-online.at/tests/fun2/obenoderunten.html`

8.7 Bestimmen Sie die Umkehrfunktion der Funktionen

    a) $f(x) = 2x^2 + 3 \qquad x \geq 0$

    b) $f(x) = 4 \cdot \mathrm{e}^{-2x}$

8.8 Eine lineare Kostenfunktion sei gegeben durch

$$K(x) = 8x + 20 \qquad x > 0$$

Untersuchen Sie das Verhalten der Stückkostenfunktion

$$S(x) = \frac{K(x)}{x}$$

für $x \to \infty$.

8.9 Bestimmen Sie die Grenzwerte der Funktionen:

    a) $\displaystyle\lim_{x \to \infty} \frac{4x^2 - 3}{2x^2 + 5}$

    b) $\displaystyle\lim_{t \to \infty} \frac{4}{1 + 2\mathrm{e}^{-3t}}$

8.10 Führen Sie den bei der folgenden Internetadresse angegebenen Multiple Choice Test „Eigenschaften von Funktionen" durch.
`http://www.mathe-online.at/tests/fun1/eigensch.html`

Fragen

1. Was versteht man unter einer Funktion?

2. Was ist der Unterschied zwischen der Zielmenge und der Bildmenge einer Funktion?

3. Was ist eine injektive Funktion?

4. Was versteht man unter einer Umkehrfunktion?

5. Wann nennt man eine Funktion beschränkt?

6. Was versteht man unter dem Grenzwert einer Funktion?

7. Wodurch ist eine stetige Funktion charakterisiert?

8. Welche Eigenschaften besitzt die Exponentialfunktion?

9. Welche Eigenschaften besitzt die Logarithmusfunktion?

10. Was sind Dichtefunktionen und wo werden sie verwendet?

Logarithmen, Anfangsziffern und Steuersünder

Heutzutage bereitet es keine Probleme, den Logarithmus einer Zahl zu berechnen, zumindest, solange ein Taschenrechner oder PC in Reichweite ist. Das war nicht immer so. Noch bis vor wenigen Jahrzehnten musste man dazu eine Logarithmentafel zur Hand nehmen. Zur Information: Eine Logarithmentafel ist ein Buch, in dem man den Logarithmus einer Zahl nachschlagen kann.

Als im Jahre 1881 der amerikanische Astronom *S. Newcomb* (1835–1909) eine Logarithmentafel benutzte, fiel ihm auf, dass die vorderen Seiten wesentlich stärker abgenutzt waren als die hinteren Seiten. Offensichtlich wurden Zahlen mit niedrigeren Anfangsziffern häufiger nachgeschlagen als Zahlen mit höheren Anfangsziffern. Newcomb begnügte sich nicht mit dieser Tatsache, sondern zog daraus die Schlussfolgerung, dass Zahlen mit niedrigeren Anfangsziffern in der Realität häufiger vorkommen! Er stellte schließlich die Vermutung auf, dass die Wahrscheinlichkeit für das Auftreten der Anfangsziffer n ($n = 1, 2, \ldots, 9$) gegeben ist durch den folgenden logarithmischen Ausdruck:

$$\log_{10}\left(1 + \frac{1}{n}\right)$$

Die Wahrscheinlichkeiten für die einzelnen Anfangsziffern lauten damit:

1	2	3	4	5	6	7	8	9
0,301	0,176	0,125	0,097	0,079	0,067	0,058	0,051	0,046

Ein solches „Muster" zeigt sich besonders dort, wo Zahlen aus den verschiedensten Bereichen auftreten. Nimmt man zum Beispiel eine beliebige Tageszeitung zur Hand, dann sollte man damit rechnen, dass etwa 30 % aller auftretenden Zahlen mit der Ziffer 1 beginnen, dagegen nur knapp 18 % mit der Ziffer 2 usw. Im Jahre 1938 wurde dieses Phänomen von *F. Benford* (1883–1948) wiederentdeckt und an einer Vielzahl von Datensätzen überprüft. Mittlerweile existiert auch ein mathematischer Beweis für das „Benford-Newcomb Gesetz". Es wird sogar untersucht, ob man dieses Gesetz bei Steuerprüfungen einsetzen könnte.

Kapitel 9.

Differentiation

Gelegentlich kann man hören oder lesen, dass eine bestimmte Software eine recht steile Lernkurve aufweist. Oder man erfährt etwas über unterschiedliche Grenzkosten. Mathematisch betrachtet geht es dabei um das Steigungsverhalten von Funktionen. Damit befinden wir uns in der Welt der Differentialrechnung. Hier werden wir uns mit dem Konzept der Ableitung von Funktionen beschäftigen. Zunächst könnte man einmal überlegen, was man darunter versteht und wozu Ableitungen überhaupt verwendet werden:

1. Die Ableitung einer Funktion in einem Punkt x gibt die Steigung der Funktion in diesem Punkt an.

2. Die Ableitung einer Funktion liefert uns Information darüber, wie sehr sich der Funktionswert ändert bei einer geringen Änderung von x.

3. Mit Hilfe der Ableitung lassen sich Extremwerte, das heißt Maxima und Minima, von Funktionen bestimmen.

Abbildung 9.1 zeigt die grafische Darstellung einer Funktion, wobei die Geradenabschnitte (graue Linien) die wechselnden Steigungen der Funktion verdeutlichen sollen. Betrachtet man den Graphen der Funktion von links nach rechts, dann steigt die Funktion zunächst steil an, bis dann die Steigung geringer wird und schließlich gleich Null ist. Danach fällt die Funktion ab (die Steigung ist negativ) und erreicht einen Punkt, bei dem die Steigung wieder gleich Null ist. Danach steigt die Funktion wieder an usw. In diesem Kapitel wird gezeigt, wie man dieses Steigungsverhalten relativ einfach mit Hilfe der ersten Ableitung der Funktion beschreiben kann.

Die Differentiation ist auch deshalb von großer Bedeutung, da sie in gewisser Hinsicht die Umkehrung der Integration darstellt. Wenn man von einer gegebenen Funktion ausgeht und ihr Integral bestimmen will, dann wird diejenige Funktion

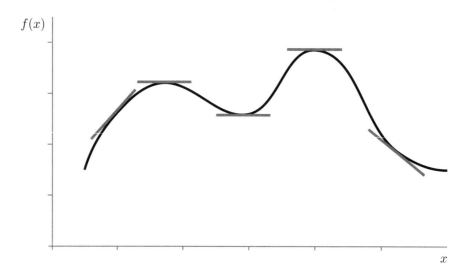

ABBILDUNG 9.1. Steigungsverhalten einer Funktion

gesucht, deren Ableitung gerade die Ausgangsfunktion ist. Somit sind Differentiation und Integration auf eine spezielle Art und Weise miteinander verknüpft. Die Begründer der Differentialrechnung (und auch der Integralrechnung) waren der deutsche Mathematiker und Philosoph *G. W. Leibniz* (1646–1716) und der englische Mathematiker und Physiker *I. Newton* (1642–1727). Die für die Differential- und Integralrechnung typischen Differentiale wurden von Leibniz eingeführt (siehe dazu auch den Exkurs am Ende von Kapitel 10).

Es folgt ein kurzer Überblick über den Inhalt dieses Kapitels. Der erste Abschnitt zeigt, wie man die Steigung bei den einfachsten Funktionen definiert, das heißt bei den linearen Funktionen bzw. Geraden. Das Konzept der Steigung einer Geraden ist wesentlich für das Verständnis der Definition der Ableitung von Funktionen, die das Thema des zweiten Abschnitts bildet. Insbesondere wird hier der Begriff der differenzierbaren Funktion eingeführt. Außerdem werden die Ableitungen einiger spezieller Funktionen angegeben. Der dritte Abschnitt behandelt die bekannten Ableitungsregeln, mit deren Hilfe sich eine Vielzahl weiterer Funktionen ableiten lassen. Im vierten Abschnitt wird gezeigt, wie man an Hand der ersten Ableitung einer Funktion ihr Steigungsverhalten beschreiben kann. Der letzte Abschnitt schließlich behandelt ein Thema, das man üblicherweise mit Ableitungen assoziiert, nämlich die Bestimmung von Extremwerten, das heißt den lokalen Maxima und Minima einer Funktion.

9.1. Die Steigung einer Geraden

In diesem Abschnitt beschäftigen wir uns mit dem Steigungsverhalten der einfachsten Funktionen, das heißt den linearen Funktionen oder Geraden. Es geht somit um Funktionen der Form

$$f(x) = ax + b$$

Die Definition der Steigung einer Geraden ist grundlegend für das Verständnis des Begriffs der Ableitung. Intuitiv dürfte klar sein, was man unter der Steigung einer Geraden versteht, insbesondere die Tatsache, dass es sich dabei um eine konstante Größe handelt. Abbildung 9.2 zeigt, auf welcher Überlegung die Definition der Steigung einer Geraden beruht.

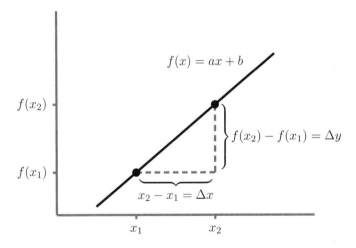

ABBILDUNG 9.2. Konstruktion zur Berechnung der Steigung einer Geraden

Man wählt zwei beliebige Punkte x_1 und x_2 auf der x-Achse mit $x_1 < x_2$. Dadurch erhält man zwei Punkte auf der Geraden mit den Koordinaten $(x_1, f(x_1))$ und $(x_2, f(x_2))$. Die Verbindung zwischen den beiden Punkten ergibt zusammen mit den beiden grau gestrichelten Linien ein rechtwinkiges Dreieck. Dabei verläuft die eine der gestrichelten Linien parallel zur x-Achse, die andere parallel zur y-Achse. Die Steigung der Geraden wird jetzt definiert als der Quotient aus der Länge der senkrechten Linie (= Differenz der Funktionswerte) und der Länge der waagrechten Linie (= Differenz der x-Werte), das heißt also

$$\text{Steigung} \; = \; \frac{\text{Differenz der Funktionswerte}}{\text{Differenz der } x\text{-Werte}} = \frac{f(x_2) - f(x_1)}{x_2 - x_1} = \frac{\Delta y}{\Delta x}$$

Aus verständlichen Gründen bezeichnet man diesen Ausdruck auch als Differenzenquotient. Da der Nenner in jedem Fall positiv ist, hängt das Vorzeichen der Steigung nur vom Vorzeichen des Zählers ab. Entsprechend kann die Steigung positiv, Null oder negativ sein. Da die Steigung einer Geraden konstant ist, hängt ihr Wert natürlich nicht von der speziellen Wahl von x_1 bzw. x_2 ab! Die Steigung der Funktion $f(x) = ax + b$ lässt sich jetzt sehr leicht berechnen:

$$\text{Steigung} = \frac{f(x_2) - f(x_1)}{x_2 - x_1} = \frac{(ax_2 + b) - (ax_1 + b)}{x_2 - x_1}$$

$$= \frac{a(x_2 - x_1)}{x_2 - x_1} = a$$

Ist die Geradengleichung vorgegeben, so kann man also am Koeffizienten des Arguments x die Steigung ablesen. Im folgenden Abschnitt werden wir sehen, dass die Ableitung einer Funktion eine Verallgemeinerung des Begriffs der Steigung einer Geraden ist.

9.2. Die Ableitung einer Funktion

Häufig hat man es mit nichtlinearen Funktionen zu tun. In diesem Fall zeigt ein und dieselbe Funktion ein unterschiedliches Steigungsverhalten, je nachdem welchen Teil der Definitionsmenge man betrachtet. An Hand von Abbildung 9.3 wird gezeigt, wie man die Steigung in einem einzelnen Punkt definieren kann.

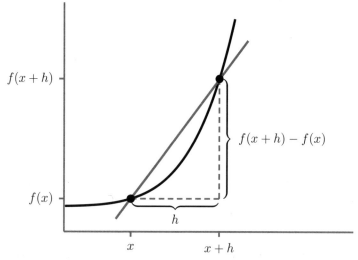

ABBILDUNG 9.3. Konstruktion zur Berechnung der Ableitung einer Funktion

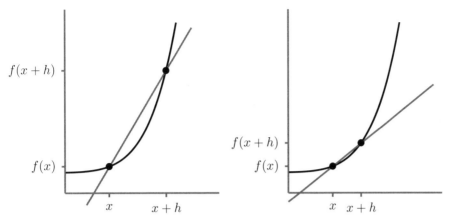

ABBILDUNG 9.4. Steigungsverhalten der Hilfsgeraden für $h \to 0$ (1)

Ähnlich wie bei der Geraden gehen wir wieder von zwei Punkten auf der x-Achse aus, die wir allerdings diesmal mit x und $x + h$ bezeichnen, wobei $h \neq 0$ ist. In Abbildung 9.3 ist eine „Hilfsgerade" (graue Linie) eingezeichnet, die durch die Punkte mit den Koordinaten $(x, f(x))$ und $(x + h, f(x + h))$ verläuft. Die Steigung der Hilfsgeraden ergibt sich durch den entsprechenden Differenzenquotienten

$$\frac{f(x + h) - f(x)}{(x + h) - x} = \frac{f(x + h) - f(x)}{h}$$

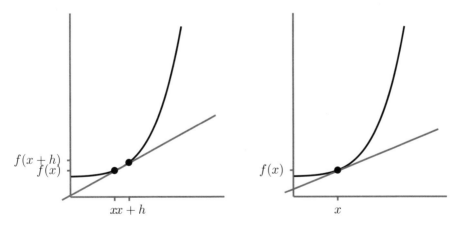

ABBILDUNG 9.5. Steigungsverhalten der Hilfsgeraden für $h \to 0$ (2)

Die Abbildungen 9.4 und 9.5 zeigen, was passiert, wenn man jetzt h kleiner werden lässt. In diesem Fall bewegt sich natürlich auf der x-Achse der Punkt $x + h$ auf den Punkt x zu. Entsprechend ändert sich der zugehörige Funktionswert $f(x + h)$ und damit auch der Wert des Differenzenquotienten (= Steigung der

Hilfsgeraden). Falls unter der Voraussetzung $h \to 0$ der Differenzenquotient einen Grenzwert besitzt, dann definiert man diesen Wert als die gesuchte Steigung der Funktion im Punkt x, die auch als Ableitung bezeichnet wird[1].

Differenzierbarkeit und Ableitung

Eine Funktion $f\colon D \to \mathbb{R}$ heißt differenzierbar im Punkt $x \in D$, falls der Grenzwert des Differenzenquotienten

$$\lim_{h \to 0} \frac{f(x+h) - f(x)}{h}$$

existiert. Diesen Grenzwert bezeichnet man als Ableitung (oder Differentialquotient) von f an der Stelle x.

Schreibweise: $f'(x)$ bzw. y'

Ist eine Funktion in jedem Punkt $x \in D$ differenzierbar ist, dann nennt man sie differenzierbar. Weitere Bezeichnungen für die Ableitung einer Funktion sind:

$$\frac{\mathrm{d}f(x)}{\mathrm{d}x} \quad \text{bzw.} \quad \frac{\mathrm{d}y}{\mathrm{d}x}$$

Die Symbole $\mathrm{d}f$ bzw. $\mathrm{d}y$ und $\mathrm{d}x$ sind die eingangs erwähnten Differentiale. Beachten Sie, dass es sich hier nicht um „reale" Grössen handelt, also insbesondere nicht um reelle Zahlen. Falls man jedem Punkt $x \in D$, in dem die Funktion f differenzierbar ist, seine Ableitung zuordnet, erhält man wiederum eine Funktion. Wegen

$$\lim_{h \to 0} \frac{f(x+h) - f(x)}{h} = f'(x)$$

erhält man unter der Voraussetzung, dass h nahe bei 0 liegt, die Approximation

$$\frac{f(x+h) - f(x)}{h} \approx f'(x)$$

oder anders ausgedrückt

$$f(x+h) - f(x) \approx h f'(x)$$

Bei einer Änderung von x um einen kleinen Wert h ändert sich also der Funktionswert umgefähr um den Wert $h f'(x)$.

Führen wir die Berechnung der Ableitung an Hand des folgenden Beispiels durch. Angenommen, wir möchten die Steigung einer Kostenfunktion berechnen, die gegeben ist durch

$$f(x) = 0{,}5x^2 + 100 \qquad x > 0$$

Dazu bilden wir den Grenzwert des Differenzenquotienten

$$\lim_{h \to 0} \frac{f(x+h) - f(x)}{h} = \lim_{h \to 0} \frac{0{,}5(x+h)^2 + 100 - (0{,}5x^2 + 100)}{h}$$

$$= \lim_{h \to 0} \frac{0{,}5x^2 + xh + 0{,}5h^2 - 0{,}5x^2}{h}$$

$$= \lim_{h \to 0} \frac{xh + 0{,}5h^2}{h}$$

$$= \lim_{h \to 0} (x + 0{,}5h) = x$$

Ist also h nahe bei Null, dann gilt $f(x+h) - f(x) \approx hx$. Eine Änderung von x um eine kleine Einheit h ändert somit die Kosten ungefähr um den Wert hx. Die Ableitung einer Kostenfunktion bezeichnet man allgemein auch als „Grenzkosten". Die Begründung dafür liegt darin, dass in der Praxis $h = 1$ oft als kleine Einheit angesehen wird. In diesem Fall lässt sich die Ableitung einer Kostenfunktion als die (ungefähren) Kosten interpretieren, die entstehen, wenn zum Beispiel die Produktion von x Einheiten um eine weitere Einheit, also auf $x+1$ Einheiten erhöht wird.

Ableitungen einiger wichtiger Funktionen

1. $f(x) = c \quad \longrightarrow \quad f'(x) = 0$

2. $f(x) = ax + b \quad \longrightarrow \quad f'(x) = a$

3. $f(x) = x^n \quad \longrightarrow \quad f'(x) = nx^{n-1}$

4. $f(x) = \sqrt[n]{x} \quad \longrightarrow \quad f'(x) = \frac{1}{n} x^{\frac{1}{n}-1}$

5. $f(x) = e^x \quad \longrightarrow \quad f'(x) = e^x$

6. $f(x) = \ln(x) \quad \longrightarrow \quad f'(x) = \frac{1}{x}$

Natürlich gibt es auch Funktionen, die nicht differenzierbar sind. Ein bekanntes Beispiel ist die Betragsfunktion

$$f(x) = |x| = \begin{cases} x & x \geq 0 \\ -x & x < 0 \end{cases}$$

die im Punkt $x = 0$ nicht differenzierbar ist. Um dies zu zeigen, betrachten wir den rechtsseitigen und linksseitigen Differentialquotienten.

$$\lim_{h \to 0} \frac{f(0+h) - f(0)}{h} = \lim_{h \to 0} \frac{h}{h} = 1 \qquad h > 0$$

$$\lim_{h \to 0} \frac{f(0+h) - f(0)}{h} = \lim_{h \to 0} \frac{-h}{h} = -1 \qquad h < 0$$

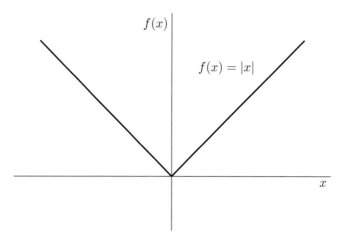

ABBILDUNG 9.6. Beispiel einer Funktion, die im Punkt $x = 0$ nicht differenzierbar ist

Wäre die Funktion im Punkt $x = 0$ differenzierbar, dann müssten die beiden einseitigen Differentialquotienten übereinstimmen, was nicht der Fall ist. Anders ausgedrückt, wir haben hier eine Situation, bei der zwei verschiedene (konstante!) Steigungen in einem Punkt aufeinandertreffen. Differenzierbarkeit in einem Punkt würde allerdings eine einheitliche Steigung erfordern. Als Ergebnis können wir uns merken „Ecken sind nicht differenzierbar".

9.3. Ableitungsregeln

Zur Ableitung komplizierterer Funktionen stehen eine Reihe von Rechenregeln zur Verfügung. Dies sind die bekannten Ableitungsregeln.

Ableitungsregeln

Falls die Funktionen $f(x)$ und $g(x)$ differenzierbar sind, dann sind auch $c \cdot f(x)$, $f(x) \pm g(x)$, $f(x) \cdot g(x)$, $f(x)/g(x)$ und $f(g(x))$ differenzierbar. Ihre Ableitungen lauten:

1. $(c \cdot f(x))' = c \cdot f'(x)$

2. $(f(x) \pm g(x))' = f'(x) \pm g'(x)$

3. $(f(x) \cdot g(x))' = f'(x) \cdot g(x) + f(x) \cdot g'(x)$ Produktregel

4. $\left(\dfrac{f(x)}{g(x)}\right)' = \dfrac{f'(x) \cdot g(x) - f(x) \cdot g'(x)}{(g(x))^2}$ Quotientenregel

5. $(g(f(x)))' = g'(f(x)) \cdot f'(x)$ Kettenregel

Hier sind einige Beispiele dazu:

1. $f(x) = \mathrm{e}^x + 4x^2 + 3$

$$f'(x) = \mathrm{e}^x + 8x$$

2. $f(x) = x^3 \cdot \mathrm{e}^x$

   In diesem Fall sollte man die Produktregel anwenden:

$$f'(x) = 3x^2 \cdot \mathrm{e}^x + x^3 \cdot \mathrm{e}^x = (3x^2 + x^3) \cdot \mathrm{e}^x$$

3. $f(x) = \dfrac{\ln x}{x^2 - 2x}$

   Hier wird man die Quotientenregel anwenden, wobei der Nenner in der Regel nicht ausmultipliziert werden sollte:

$$f'(x) = \frac{\frac{1}{x} \cdot (x^2 - 2x) - \ln x \cdot (2x - 2)}{(x^2 - 2x)^2} = \frac{x - 2 - \ln x \cdot (2x - 2)}{(x^2 - 2x)^2}$$

4. $f(x) = \ln(x^3 + 4x^2)$

   Dies ist eine zusammengesetzte Funktion, wobei der Ausdruck $x^3 + 4x^2$ die innere Funktion und der Logarithmus die äussere Funktion darstellt. Eine solche Funktion wird mit Hilfe der Kettenregel abgeleitet:

$$f'(x) = \frac{1}{x^3 + 4x^2} \cdot (3x^2 + 8x) = \frac{3x + 8}{x^2 + 4x}$$

Ist $f'(x)$ die Ableitung einer gegebenen Funktion $f(x)$, dann kann man natürlich versuchen, $f'(x)$ selbst wieder abzuleiten. Das Ergebnis ist dann die zweite Ableitung von $f(x)$, die mit $f''(x)$ bezeichnet wird. Andere Schreibweisen für $f''(x)$ sind: $d^2 f/dx^2$ oder y''. Entsprechend kann man auch „höhere" Ableitungen bilden. Die Ableitung von $f''(x)$ wäre dann $f'''(x)$, usw. Ab $n \geq 4$ erweist sich allerdings die Schreibweise $f^{(n)}(x)$ als bequemer.

9.4. Monotonie und Krümmung

Mit Hilfe der Ableitung ist es möglich, das Monotonieverhalten einer Funktion zu beschreiben.

Monotonie-Bedingungen

Ist eine Funktion f in jedem Punkt eines Intervalls I differenzierbar, dann ist sie dort auch stetig. Außerdem gilt:

1. die Funktion ist streng monoton wachsend, falls für alle $x \in I$ gilt:

$$f'(x) > 0$$

2. die Funktion ist streng monoton abnehmend, falls für alle $x \in I$ gilt:

$$f'(x) < 0$$

Ist die Funktion differenzierbar, dann lassen sich also die Monotonieeigenschaften mit Hilfe der ersten Ableitung überprüfen[2]. Entsprechend ist die Funktion monoton wachsend (bzw. monoton fallend), falls für alle $x \in I$ gilt: $f'(x) \geq 0$ (bzw. $f'(x) \leq 0$). Betrachten wir als Beispiel die Kostenfunktion

$$K(x) = 0{,}5x^2 + 100 \qquad x > 0$$

Wegen $K'(x) = x$ ist diese Funktion streng monoton wachsend in der gesamten Definitionsmenge. Dagegen stellen die durchschnittlichen Fixkosten

$$\frac{K_f(x)}{x} = \frac{100}{x}$$

eine streng monoton fallende Funktion dar, da ihre Ableitung überall negativ ist:

$$\frac{K_f(x)}{x} = -\frac{100}{x^2}$$

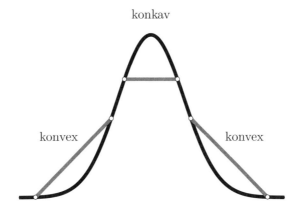

ABBILDUNG 9.7. Beispiele für konkave und konvexe Kurventeile

Von Interesse ist in diesem Zusammenhang oft das Krümmungsverhalten der Funktion, das heißt die sogenannten konvexen und konkaven Kurventeile. Als konkav bezeichnet man eine Funktion dort, wo zwischen zwei beliebigen Punkten des Graphen (der Funktion) die Verbindungsgerade der beiden Punkte unterhalb des Graphen verläuft (siehe Abbildung 9.7). Liegt die Verbindungsgerade oberhalb des Graphen, dann nennt man die Funktion dort konvex.

9.5. Extremwerte und Wendepunkte

Die Bedeutung der Differentialrechnung liegt vor allem darin, dass sie mit dem Konzept der Ableitung einer Funktion ein Instrument zur Verfügung stellt, mit dessen Hilfe man auf relativ elegante Art und Weise Extremwerte einer Funktion bestimmen kann. Wir werden uns hauptsächlich mit sogenannten lokalen Extremwerten beschäftigen.

Lokale Extremwerte

Unter den lokalen Extremwerten einer Funktion $f \colon D \to \mathbb{R}$ versteht man ihre lokalen Maxima bzw. Minima. Diese sind wie folgt definiert:

1. ein Punkt $a \in D$ ist ein lokales Maximum, falls es ein offenes Intervall I um a gibt mit der Eigenschaft $f(x) \le f(a)$, für alle Punkte $x \in I$.

2. ein Punkt $a \in D$ ist ein lokales Minimum, falls es ein offenes Intervall I um a gibt mit der Eigenschaft $f(x) \ge f(a)$, für alle Punkte $x \in I$.

Bei differenzierbaren Funktionen kann man mit Hilfe ihrer Ableitungen feststellen, ob sie Extremwerte besitzt, und wenn ja, von welcher Art diese Extremwerte sind. Grundlage für das weitere Vorgehen ist der nachfolgende Satz über die Existenz lokaler Extremwerte.

Existenz lokaler Extremwerte

Wenn eine Funktion $f \colon D \to \mathbb{R}$ differenzierbar ist und die erste Ableitung in einem Punkt $a \in D$ die Eigenschaft

$$f'(a) = 0$$

besitzt, dann gilt:

1. bei a liegt ein lokales Maximum vor, falls $f''(a) < 0$ ist,

2. bei a liegt ein lokales Minimum vor, falls $f''(a) > 0$ ist.

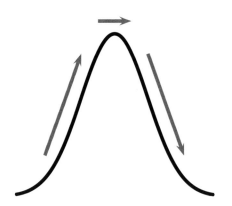

ABBILDUNG 9.8. Steigungsverhalten einer Funktion

Was ist, wenn sowohl $f'(a) = 0$ als auch $f''(a) = 0$ ist? Bedeutet das, dass a kein lokaler Extremwert ist? Nicht unbedingt. In diesem Fall sollte man die nächsten beiden Ableitungen bilden. Gilt dann $f'''(a) = 0$ und außerdem $f^{(4)}(a) \neq 0$, dann liegt entweder ein lokales Maximum ($f^{(4)}(a) < 0$) oder ein lokales Minimum ($f^{(4)}(a) > 0$) vor.

Betrachten wir die Bestimmung der Extremwerte einer Funktion an einem einfachen Beispiel. Angenommen, die Funktion lautet:

$$f(x) = x^3 - 3x$$

Die erste Ableitung ergibt dann

$$f'(x) = 3x^2 - 3 = 3 \cdot (x^2 - 1)$$

Durch Nullsetzen der ersten Ableitung erhält man die Nullstellen[3] $x_1 = 1$ und $x_2 = -1$. Die zweite Ableitung lautet

$$f''(x) = 6x$$

Wegen $f''(1) = 6 > 0$ ist $x_1 = 1$ ein lokales Minimum und wegen $f''(-1) = -6 < 0$ ist $x_2 = -1$ ein lokales Maximum.

Im vorigen Kapitel haben wir die Dichtefunktion der Standardnormalverteilung kennengelernt. Diese Funktion werden wir jetzt im Hinblick auf ihr Monotonieverhalten, lokale Extrema sowie auch auf Wendepunkte untersuchen. Bei letzteren handelt es sich um Punkte, bei denen konvexe in konkave Kurventeile bzw. konkave in konvexe Kurventeile übergehen. Notwendige Bedingung für die Existenz eines Wendepunktes im Punkt $x = a$ ist $f''(a) = 0$. Gilt dann $f'''(a) \neq 0$, dann liegt im Punkt $x = a$ ein Wendepunkt vor.

Ausgangspunkt ist also die Funktion

$$f(x) = \frac{1}{\sqrt{2\pi}} \cdot e^{-\frac{x^2}{2}}$$

Ihre erste Ableitung lautet

$$f'(x) = \frac{1}{\sqrt{2\pi}} \cdot e^{-\frac{x^2}{2}} \cdot (-x)$$

wobei das Vorzeichen von $f'(x)$ offensichtlich nur davon abhängt, ob x positiv oder negativ ist. Daher gilt:

$$f'(x) > 0 \qquad \text{falls } x < 0$$

$$f'(x) < 0 \qquad \text{falls } x > 0$$

Anders ausgedrückt: im negativen Bereich ist $f(x)$ streng monton wachsend, im positiven Bereich dagegen streng monoton fallend. Die Ableitungsfunktion besitzt genau eine Nullstelle, nämlich $x = 0$. Da für die zweite Ableitung gilt:

$$f''(x) = \frac{1}{\sqrt{2\pi}} \cdot \left(e^{-\frac{x^2}{2}} \cdot (-x)^2 + e^{-\frac{x^2}{2}} \cdot (-1) \right)$$

$$= \frac{1}{\sqrt{2\pi}} \cdot e^{-\frac{x^2}{2}} \cdot \left(x^2 - 1 \right)$$

sind die Werte $x_1 = 1$ und $x_2 = -1$ die einzigen Nullstellen von $f''(x)$. An der Stelle $x = 0$ gilt für die zweite Ableitung

$$f''(0) = -\frac{1}{\sqrt{2\pi}} < 0$$

Damit ist $x = 0$ ein lokales Maximum. Es ist sogar ein globales Maximum, das heißt, es gilt $f(0) \geq f(x)$ für jede reelle Zahl x. Man kann sich leicht davon überzeugen, dass für die dritte Ableitung $f'''(1) \neq 0$ und $f'''(-1) \neq 0$ gilt. Damit stehen $x_1 = 1$ und $x_2 = -1$ als die beiden Wendepunkte der Funktion $f(x)$ fest.

Anmerkungen

1 Man beachte, dass man für den Differentialquotienten die Sprechweise „$\mathrm{d}y$ nach $\mathrm{d}x$" verwendet (nicht „$\mathrm{d}y$ durch $\mathrm{d}x$").

2 Bei der folgenden Internetadresse haben Sie die Möglichkeit, ein Puzzle zur Erkennung von Ableitungen zu lösen. Die Funktionen in der unteren Reihe können mit der PC-Maus bewegt werden. Sie sollen auf die freien Felder der zweiten Reihe verschoben werden und zwar so, dass sie gerade die Ableitungen der Funktionen der ersten Reihe darstellen. Wenn Sie auf "Load new" klicken, erscheint ein neues Puzzle.
`http://www.univie.ac.at/future.media/moe/tests/diff1/ablerkennen.html`

3 Die Nullstellen der ersten Ableitung werden auch als kritische Punkte bezeichnet.

Aufgaben

Die folgenden Aufgaben dienen dazu, das Verständnis des behandelten Stoffes zu erleichtern und zu vertiefen. Um einen entsprechenden Lerneffekt zu erzielen, sollten dabei die Konzepte und Methoden verwendet werden, die in diesem Kapitel präsentiert wurden. Soweit es um konkrete Berechnungen geht, sollte man besonders auf die Darstellung des Lösungswegs achten. Für die mit einem * gekennzeichneten Aufgaben ist eine geeignete Software erforderlich bzw. empfehlenswert. Beachten Sie dazu auch die Hinweise in Anhang B. Lösungen zu den Aufgaben mit geraden Nummern finden Sie in Anhang C.

9.1 Berechnen Sie die erste Ableitung der Funktionen

a) $f(x) = \dfrac{2x}{x^2 + 1}$

b) $f(x) = x \ln x - 3x$

c) $f(x) = (2x^2 + 5)^6$

d) $f(x) = xe^{4x+2}$

9.2 Berechnen Sie die erste und zweite Ableitung der Funktionen

a) $f(x) = 4x^6 + 2x^4 + 4x^2 + 8$

b) $f(x) = \dfrac{2x^2 - 3}{x + 2}$

c) $f(x) = \ln(x^2 + x)$

d) $f(x) = \dfrac{x}{\sqrt{x}}$

9.3 Untersuchen Sie das Monotonieverhalten der folgenden Funktion

$$y = \ln(x^2 + 4)$$

9.4 Untersuchen Sie das Monotonieverhalten der Funktionen

a) $y = x^3 + x + 1$

b) $y = x^2 + 4x$

c) $y = 2e^x + 2x + 1$

d) $y = \dfrac{1}{x}$

9.5 Untersuchen Sie das Monotonieverhalten der folgenden Funktion

$$f(x) = x^3 - x^2$$

9.6 Gegeben sei die Funktion

$$f(x) = x^3 - 6x^2 \qquad x > 0$$

Diese Funktion besitzt einen Extremwert. Suchen Sie diesen. Zeigen Sie, dass es sich dabei um ein Minimum handelt.

9.7 Besitzt die folgende Funktion Extremwerte? Wenn ja, welche?

$$f(x) = x\left(e^x + \frac{x}{2}\right) - e^x$$

9.8 Bestimmen Sie die Extremwerte der Funktion

$$f(x) = x^2 e^{-x}$$

im Intervall $(0, 4)$.

9.9 Ein Produkt wird nach der folgenden Kostenfunktion produziert:

$$K(x) = x^3 - 10x^2 + 50x + 80 \qquad x > 0$$

Berechnen Sie die Grenzkosten bei $x = 50$ und interpretieren Sie das Ergebnis.

9.10 (Fortsetzung von Aufgabe 9.9)
Besitzt die Kostenfunktion einen Wendepunkt?

Fragen

1. Was ist der Unterschied zwischen dem Differenzenquotienten und dem Differentialquotienten?

2. Wie lässt sich die erste Ableitung einer Funktion interpretieren?

3. Welche Bedeutung haben die Nullstellen der ersten Ableitung?

4. Wie hängen die Begriffe Monotonie und erste Ableitung zusammen?

5. Besitzt jede Funktion ein Maximum und ein Minimum?

6. Worin besteht der Unterschied zwischen einem lokalen und einem globalen Maximum?

7. Welche Bedeutung hat die zweite Ableitung einer Funktion?

8. Wie unterscheiden sich die Graphen einer konvexen und einer konkaven Funktion?

9. Was sind Wendepunkte?

10. Was versteht man unter dem Begriff Grenzkosten?

Genetische Algorithmen

Genetische Algorithmen (GAs) sind Verfahren, die bei praktisch beliebigen Optimierungs- oder Suchproblemen verwendet werden können. Da
sie grundsätzlich keine speziellen Voraussetzungen erfordern (wie zum Beispiel die Differenzierbarkeit der Optimierungsfunktion), werden sie auch
als „robuste" Verfahren bezeichnet. Die Konstruktion eines GA beruht auf
der Implementierung von Konzepten, die ihren Ursprung in der Genetik
und der Evolutionstheorie haben, wie etwa Population, Selektion, Crossover oder Mutation. GAs wurden in den 1960er und 1970er Jahren von
Holland (1975, 1992) entwickelt und haben mittlerweile zu einer Vielzahl
von Anwendungen geführt.

Im Folgenden werden die wichtigsten Bestandteile eines einfachen GA für
die Lösung eines Optimierungsproblems kurz beschrieben.

(1) *Repräsentation.* Zu Beginn muss festgelegt werden, in welcher Form die
potentiellen Lösungen dargestellt werden sollen. Bei traditionellen GAs
werden diese binär kodiert, das heißt als endliche Sequenzen von Nullen
und Einsen (Bit-Strings). Eine solche Sequenz könnte etwa eine Zahl darstellen, aber beispielsweise auch die Beschreibung einer Anlagestrategie.
Obwohl mittlerweile auch problemorientierte (reale) Kodierungen populär
geworden sind, wird aus Gründen der Einfachheit die binäre Kodierung
bei den folgenden Schritten zugrunde gelegt.

(2) *Startpopulation.* Zunächst wird eine Anzahl potentieller Lösungen (das
heißt von entsprechenden Bit-Strings) des Optimierungsproblems generiert. Diese Zahl liegt üblicherweise zwischen 20 und 200. Bei einer größeren Population besteht die Chance, einen größeren Bereich des Lösungs-
raums abzudecken, allerdings geht dies auf Kosten der Rechengeschwin-
digkeit. Die Erzeugung der Startpopulation wird häufig mit Hilfe eines
Zufallszahlengenerators durchgeführt. So können zum Beispiel die Nullen
und Einsen mit einer Wahrscheinlichkeit von jeweils 0,5 erzeugt werden.

(3) *Evaluierung.* Bei diesem Schritt erfolgt die Evaluierung der aktuellen
Population mit Hilfe einer sogenannten Fitnessfunktion. Dies wird häufig
die Zielfunktion des Optimierungsproblems sein.

(4) *Selektion.* Ausgehend von der aktuellen Population und auf der Grundlage eines Selektionsverfahrens wird eine neue Population gebildet (zum

Beispiel mit Hilfe der Roulette-Selektion oder der Rangselektion). Dabei sollen Lösungen, die einen höheren Fitnesswert aufweisen, eine größere Chance haben, ausgewählt zu werden. Durch die Selektion gelangen zwar keine neuen Lösungen in die Population, allerdings kann es durchaus vorkommen, dass „schlechtere" Lösungen (solche mit einem niedrigeren Fitnesswert) seltener in die nächste Population gelangen, während „bessere" häufiger ausgewählt werden. Außerdem kann es es vorkommen, dass dieselbe Lösung mehrmals ausgewählt wird. Nach Abschluss des Selektionsverfahrens liegt eine neue Population vor, die zwar die gleiche Größe wie die bisherige Population besitzt, deren Gesamtfitness aber in der Regel eine Verbesserung darstellt.

(5) *Crossover*. Diese Operation ist bei der Anwendung eines GA von besonderer Bedeutung. Sie ermöglicht den Austausch von „genetischem Material" verschiedener Lösungen der Population. Dabei entstehen in der Regel neue Lösungen, die zu einer Veränderung der Fitness führen können. Dies könnte eine Verbesserung, aber natürlich auch eine Verschlechterung bewirken. Angenommen, für die beiden Bit-Strings $(1, 0, 1, 1, 0, 0, 1, 1)$ und $(1, 1, 1, 0, 0, 1, 0, 0)$ wird nach der dritten Position ein Crossover durchgeführt. Die beiden neuen Bit-Strings lauten dann $(1, 0, 1, 0, 0, 1, 0, 0)$ und $(1, 1, 1, 1, 0, 0, 1, 1)$, wobei die Bit-Strings nach der dritten Position ausgetauscht wurden. Üblicherweise wird eine Crossover-Wahrscheinlichkeit verwendet, die angibt, mit welcher Wahrscheinlichkeit bei zwei beliebig vorgegebenen Lösungen der aktuellen Population ein Crossover durchgeführt werden soll.

(6) *Mutation*. Bei einer Mutation wird ein Teil eines Populationselements zufällig ausgetauscht. Der Austauch erfolgt dabei mit einer vorgegebenen Mutationswahrscheinlichkeit. Bei jedem einzelnen Bit wird mit dieser Wahrscheinlichkeit eine 1 durch eine 0 ersetzt bzw. eine 0 durch eine 1. Aufgabe des Mutationsoperators ist es, ein vorzeitiges Konvergieren des GA zu verhindern. Die Mutationswahrscheinlichkeit wird in der Regel sehr klein sein, etwa im Bereich zwischen 0,001 bis 0,1.

Crossoever und Mutation führen nicht zwangsläufig zu Lösungen mit besseren Fitnesswerten. Lösungen mit schlechteren Fitnesswerten haben aber jedenfalls geringere Chancen, in die nächste Generation zu gelangen. Die Anwendung dieser Operatoren liefert in der Regel eine veränderte Population von Lösungen. Für diese wird wiederum der Fitnesswert berechnet

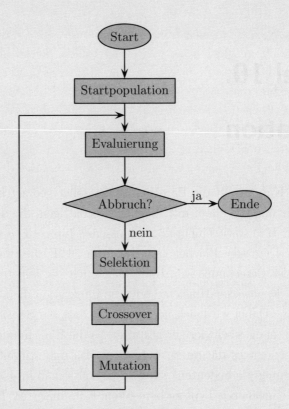

und danach Selektion, Crossover und Mutation durchgeführt. Dieser Prozess wird solange wiederholt, bis ein entsprechendes Abbruchkriterium erfüllt ist (siehe Flußdiagramm). Das könnte eine vorher festgelegte Zahl von Generationen sein. Eine andere Möglichkeit wäre, einen GA dann abzubrechen, wenn aufeinanderfolgende Generationen nur noch geringe Unterschiede bei den Fitnesswerten aufweisen. Ergebnis des GA ist dann diejenige Lösung, die bisher den höchsten Fitnesswert erreicht hat.

GAs können insbesondere dann angewandt werden, wenn die Zielfunktion nicht differenzierbar ist und/oder mehrfache lokale Optima existieren. Man könnte GAs auch für die Suche nach einem geeigneten Startwert für einen problemspezifischen Algorithmus verwenden. Auch bei hochdimensionalen Problemen könnten GAs eine interessante Alternative darstellen.

Literatur: Holland (1975/1992), Michalewicz (1996), Michalewicz und Fogel (2010).

Kapitel 10.

Integration

Thema dieses Kapitels ist die Berechnung spezieller geometrischer Flächen. Dabei werden wir uns vor allem mit Flächen beschäftigen, die durch den Graphen einer Funktion $f(x)$ sowie einem abgeschlossenen Intervall $[a, b]$ auf der x-Achse begrenzt sind. Derartige Flächen lassen sich mit Hilfe bestimmter Integrale berechnen. Bei der Berechnung von Integralen spielt die Differentialrechnung eine zentrale Rolle. In gewisser Hinsicht stellt die Integration die Umkehrung der Differentiation dar. Dabei wird sich herausstellen, dass die Berechnung von Integralen sich oft um einiges schwieriger gestaltet als die Berechnung von Ableitungen. Vor allem aber geht es darum zu verstehen, was unbestimmte, bestimmte und uneigentliche Integrale bedeuten[1]. Außerdem sollte man in der Lage sein, zumindest Integrale einfacheren Typs zu berechnen. Kompliziertere Integrale kann man entsprechenden Nachschlagewerken entnehmen bzw. mit Hilfe einer geeigneter Software berechnen[2].

Für eine spezielle Klasse von Funktionen, die sogenannten Dichtefunktionen, lassen sich bestimmte Integrale als Wahrscheinlichkeiten interpretieren. Man könnte hier sogar noch einen Schritt weiter gehen und die Dichtefunktionen entsprechend gewichten, um spezielle Maßzahlen von Verteilungen zu bestimmen, wie den Erwartungswert oder die Varianz. Näheres dazu findet man zum Beispiel in Alt (2010). Diese Anwendungen haben eine große Bedeutung im Rahmen der Wahrscheinlichkeitsrechnung und Statistik. Als Beispiel dazu könnte man etwa die Lebensdauer eines Produkts betrachten, das heißt den Zeitraum seiner Funktionsfähigkeit.

Abbildung 10.1 zeigt die Dichtefunktion einer Exponentialverteilung, die gelegentlich auch als Lebensdauer-Verteilung verwendet wird. Das graue Flächenstück lässt sich dann entsprechend als Wahrscheinlichkeit interpretieren, dass zum Beispiel die Lebensdauer eines elektronischen Bauteils einen Wert annimmt, der zwischen den Zeitpunkten $x = a$ und $x = b$ liegt. Die gesamte Fläche zwischen

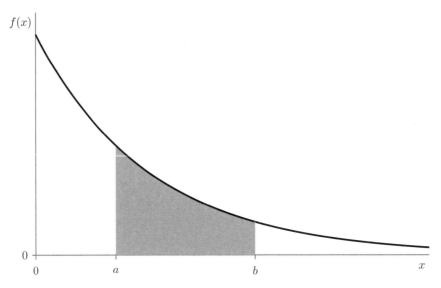

ABBILDUNG 10.1. Flächenstück einer Funktion zwischen $x = a$ und $x = b$

der Kurve und der x-Achse (rechts vom Nullpunkt) besitzt natürlich den Wert Eins. In diesem Zusammenhang kann man natürlich auch an andere Fragestellungen denken, wie zum Beispiel die Wahrscheinlichkeit, dass die Lebensdauer einen Wert annimmt, der höchstens gleich a ist oder die Wahrscheinlichkeit, dass die Lebensdauer mindestens einen vorgegebenen Wert b erreicht.

Es folgt ein kurzer Überblick über den Inhalt dieses Kapitels. Im ersten Abschnitt wird der Begriff des bestimmten Integrals mit Hilfe von Riemann-Summen eingeführt. Dies ermöglicht die Berechnung von Flächenstücken, die durch eine vorgegebene Kurve begrenzt sind. Der zweite Abschnitt behandelt das unbestimmte Integral, das die Umkehrung der Ableitung darstellt. Durch dieses Konzept wird die Integration mit der Differentiation verknüpft. Im nächsten Abschnitt wird gezeigt, wie man bestimmte Integrale mit Hilfe des Hauptsatzes der Differential- und Integralrechnung berechnen kann. Dabei wird sich herausstellen, dass gerade unbestimmte Integrale von essentieller Bedeutung sind. Am Beispiel der Dichtefunktion einer Lebensdauerverteilung wird gezeigt, wie man Wahrscheinlichkeiten mit Hilfe des bestimmten Integrals berechnen kann. Im vierten Abschnitt werden dann zwei wichtige Integrationsmethoden präsentiert – die partielle Integration und die Integration durch Substitution. Anschließend werden im fünften Abschnitt uneigentliche Integrale behandelt. Hier wird gezeigt, wie man Integrale berechnen kann, bei denen zumindest eine der Integrationsgrenzen unbeschränkt ist.

10.1. Das bestimmte Integral

Nehmen wir einmal an, wir möchten bei der in Abbildung 10.1 dargestellten Funktion (zumindest approximativ) das Flächenstück berechnen, das sich über dem Intervall $[a, b]$ auf der x-Achse und unterhalb des Funktionsgraphen befindet. Dazu kann man folgende Vorgangsweise wählen. Wir teilen zunächst das Intervall $[a, b]$ in n gleich große Teilintervalle mit der Länge[3] Δx, das heißt $n \cdot \Delta x = b - a$. Damit ist

$$\Delta x = \frac{b - a}{n}$$

Bezeichnet man die Endpunkte dieser n Teilintervalle mit x_0, x_1, x_2, ..., x_n, dann gilt also: $x_0 = a$, $x_1 = a + \Delta x$, ..., $x_n = a + n \Delta x = b$. Jetzt konstruiert man zu jedem Intervall $[x_{i-1}, x_i]$, $i = 1$, ..., n, ein Rechteck mit der Höhe $f(x_i)$ und der Breite Δx, wie man aus Abbildung 10.2 ersehen kann.

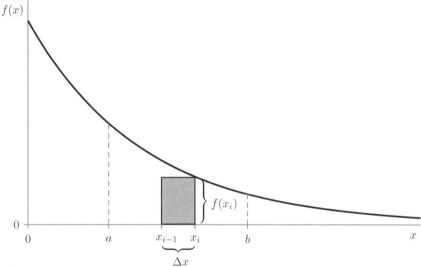

ABBILDUNG 10.2. Konstruktion von Rechtecken für die Flächenberechnung

Die Fläche dieses Rechtecks besitzt dann den Wert $f(x_i) \cdot \Delta x$. Die Summe der insgesamt n Rechteckflächen

$$f(x_1) \cdot \Delta x + f(x_2) \cdot \Delta x + \cdots + f(x_n) \cdot \Delta x = \sum_{i=1}^{n} f(x_i) \cdot \Delta x$$

wird auch als Riemann-Summe bezeichnet[4]. Sie approximiert die gesuchte Fläche über dem Intervall $[a, b]$. Die Abbildungen 10.3 und 10.4 zeigen anschaulich die Approximation der gesuchten Fläche für $n = 5$, 10, 15 und 20 Teilintervalle.

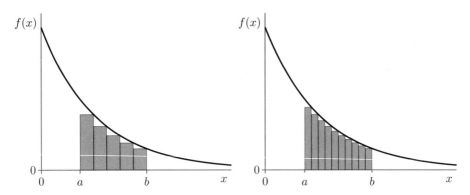

ABBILDUNG 10.3. Approximation einer Fläche durch Riemann-Summen bei $n = 5$ (links) bzw. $n = 10$ (rechts) Teilintervallen

Auf Grund der gegebenen Funktion sowie der speziellen Definition der Rechteckflächen wird die gesuchte Fläche in diesem Fall „von unten" approximiert. Die Qualität der Approximation wird offensichtlich bei zunehmender Anzahl n der Teilintervalle immer besser. Interessant ist natürlich jetzt die Frage, ob die Folge der Riemann-Summen für $n \to \infty$ einen Grenzwert besitzt. Diesen Grenzwert könnte man dann als den Wert der gesuchten Fläche ansehen.

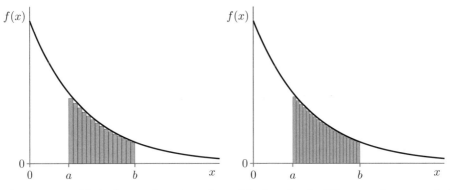

ABBILDUNG 10.4. Approximation einer Fläche durch Riemann-Summen bei $n = 15$ (links) bzw. $n = 20$ (rechts) Teilintervallen

Das Konvergenzverhalten der Riemann-Summen hängt natürlich von der konkreten Funktion ab. Unter der Voraussetzung[5], dass die gegebene Funktion $f(x)$ stetig ist (wie in unserem Fall), kann man zeigen, dass die Folge der Riemann-Summen einen Grenzwert besitzt. Man beachte, dass die Riemann-Summen eine Partialsummenfolge bilden und es sich hier um den Grenzwert einer unendlichen Reihe handelt. Dieser wird als bestimmtes Integral der Funktion $f(x)$ bezeichnet und gibt den Wert des gesuchten Flächenstücks über dem Intervall $[a, b]$ an.

Bestimmtes Integral

Unter dem bestimmten Integral einer stetigen Funktion $f(x)$ über dem Intervall $[a, b]$ versteht man den Grenzwert der Riemann-Summen.

Schreibweise: $$\int_a^b f(x)\,dx = \sum_{i=1}^{\infty} f(x_i) \cdot \Delta x$$

Das Integralzeichen $\int$ stellt ein stilisiertes S („Summe") dar[6]. Die Funktion $f(x)$ wird auch als Integrand bezeichnet und die Variable x als Integrationsvariable[7]. Das sogenannte Differential dx schließt die Schreibweise des Integrals ab. Es besitzt keine eigenständige Bedeutung. Allerdings wird dadurch die symbolische Schreibweise für das bestimmte Integral verständlicher[8]. Die obige Konstruktion diente zur Definition des Flächenstücks als bestimmtes Integral. Zur konkreten Berechnung des bestimmten Integrals einer Funktion wählt man allerdings normalerweise nicht den Weg über Riemann-Summen[9]. Das wäre zu umständlich und im Allgemeinen auch zu schwierig. Stattdessen greift man zu einer wesentlich eleganteren Lösung, nämlich dem Hauptsatz der Differential- und Integralrechnung. Die Anwendung dieses Satzes setzt allerdings das Konzept des unbestimmten Integrals voraus, das im folgenden Abschnitt behandelt wird.

10.2. Das unbestimmte Integral

Im vorigen Kapitel haben wir an zahlreichen Beispielen gesehen, wie man für eine differenzierbare Funktion $f(x)$ deren Ableitung $f'(x)$ finden kann. In diesem Kapitel werden wir uns mit der „umgekehrten" Fragestellung beschäftigen: Wie kann man für eine gegebene Funktion $f(x)$ eine Funktion $F(x)$ finden, deren Ableitung wieder die ursprüngliche Funktion $f(x)$ ist? In gewisser Hinsicht könnte man sagen, dass wir jetzt von einer Ableitung ausgehen und dann diejenige Funktion suchen, die die gegebene Ableitung erzeugt.

Dieser Sachverhalt wird durch das Konzept des unbestimmten Integrals beschrieben. Es wird sich zeigen, dass mit Hilfe dieses Konzepts die Berechnung bestimmter Integrale wesentlich erleichtert wird. Als Voraussetzung verwenden wir lediglich die Annahme, dass $f(x)$ stetig ist auf einem Intervall I. In diesem Fall kann man nämlich zeigen, dass eine Funktion $F(x)$ existiert, die die geforderte Eigenschaft $F'(x) = f(x)$ besitzt.

Unbestimmtes Integral

Das unbestimmte Integral einer stetigen Funktion $f(x)$ ist eine Funktion $F(x)$, für die gilt:
$$F'(x) = f(x)$$

$F(x)$ nennt man auch eine Stammfunktion von $f(x)$.

Schreibweise: $\quad F(x) = \displaystyle\int f(x)\,\mathrm{d}x$

Bei der Berechnung des unbestimmten Integrals bzw. der Stammfunktion sollte man einen Umstand besonders beachten. Falls nämlich $F(x)$ eine Stammfunktion von $f(x)$ ist, dann gilt dies zum Beispiel auch für $F(x)+1$ bzw. allgemein für $F(x)+C$, wobei C eine beliebige Konstante sein kann. Das unbestimmte Integral einer Funktion ist daher nicht eindeutig. Genauer gesagt, das unbestimmte Integral einer Funktion ist bis auf eine Konstante eindeutig. Aus Gründen der Bequemlichkeit wird diese Konstante allerdings oft nicht explizit angeführt.

Das unbestimmte Integral einer Funktion $f(x)$ zu berechnen, bedeutet nichts anderes, als eine Funktion $F(x)$ zu suchen, deren Ableitung die gegebene Funktion $f(x)$ ist. Das unterschiedliche Vorgehen bei Differentiation und Integration soll an Hand von Abbildung 10.5 verdeutlicht werden.

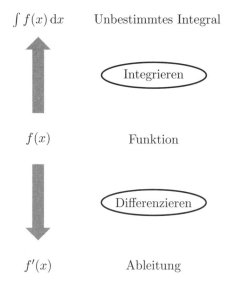

$\displaystyle\int f(x)\,\mathrm{d}x \qquad$ Unbestimmtes Integral

Integrieren

$f(x) \qquad$ Funktion

Differenzieren

$f'(x) \qquad$ Ableitung

ABBILDUNG 10.5. Zusammenhang zwischen Integration und Differentiation

Bekanntlich geht man bei der Differentiation von einer Funktion $f(x)$ aus, wobei das Ziel die Berechnung der Ableitung $f'(x)$ ist (unterer Pfeil). Bildlich gesprochen geht man in diesem Fall eine Stufe hinunter. Bei der Integration dagegen geht man in die umgekehrte Richtung. Die Ausgangsfunktion $f(x)$ tritt hier quasi als Ableitung auf (oberer Pfeil). Gesucht ist diejenige Funktion $F(x)$, die $f(x)$ als Ableitung besitzt. Bildlich gesprochen, geht man in diesem Fall also eine Stufe hinauf. Vergleicht man den unterschiedlichen Aufwand beim Differenzieren und Integrieren, so stellt sich heraus, dass es, ähnlich wie im Alltag, oft einfacher ist, eine Stufe hinunter als eine Stufe hinaufzugehen. Das Hinaufgehen erweist sich mitunter als recht mühsames Klettern. Der Grund dafür liegt darin, dass die Berechnung von Ableitungen eher „handwerklichen" Regeln folgt, während die Berechnung unbestimmter Integrale oft eher eine Art von Kunst darstellt.

Rechenregeln für unbestimmte Integrale

Sind $f(x)$ und $g(x)$ stetige Funktionen, dann gilt:

1. $\displaystyle\int c\,\mathrm{d}x = cx$

2. $\displaystyle\int x^n\,\mathrm{d}x = \frac{x^{n+1}}{n+1} \qquad (n \neq -1)$

3. $\displaystyle\int \mathrm{e}^x\,\mathrm{d}x = \mathrm{e}^x$

4. $\displaystyle\int \frac{1}{x}\,\mathrm{d}x = \ln x \qquad (x > 0)$

5. $\displaystyle\int c \cdot f(x)\,\mathrm{d}x = c \cdot \int f(x)\,\mathrm{d}x$

6. $\displaystyle\int (f(x) + g(x))\,\mathrm{d}x = \int f(x)\,\mathrm{d}x + \int g(x)\,\mathrm{d}x$

Die Gültigkeit dieser Rechenregeln ist leicht nachzuweisen[10]. Sie ergibt sich unmittelbar aus den bekannten Regeln für das Ableiten von Funktionen. Beachten Sie, dass bei jeder Gleichung die Ableitung des Ausdrucks auf der rechten Seite den Integrand auf der linken Seite ergeben muss. Dies folgt aus der Definition des unbestimmten Integrals.

Offensichtlich kann man allein mit Hilfe von Kenntnissen über Ableitungsregeln einige unbestimmte Integrale recht einfach berechnen. Allerdings wird dies nicht immer der Fall sein.

Hier sind einige weitere Beispiele für unbestimmte Integrale, bei denen man die obigen Rechenregeln verwenden kann.

1. $\int (x^4 + 2x + 3)\,dx$

   Mit Hilfe der angegebenen Rechenregeln lassen sich die Einzelintegrale sofort bestimmen:

   $$\int (x^4 + 2x + 3)\,dx = \int x^4\,dx + \int 2x\,dx + \int 3\,dx$$

   $$= \frac{x^5}{5} + x^2 + 3x$$

2. $\int e^{4x}\,dx$

   Bekanntlich ergibt die Ableitung einer (zusammengesetzten) Exponentialfunktion wiederum die Exponentialfunktion, die allerdings noch mit der inneren Ableitung multipliziert wird. Es gilt also:

   $$(e^{4x})' = 4e^{4x} \quad \text{bzw.} \quad \left(\frac{1}{4}e^{4x}\right)' = e^{4x}$$

   Aus der rechten Gleichung folgt daher:

   $$\int e^{4x}\,dx = \frac{1}{4}e^{4x}$$

Sicherheitshalber sollte man eigentlich immer die Probe machen, das heißt, leiten Sie einfach das Ergebnis der Integration ab. Die Ableitung muss genau den Integrand ergeben. Für kompliziertere Funktionen stehen verschiedene Integrationsmethoden zur Verfügung, von denen wir die beiden bekanntesten in Abschnitt 10.4. behandeln werden – die partielle Integration und die Integration durch Substitution. Im folgenden Abschnitt werden wir aber zunächst die Frage beantworten, warum unbestimmte Integrale für die Berechnung bestimmter Integrale eigentlich so wichtig sind.

10.3. Berechnung bestimmter Integrale

Wenn man das unbestimmte Integral einer Funktion kennt, dann lässt sich sehr leicht jedes bestimmte Integral dieser Funktion berechnen. Diese Aussage beruht auf dem Hauptsatz der Differential- und Integralrechnung. Er beschreibt die Beziehung zwischen den beiden Integralkonzepten.

Hauptsatz der Differential- und Integralrechnung

Das bestimmte Integral einer stetigen Funktion $f(x)$ über dem Intervall $[a, b]$ ist gegeben durch

$$\int_a^b f(x)\,\mathrm{d}x = F(b) - F(a)$$

wobei $F(x)$ das unbestimmte Integral der Funktion $f(x)$ ist.

Für die Berechnung des bestimmten Integrals einer Funktion $f(x)$ benötigt man also zunächst das unbestimmte Integral $F(x)$. Mit Hilfe dieser Funktion bildet man dann die Differenz $F(b) - F(a)$, wobei b als obere und a als untere Integrationsgrenze bezeichnet wird. Das eigentliche Problem besteht natürlich darin, das unbestimmte Integral zu finden. Berechnen wir als erste Anwendung des obigen Satzes das Flächenstück, dass sich zwischen dem Graphen der Funktion

$$f(x) = x^2$$

und dem Intervall $[0, 1]$ auf der x-Achse befindet. Dieses Flächenstück ist in Abbildung 10.6 grau eingezeichnet. Symbolisch wird das gesuchte Flächenstück durch das bestimmte Integral

$$\int_0^1 x^2\,\mathrm{d}x$$

dargestellt. Das entsprechende unbestimmte Integral lautet daher

$$\int x^2\,\mathrm{d}x = \frac{x^3}{3}$$

Durch Einsetzen der Grenzen $a = 0$ und $b = 1$ erhält man somit als Ergebnis

$$\int_0^1 x^2\,\mathrm{d}x = \left[\frac{x^3}{3}\right]_0^1 = \frac{1}{3} - 0 = \frac{1}{3}$$

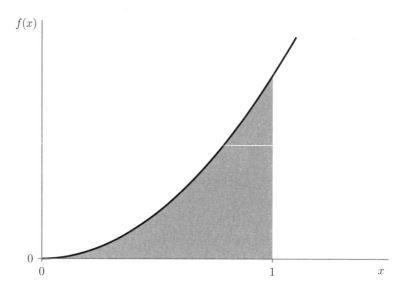

ABBILDUNG 10.6. Fläche unterhalb des Graphen der Funktion $f(x) = x^2$

wobei die eckigen Klammern eine häufig verwendete Schreibweise darstellen[11]. Innerhalb dieser Klammern steht das unbestimmte Integral (die Stammfunktion) $F(x)$, rechts daneben sind die beiden Integrationsgrenzen $a = 0$ und $b = 1$ angegeben. Bei der zweiten Gleichung wird das unbestimmte Integral an diesen Grenzen ausgewertet und die Differenz $F(b) - F(a) = F(1) - F(0)$ gebildet.

Hier sind einige elementare Rechenregeln für bestimmte Integrale zusammengestellt. Natürlich ist die Fläche über einem einzelnen Punkt gleich Null.

Rechenregeln für bestimmte Integrale

Sind $f(x)$ und $g(x)$ stetige Funktionen, dann gilt:

1. $\displaystyle\int_a^a f(x)\,dx = 0, \qquad \int_a^b c \cdot f(x)\,dx = c \cdot \int_a^b f(x)\,dx$

2. $\displaystyle\int_a^b (f(x) + g(x))\,dx = \int_a^b f(x)\,dx + \int_a^b g(x)\,dx$

Wie bereits erwähnt, werden wir im nächsten Abschnitt noch zwei wichtige Integrationsmethoden kennenlernen, mit deren Hilfe auch etwas schwierigere Integrale berechnet werden können. Zuvor aber soll noch ein weiteres Beispiel für die Berechnung bestimmter Integrale betrachtet werden, diesmal aus der Wahrscheinlichkeitsrechung. Als Integrand verwenden wir dabei eine der früher erwähnten Dichtefunktionen, in diesem Fall die Dichtefunktion der Exponentialverteilung mit dem Parameter $\lambda = 1$:

$$f(x) = \begin{cases} e^{-x} & \text{falls } x \geq 0 \\ 0 & \text{falls } x < 0 \end{cases}$$

Falls zum Beispiel die x-Achse die Lebensdauer (in Jahren) eines elektronischen Bauteils beschreibt, dann würde man die graue Fläche in Abbildung 10.7 als Wahrscheinlichkeit interpretieren, dass die Lebensdauer eines zufällig ausgewählten Bauteils zwischen einem und zwei Jahren liegt.

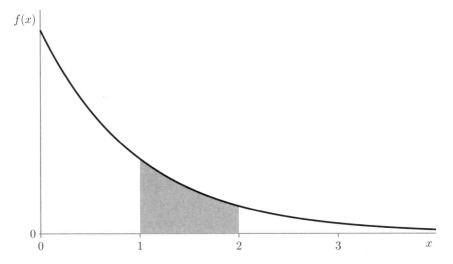

ABBILDUNG 10.7. Fläche unterhalb der Dichtefunktion einer Exponentialverteilung

Vergleichsweise ist die Wahrscheinlichkeit, dass die Lebensdauer zwischen zwei und drei Jahren liegt, wesentlich geringer, während die Wahrscheinlichkeit, dass die Lebensdauer höchstens ein Jahr beträgt, wesentlich größer ist. Die Gesamtfläche unterhalb der Dichtefunktion besitzt natürlich den Wert Eins. Den exakten Wert für die gesuchte Wahrscheinlichkeit erhält man, indem man das bestimmte Integral der Dichtefunktion über dem Intervall $[1, 2]$ berechnet

$$\int_1^2 e^{-x} \, dx = \left[-e^{-x}\right]_1^2 = -e^{-2} - \left(-e^{-1}\right) = 0{,}233$$

wobei in der eckigen Klammer das zugehörige unbestimmte Integral steht. Die Fläche über dem Intervall $[1,2]$ unterhalb der Dichtefunktion $f(x)$ wird somit als Wahrscheinlichkeit interpretiert, deren Wert knapp unter $25\,\%$ liegt.

10.4. Integrationsmethoden

Nehmen wir einmal an, wir möchten ein unbestimmtes Intergral berechnen, das folgendes Aussehen hat:

$$\int x \cdot \mathrm{e}^x \, \mathrm{d}x$$

Wenn man versucht, eine der bisher genannten Regeln anzuwenden, wird man sich in diesem Fall etwas schwer tun. Glücklicherweise stehen aber für die Berechnung von Integralen eine Reihe verschiedener Methoden zur Verfügung. So lässt sich zum Beispiel das obige Integral relativ einfach mit Hilfe der sogenannten partiellen Integration berechnen. Es handelt sich dabei um eine Methode, die es gestattet, das Integral eines Produkts zu zerlegen und zwar in ein weiteres Produkt sowie in ein unbestimmtes Integral (daher die Bezeichnung „partielle" Integration), wobei man hofft, dass letzteres sich einfacher berechnen lässt.

Diese Methode lässt sich durch die folgende Gleichung beschreiben[12]

$$\int u(x) \cdot v'(x) \, \mathrm{d}x = u(x) \cdot v(x) - \int u'(x) \cdot v(x) \, \mathrm{d}x \qquad (10.1)$$

wobei $u(x)$ und $v(x)$ differenzierbare Funktionen sind und $u'(x)$ und $v'(x)$ deren Ableitungen. Die Gültigkeit dieser Gleichung lässt sich leicht nachweisen. Es genügt, die Ableitung der rechten Seite von Gleichung (10.1) zu bilden

$$\left(u(x) \cdot v(x) - \int u'(x) \cdot v(x) \, \mathrm{d}x \right)' = (u'(x) \cdot v(x) + u(x) \cdot v'(x)) - u'(x) \cdot v(x)$$

$$= u(x) \cdot v'(x)$$

wobei zunächst die Produktregel und dann die Definition des unbestimmten Integrals verwendet wurde. Das Ergebnis stimmt mit dem Integrand der Ausgangsgleichung überein, womit deren Gültigkeit gezeigt ist.

Entscheidend ist die geeignete Wahl der Funktionen $u(x)$ und $v'(x)$. Will man die partielle Integration zum Beispiel auf das Produkt $x \cdot \mathrm{e}^x$ anwenden, so könnte man die Funktionen $u(x)$ und $v'(x)$ wie folgt festlegen:

$$u(x) = x$$
$$v'(x) = \mathrm{e}^x$$

Entsprechend gilt dann $u'(x) = 1$ und $v(x) = e^x$. Die Methode der partiellen Integration liefert dann das folgende Ergebnis:

$$\int x \cdot e^x \, dx = x \cdot e^x - \int 1 \cdot e^x \, dx$$
$$= x \cdot e^x - e^x$$

Die beiden Funktionen $u(x)$ und $v'(x)$ sollten natürlich so gewählt werden, dass das verbleibende Integral des Produkts $u'(x) \cdot v(x)$ relativ leicht zu berechnen ist, zumindest leichter als das ursprüngliche Integral. Daraus ergibt sich die Schlussfolgerung, dass die partielle Integration zwar grundsätzlich eine Möglichkeit ist, das Produkt zweier Funktionen zu integrieren. Allerdings muss diese Möglichkeit nicht immer zum Erfolg führen. Es kann durchaus vorkommen, dass die Berechnung des verbleibenden Integral schwieriger ist als die des ursprünglichen Integrals.

BEISPIEL 10.1.

$$\int x^2 \ln x \, dx$$

In diesem Fall bieten sich die Funktionen $u'(x) = x^2$ und $v(x) = \ln x$ an. Die partielle Integration verläuft dann wie folgt:

$$\int x^2 \ln x \, dx = \frac{x^3}{3} \ln x - \int \frac{x^3}{3} \cdot \frac{1}{x} \, dx$$
$$= \frac{x^3}{3} \ln x - \frac{x^3}{9}$$

Die Bezeichnung der beiden Funktionen wurde gegenüber der obigen Darstellung geringfügig geändert, was aber nichts an der Logik der Methode ändert. Wichtig ist, dass eine der beiden Funktionen als Ableitung gewählt wird. Die Variante $v'(x) = \ln x$ wäre in diesem Fall eher nicht zu empfehlen, da man dann die Logarithmus-Funktion integrieren müsste, was sicher nicht einfacher ist. □

Neben der partiellen Integration ist die Integration durch Substitution eine weitere wichtige Integrationsmethode. Diese soll am Beispiel des Integrals

$$\int (2x + 5)^3 \, dx$$

erklärt werden. Angenommen, der Integrand wäre gleich y^3 (mit y als Integrationsvariable), dann wäre die Integration kein Problem. Es würde dann gelten:

$$\int y^3 \, dy = \frac{y^4}{4}$$

Man kann zwar formal $y = 2x + 5$ setzen, allerdings wird die Berechnung des Integrals dadurch nicht vereinfacht, da x (und nicht y) weiterhin die Integrationsvariable ist. Hier setzt das Substitutionsverfahren an. Die Aufgabe besteht darin zu versuchen, y als Integrationsvariable einzuführen und erst nach erfolgreicher Integration das Ergebnis nach x aufzulösen. Ausgehend von der „Substitution" $y = 2x + 5$, bei der y als Funktion von x interpretiert wird, berechnen wir jetzt die Ableitung von y

$$\frac{\mathrm{d}y}{\mathrm{d}x} = 2$$

wobei es vorteilhaft ist, in diesem Fall die Differentialschreibweise zu verwenden. Bildet man nämlich $\mathrm{d}y = 2\mathrm{d}x$ bzw. $\mathrm{d}x = \frac{1}{2}\mathrm{d}y$ (was formal zulässig ist, obwohl dies hier nicht weiter erklärt werden soll), dann ergibt sich für das gesuchte Integral

$$\int (2x + 5)^3 \, \mathrm{d}x = \frac{1}{2} \int y^3 \, \mathrm{d}y$$

$$= \frac{1}{2} \frac{y^4}{4} = \frac{1}{8}(2x + 5)^4$$

Zu beachten wäre noch, dass bei einem bestimmten Integral die Integrationsgrenzen ebenfalls transformiert werden müssen. So würde etwa die erste Gleichung bei Verwendung der Integrationsgrenzen $x_1 = a$ und $x_2 = b$ wie folgt lauten:

$$\int_a^b (2x + 5)^3 \, \mathrm{d}x = \frac{1}{2} \int_{2a+5}^{2b+5} y^3 \, \mathrm{d}y$$

Die passende Substitution zu finden ist nicht immer so einfach wie bei diesem Beispiel. Oft handelt es sich um eine Art „trial and error". Wie bereits erwähnt, entspricht das Integrieren eher einer Kunst als einem Handwerk.

BEISPIEL 10.2.

$$\int x\sqrt{5x^2 + 2} \, \mathrm{d}x$$

In diesem Fall könnte man zum Beispiel versuchen, den Ausdruck unter der Wurzel zu substituieren, das heißt $z = 5x^2 + 2$. Damit ist

$$\frac{\mathrm{d}z}{\mathrm{d}x} = 10x$$

bzw. $\mathrm{d}z = 10x \, \mathrm{d}x$. Für das Integral ergibt sich daher das Resultat:

$$\int \frac{1}{10}\sqrt{z} \, \mathrm{d}z = \frac{1}{10} \int z^{\frac{1}{2}} \, \mathrm{d}z$$

$$= \frac{1}{15} z^{\frac{3}{2}} = \frac{1}{15}\sqrt{(5x^2 + 2)^3}$$

$\square$

10.5. Uneigentliche Integrale

Betrachten wir noch einmal das Beispiel zur Lebensdauer aus Abschnitt 10.3. Angenommen, wir möchten die Wahrscheinlichkeit berechnen, dass die Lebensdauer eines elektronischen Bauteils mindestens ein Jahr beträgt. Anschaulich gesprochen, müsste man in diesem Fall dasjenige Flächenstück berechnen, das zwischen dem Graphen der Dichtefunktion $f(x)$ und der x-Achse liegt und zwar rechts vom Punkt $x = 1$, wie in Abbildung 10.8 dargestellt.

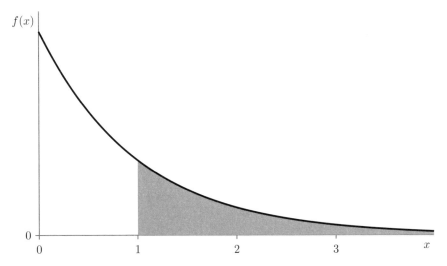

ABBILDUNG 10.8. Dichtefunktion der Exponentialverteilung (graue Fläche = Wahrscheinlichkeit, dass die Lebensdauer mindestens ein Jahr beträgt)

Eine symbolisch zweckmäßige Schreibweise für dieses Flächenstück sollte wohl folgendes Aussehen haben

$$\int\limits_{1}^{\infty} f(x)\,dx$$

wobei die obere Integrationsgrenze gleich ∞ ist. Falls eine oder beide Integrationsgrenzen keine reellen Zahlen, sondern gleich ∞ bzw. $-\infty$ sind, spricht man von uneigentlichen Integralen[13]. Die Frage, die sich dabei stellt, lautet natürlich: Wie definiert man derartige Integrale? Die Antwort darauf ist recht naheliegend. Man definiert sie als Grenzwerte bestimmter Integrale, bei denen die entsprechende Integrationsgrenze gegen ∞ bzw. $-\infty$ strebt. Das bedeutet aber, dass man für manche Funktionen zwar bestimmte Integrale, nicht aber entsprechende uneigentliche Integrale berechnen kann.

Uneigentliche Integrale

Falls die Grenzwerte der folgenden bestimmten Integrale existieren, bezeichnet man sie als uneigentliche Integrale:

1. $\displaystyle\int_{a}^{\infty} f(x)\,\mathrm{d}x = \lim_{b\to\infty} \int_{a}^{b} f(x)\,\mathrm{d}x, \qquad \int_{-\infty}^{b} f(x)\,\mathrm{d}x = \lim_{a\to-\infty} \int_{a}^{b} f(x)\,\mathrm{d}x$

2. $\displaystyle\int_{-\infty}^{\infty} f(x)\,\mathrm{d}x = \lim_{\substack{a\to-\infty \\ b\to+\infty}} \int_{a}^{b} f(x)\,\mathrm{d}x$

Die in unserem Beispiel gesuchte Wahrscheinlichkeit erhält man somit durch Berechnung des uneigentlichen Integrals

$$\int_{1}^{\infty} f(x)\,\mathrm{d}x = \lim_{b\to\infty} \int_{1}^{b} \mathrm{e}^{-x}\,\mathrm{d}x$$

Beginnen wir mit dem bestimmten Integral auf der rechten Seite:

$$\int_{1}^{b} \mathrm{e}^{-x}\,\mathrm{d}x = \left[-\mathrm{e}^{-x}\right]_{1}^{b} = -\mathrm{e}^{-b} - \left(-\mathrm{e}^{-1}\right) = -\mathrm{e}^{-b} + \mathrm{e}^{-1}$$

Für $b\to\infty$ folgt $\mathrm{e}^{-b}\to 0$ und daher gilt:

$$\int_{1}^{\infty} \mathrm{e}^{-x}\,\mathrm{d}x = \mathrm{e}^{-1} = 0{,}368$$

Die Wahrscheinlichkeit, dass die Lebensdauer eines Bauteils mindestens ein Jahr beträgt, liegt somit bei knapp 37 %.

Wir haben bereits erwähnt, dass Dichtefunktionen dadurch charakterisiert sind, dass sie nichtnegativ sind (das heißt, es gilt $f(x)\geq 0$ für jede reelle Zahl x) und dass die Fläche zwischen dem Graphen von $f(x)$ und der gesamten x-Achse den Wert Eins besitzt. Die letztere Eigenschaft lässt sich auf folgende Weise als uneigentliches Integral formulieren:

$$\int_{-\infty}^{\infty} f(x)\,\mathrm{d}x = 1$$

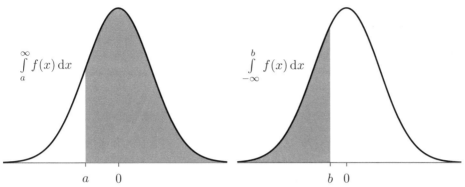
ABBILDUNG 10.9. Verschiedene Darstellungen uneigentlicher Integrale (1)

Die Abbildungen 10.9 und 10.10 veranschaulichen die Bedeutung verschiedener uneigentlicher Integrale. Man beachte allerdings, dass nicht nur beim Grenzübergang, sondern bereits bei der Berechnung des bestimmten Integrals besondere Schwierigkeiten auftreten können. So stößt zum Beispiel die Integration der Dichtefunktion der Standardnormalverteilung

$$f(x) = \frac{1}{\sqrt{2\pi}} \cdot e^{-\frac{1}{2}x^2}$$

auf besondere Probleme. Man kann nämlich zeigen, dass die zugehörige Stammfunktion sich nicht in geschlossener (das heißt formelmäßiger) Form darstellen lässt, wie man es ansonsten von vielen Integrationsbeispielen her kennt. In solchen Fällen müssen daher bestimmte Integrale mit Hilfe numerisch-approximativer Methoden berechnet werden.

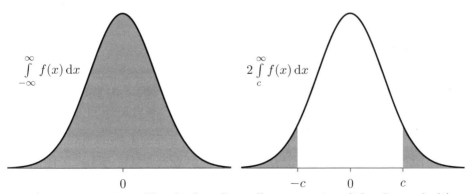
ABBILDUNG 10.10. Verschiedene Darstellungen uneigentlicher Integrale (2)

klausurtipp

Probe!

Um das Ergebnis einer Aufgabe zu überprüfen, kann man natürlich versuchen, den Lösungsweg noch einmal durchzugehen. Bei Integrationsaufgaben sollte man allerdings zunächst an eine andere Möglichkeit denken, die aber erfahrungsgemäß nur selten benutzt wird, was man bei der Korrektur von Klausuren feststellen kann. Betrachten wir das Ergebnis der partiellen Integration:

$$\int x^2 \ln x \, \mathrm{d}x = \frac{x^3}{3} \ln x - \frac{x^3}{9}$$

Statt den Lösungsweg zu wiederholen, würde es zur Überpüfung des Ergebnisses ausreichen, einfach die rechte Seite abzuleiten. Die Ableitung muss bekanntlich mit dem Integrand übereinstimmen. Im obigen Fall könnte man also wie folgt vorgehen

$$\left(\frac{x^3}{3} \ln x - \frac{x^3}{9} \right)' = x^2 \ln x + \frac{x^3}{3} \cdot \frac{1}{x} - \frac{x^2}{3} = x^2 \ln x$$

wobei in der ersten Gleichung die Produktregel verwendet wurde. Sollte man bei dieser Vorgehensweise zu einem anderen Resultat kommen, muss man natürlich auf Fehlersuche gehen. Das bleibt einem nicht erspart. Zumindest steht aber dann fest, dass es überhaupt einen Fehler gibt. Dies festzustellen, ist Sinn und Zweck einer Probe.

Anmerkungen

1 Ein einfaches Beispiel dafür ist der "Online Integrator" von *Wolfram Research* (MATHE-MATICA). Dabei handelt es sich um ein Integrations-Applet, das nach Eingabe des Integranden das unbestimmte Integral berechnet.
`http://integrals.wolfram.com/`

2 In den folgenden Abschnitten werden unter anderem Begriffe wie „bestimmte Integrale" bzw. „unbestimmte Integrale" verwendet. Diese Begriffe haben in der Mathematik eine ganz konkrete Bedeutung. Das Adjektiv „bestimmt" ist hier zu unterscheiden von seiner üblichen umgangssprachlichen Verwendung wie etwa: "Er suchte ein bestimmtes Buch" oder „Sie isst nur bestimmte Speisen".

3 Lies: „Delta x".

4 Diese Summen sind nach dem Mathematiker *B. Riemann* (1826–1866) benannt.

5 Dieses Resultat gilt auch unter allgemeineren Voraussetzungen. So müssen etwa die Intervalllängen bei gegebener Anzahl n nicht konstant sein. Es genügt, vorauszusetzen, dass das Maximum der Intervalllängen für $n \to \infty$ gegen 0 konvergiert. Außerdem ist es nicht erforderlich, dass für die Rechteckhöhe nur die Funktionswerte in den rechten Eckpunkten der einzelnen Intervalle verwendet werden dürfen. Für die Bestimmung jeder einzelnen Rechteckhöhe kann die Funktion in einem beliebigen Punkt eines halboffenen Intervalls $(x_{i-1}, x_i]$ ausgewertet werden.

6 Gelegentlich kann ein Integrand außer der Integrationsvariablen noch weitere Größen enthalten, wie etwa Parameter oder globale Variablen. Das Differential gibt immer die relevante Integrationsvariable an. So wird zum Beispiel beim Integral

$$\int_0^2 2\mathrm{e}^x t \, \mathrm{d}t = \left[\mathrm{e}^x t^2\right]_0^2 = 4\mathrm{e}^x$$

nach der Variablen t integriert.

7 Das Integralzeichen wurde am 29. Oktober 1675 von Leibniz zum ersten Mal verwendet. An diesem Tag ersetzte er in seinen Notizen das Wort 'summa' durch das Integralzeichen $\int$, ein langestrecktes S. Dazu schrieb er 'utilě erit scribi $\int$' (es wird nützlich sein, das Zeichen $\int$ zu schreiben). Das Differential dx wurde kurz darauf, am 11. November 1675 zum ersten Mal verwendet (siehe Hirsch[2000, S. 86/87]).

8 Hirsch (2000) schreibt dazu: „Man hat Leibniz immer dafür gerühmt, dass er eine einfache Schreibweise erfunden hat – im Gegensatz zu Isaac Newton etwa, der mit schwerfälligen Symbolen arbeitete, mit denen nur er selbst zurecht kam. Leibniz hatte die besondere Begabung, das Einfache zu sehen. Das hat seiner Lösung eine herrliche Eleganz gegeben. Er bot knappe und eindeutige Symbolbezeichnungen, ja Operationsbefehle, mit denen sich ebenso rechnen ließ wie mit denen der Algebra. Ihr Formalismus scheint gleichsam von selber zu rechnen; daran wird sich mancher, der auf der Schule diese Mathematik gelernt hat, entsinnen: Verstanden hatte man im Grunde nicht viel, aber um so leichter ließ sich die Anweisung ausführen. Wer immer diese Erleichterung genießt, sollte Leibniz dankbar sein. Er hat uns das tiefere Verstehen erlassen, indem er auf geniale Weise für uns gedacht hat – sehr tief nachgedacht hat."

9 Betrachten wir die Verwendung von Riemann-Summen an Hand eines Beispiels, nämlich der Funktion

$$f(x) = x^2$$

In Abschnitt 10.3. haben wir bereits das Flächenstück berechnet, dass sich zwischen dem Graphen dieser Funktion und dem Intervall $[0, 1]$ auf der x-Achse befindet. Die Berechnung erfolgte dabei mit Hilfe des Hauptsatzes der Differential- und Integralrechnung. Die folgende Tabelle zeigt die approximierte Fläche bei Verwendung von Riemann-Summen für verschiedene Werte von n. Ab etwa $n = 100$ sind die Änderungen nur noch geringfügig, wobei sich die Riemann-Summen dem Grenzwert $1/3$ nähern.

TABELLE 10.1. Approximierte Fläche

n	Fläche	n	Fläche
1	1,00000	20	0,35875
2	0,62500	30	0,35018
3	0,51851	40	0,34593
4	0,46875	50	0,34340
5	0,44000	75	0,34002
6	0,42129	100	0,33835
7	0,40816	250	0,33533
8	0,39843	500	0,33433
9	0,39094	750	0,33400
10	0,38500	1000	0,33383

Für die analytische Berechnung des Grenzwerts (das heißt des bestimmten Integrals) wird zunächst die Riemann-Summe F_n, bestehend aus n Rechteckflächen, gebildet. Wegen $\Delta x = 1/n$ und $x_i = i/n$ gilt daher:

$$F_n = \sum_{i=1}^{n} f(x_i) \cdot \Delta x = \sum_{i=1}^{n} \left(\frac{i}{n} \right)^2 \cdot \frac{1}{n} = \frac{1}{n^3} \sum_{i=1}^{n} i^2$$

Für die Berechnung der Summe der Quadrate der natürlichen Zahlen kann man die folgende Summenformel verwenden:

$$\sum_{i=1}^{n} i^2 = \frac{n(n+1)(2n+1)}{6}$$

Daher ergibt sich für die Riemann-Summe der Ausdruck

$$F_n = \frac{1}{6} \cdot \frac{n}{n} \cdot \frac{n+1}{n} \cdot \frac{2n+1}{n}$$

Da für $n \to \infty$ sämtliche Faktoren des Produkts konvergieren, erhält man das gesuchte Resultat

$$\lim_{n \to \infty} F_n = \frac{1}{3}$$

Bei der folgenden Internetadresse wird diese Herleitung noch einmal sehr anschaulich an Hand einer Animation "Definite Integrals" gezeigt. Durch Klicken auf "Continue" wird die Animation fortgesetzt.

http://archives.math.utk.edu/visual.calculus/4/definite.2/index-java.html

10 Für $x < 0$ gilt übrigens:

$$\int \frac{1}{x}\,\mathrm{d}x = \ln(-x)$$

11 Eine alternative Schreibweise ist

$$\int_0^1 x^2\,\mathrm{d}x = \left.\frac{x^3}{3}\right|_0^1$$

12 Gelegentlich wird die folgende Kurzschreibweise verwendet:

$$\int u \cdot v' = u \cdot v - \int u' \cdot v$$

13 Die Symbole $+\infty$ und $-\infty$ werden auch als uneigentliche Zahlen bezeichnet. Daher spricht man von einem uneigentlichen Integral, wenn mindestens eine der Integrationsgrenzen gleich $+\infty$ bzw. $-\infty$ ist.

Aufgaben

Die folgenden Aufgaben dienen dazu, das Verständnis des behandelten Stoffes zu erleichtern und zu vertiefen. Um einen entsprechenden Lerneffekt zu erzielen, sollten dabei die Konzepte und Methoden verwendet werden, die in diesem Kapitel präsentiert wurden. Soweit es um konkrete Berechnungen geht, sollte man besonders auf die Darstellung des Lösungswegs achten. Für die mit einem * gekennzeichneten Aufgaben ist eine geeignete Software erforderlich bzw. empfehlenswert. Beachten Sie dazu auch die Hinweise in Anhang B. Lösungen zu den Aufgaben mit geraden Nummern finden Sie in Anhang C.

10.1 Berechnen Sie die unbestimmten Integrale:

a) $\displaystyle\int \left(5x^4 + 2\mathrm{e}^x - \frac{3}{x}\right)\,\mathrm{d}x$

b) $\displaystyle\int \frac{4x^3 + 2x^2 - 5x}{x}\,\mathrm{d}x$

c) $\displaystyle\int 4^x\,\mathrm{d}x$

d) $\displaystyle\int \frac{\ln(z+2)}{2z+4}\,\mathrm{d}z$

10.2 Wie lauten die unbestimmten Integrale?

a) $\displaystyle\int \mathrm{e}^{-4x}\,\mathrm{d}x$

b) $\displaystyle\int (3z-2)^3\,\mathrm{d}z$

c) $\int \dfrac{y+1}{y^2-1}\,dy$

d) $\int (x+2)(x-3)\,dx$

10.3 Berechnen Sie die folgenden Integrale durch partielle Integration:

a) $\int \ln x\,dx$ \qquad (Hinweis: $\ln x = 1 \cdot \ln x$)

b) $\int x^2 e^x\,dx$

c) $\int \dfrac{1}{t}\ln t\,dt$

d) $\int 2x\,e^{-3x}\,dx$

10.4 Berechnen Sie die folgenden Integrale:

a) $\int \sqrt{4x}\,dx$

b) $\int \dfrac{1}{\sqrt{2\pi}}\,x\,e^{-\frac{1}{2}x^2}\,dx$

10.5 Berechnen Sie die folgenden Integrale durch Substitution:

a) $\displaystyle\int_0^1 \dfrac{x}{4-x^2}\,dx$

b) $\displaystyle\int_1^2 x\sqrt{2x^2+3}\,dx$

10.6 Berechnen Sie die folgenden Integrale durch Substitution:

a) $\int e^x(e^x+4)^3\,dx$

b) $\displaystyle\int_0^2 \dfrac{3t^2+5}{t^3+5t+1}\,dt$

10.7 Die unten angegebene Internetadresse führt zum "Online Integrator". Berechnen Sie mit dessen Hilfe die Integrale der Aufgabe 10.3. Wie könnte man die Ergebnisse überprüfen?
http://integrals.wolfram.com/

10.8 Sind die folgenden Gleichungen richtig?

a) $\int \dfrac{(y-1)e^y}{y^2}\,dy = \dfrac{e^y}{y}$

b) $\int 8x^3e^{2x}\,dx = 4x^3e^{2x} - 6x^2e^{2x} + 6xe^{2x} - 3e^{2x}$

10.9 Berechnen Sie die uneigentlichen Integrale:

a) $\displaystyle\int_{-\infty}^{0} e^{2x}\,dx$

b) $\displaystyle\int_{0}^{+\infty} x\,e^{-2x^2}\,dx$

10.10 Welche der angegebenen Funktionen ist eine Dichtefunktion?

a) $f(x) = \begin{cases} \dfrac{1}{4}x^3 & \text{falls } 0 \le x \le 2 \\ 0 & \text{sonst} \end{cases}$

b) $f(x) = \begin{cases} \dfrac{1}{2}e^{-\frac{x}{2}} & \text{falls } x \ge 0 \\ 0 & \text{sonst} \end{cases}$

Fragen

1. Was versteht man unter einer Riemann-Summe?

2. Wie kann man sich ein bestimmtes Integral veranschaulichen?

3. Welche Beziehung besteht zwischen Ableitungen und Integralen?

4. Was ist eine Stammfunktion?

5. Warum ist eine Stammfunktion nicht eindeutig?

6. Welche Beziehung besteht zwischen bestimmten und unbestimmten Integralen?

7. Was ist die Integration durch Substitution?

8. Was versteht man unter der partiellen Integration?

9. Was sind uneigentliche Integrale?

10. Wozu werden Integrale verwendet?

Was sind eigentlich Differentiale?

Bei der Integralschreibweise wird bekanntlich dem Integrand $f(x)$ das sogenannte (Leibniz-)Differential $\mathrm{d}x$ angefügt. Obwohl dieses eigentlich nur symbolische Bedeutung hat, kann man etwa bei der Anwendung des Substitutionsverfahrens feststellen, dass Differentiale durchaus eine eigenständige Wirkung entfalten können. Diese treten ja bereits im Zusammenhang mit der Ableitung einer Funktion $y = f(x)$ auf, wobei

$$\frac{\mathrm{d}y}{\mathrm{d}x}$$

als alternative Bezeichnung für $f'(x)$, das heißt für den Grenzwert des Differenzenquotienten

$$\frac{f(x + h) - f(x)}{h}$$

verwendet wird. Hier ist allerdings zu beachten, dass Leibniz den Grenzwertbegriff, wie man ihn heute verwendet, noch nicht kannte. Dieser wurde erst durch *B. Bolzano* (1781–1848), *A. Cauchy* (1789–1857) und *K. Weierstrass* (1815–1897) im Laufe des 19. Jahrhunderts entwickelt.

Versuchen wir einmal, den Begriff der Ableitung einer Funktion aus der Sichtweise des 17. und 18. Jahrhunderts zu betrachten. Man ging damals von der Vorstellung aus, dass die durch eine Funktion beschriebene Kurve aus unendlich vielen Geradenstücken von unendlich kleiner Größe besteht. Betrachten wir dann das Geradenstück zwischen den beiden Kurvenpunkten $(x, f(x))$ und $(x+\mathrm{d}x, f(x+\mathrm{d}x))$, wobei $\mathrm{d}x$ eine unendlich kleine Größe bedeuten soll. Naheliegend wäre es, als Steigung dieses Geradenstücks den Quotienten $\mathrm{d}y/\mathrm{d}x$ zu verwenden (analog zur Definition der Steigung einer Geraden), wobei $\mathrm{d}y = f(x + \mathrm{d}x) - f(x)$ ist.

Wählen wir als Beispiel die Funktion $y = f(x) = x^2$ und nehmen wir an, dass man mit unendlich kleinen Größen so rechnen könnte wie mit reellen Zahlen. Dann wäre $\mathrm{d}y$ in diesem Fall gleich

$$\mathrm{d}y = (x + \mathrm{d}x)^2 - x^2 = x^2 + 2x\mathrm{d}x + (\mathrm{d}x)^2 - x^2 = 2x\mathrm{d}x + (\mathrm{d}x)^2$$

und diesen Ausdruck würde man ebenfalls als eine unendlich kleine Größe ansehen.

Die Division durch $\mathrm{d}x$ würde dann die folgende Gleichung liefern:

$$\frac{\mathrm{d}y}{\mathrm{d}x} = 2x + \mathrm{d}x$$

Vernachlässigt man die additive Größe $\mathrm{d}x$, die ja als unendlich klein vorausgesetzt wurde (wie immer das auch definiert sein mag), gelangt man zum korrekten Resultat, dass die Ableitung der gegebenen Funktion gleich

$$f'(x) = 2x$$

ist. Diese Herleitung hinterlässt allerdings ein sehr zwiespältiges Gefühl. Immerhin operiert man hier mit einer Größe, die nicht klar definiert ist. Vor allem beachte man, dass bei der obigen Division $\mathrm{d}x$ als ungleich Null vorausgesetzt wird, während es am Schluss de facto gleich Null ist.

Von Leibniz selber gibt es keine präzise Definition der Differentiale, er spricht von ihnen nur als unendlich kleine Größen. Er verwendete allgemein die Notation $\mathrm{d}y/\mathrm{d}x$ fur die Ableitung einer Funktion und diese Bezeichnung hat sich bis heute erhalten. Für Leibniz war die Differentialrechnung genau das, was der Name besagt: ein Rechnen mit Differentialen. Wie könnte ein möglicher Ausweg aus dieser Situation aussehen? Bekanntlich besitzt die Gleichung $x^2 = 2$ keine Lösung innerhalb der Menge der rationalen Zahlen. Durch die Einführung eines „idealen Elements", nämlich $\sqrt{2}$, ist es allerdings möglich, eine Lösung dieser Gleichung zu erhalten. Dabei handelt es sich um eine irrationale Zahl, die einer größeren Menge angehört, nämlich der Menge der reellen Zahlen. Ähnlich ist es bei der Menge der komplexen Zahlen, die man durch eine entsprechende Erweiterung der Menge der reellen Zahlen erhält. Auch Differentiale lassen sich als eine Art „ideale Elemente" interpretieren, die nicht zu den reellen Zahlen gehören, aber positiv und kleiner als jede noch so kleine positive Zahl sind. Man könnte somit versuchen, eine Erweiterung der Menge der reellen Zahlen zu konstruieren, die auch die Differentiale enthält.

Es dauerte fast 300 Jahre, bis *A. Robinson* (1918–1974) dies Anfang der 1960er Jahre mit der von ihm entwickelten Nichtstandardanalysis gelang. Er konstruierte eine Erweiterung der Menge der reellen Zahlen zur Menge $\mathbb{R}^*$ der hyperrellen Zahlen. Mit Hilfe der hyperrellen Zahlen kann man die Differential- und Integralrechnung ohne Rückgriff auf das Grenzwertkonzept anwenden, so, wie es sich Leibniz vorgestellt hatte.

"Leibniz wished to base the differential and integral calculus on a number system that included infinitely small and infinitely large quantities. More precisely, he regarded the new numbers as ideal elements which were supposed to have the same properties as the familiar real numbers and stated that their introduction was useful for the art of invention." (Robinson, zitiert in Dauben [1995]).

Robinson konnte zeigen, dass man den Ausdruck dy/dx tatsächlich als Quotienten zweier unendlich kleiner Größen interpretieren kann. Der Grundgedanke dabei ist, unendlich kleine und unendlich große Zahlen anstelle von Grenzwerten zu verwenden und mit deren Hilfe Begriffe wie Ableitung und Integral zu definieren. Den Ausgangspunkt bildet die Menge $\mathbb{R}^*$ aller Folgen (x_n) reeller Zahlen, deren Elemente als hyperreelle Zahlen bezeichnet werden. Identifiziert man jetzt eine konstante Folge $(x, x, x, x, \ldots)$ mit der reellen Zahl x, dann werden dadurch die reellen Zahlen in die Menge $\mathbb{R}^*$ der hyperreellen Zahlen eingebettet. Für die Elemente von R* lassen sich zwei Operationen $+$ (Addition) und $\cdot$ (Multiplikation) definieren sowie eine Ordnungsrelation $\leq$, sodass die Menge $\mathbb{R}^*$ einen sogenannten geordneten Körper bildet und damit viele Eigenschaften der reellen Zahlen aufweist.

Unter einer positiven Infinitesimalzahl (unendlich kleine Zahl) versteht man jetzt eine hyperreelle Zahl, die größer als Null ist, aber kleiner als jede noch so kleine positive reelle Zahl x. Ein Beispiel für eine Infinitesimalzahl wäre etwa $(1, \frac{1}{2}, \frac{1}{3}, \frac{1}{4}, \ldots)$. Da die Folge $1/n$ bei genügend großem Index n kleiner wird als x, gilt nämlich $(1, \frac{1}{2}, \frac{1}{3}, \frac{1}{4}, \ldots) \leq (x, x, x, x, \ldots)$ für jede positive Zahl x. Schließlich lässt sich dann insbesondere zeigen, dass im Rahmen der Nichtstandardanalysis die eingangs beschriebene provisorische Herleitung der Ableitung der Funktion $y = f(x) = x^2$ tatsächlich korrekt ist.

Die Leibnizsche Differential-Schreibweise hat sich rasch durchgesetzt, da sie an die mathematischen Probleme besser angepaßt war als die Newtonsche Punkt-Schreibweise. Man sollte allerdings beachten, dass Differentiale in der klassischen Analysis nicht formal definiert werden. Viele mathematische Beziehungen lassen sich dadurch aber etwas leichter veranschaulichen.

Literatur: Cigler (1992), Dauben (1995), Davis und Hersh (1994).

Kapitel 11.

Funktionen mehrerer Variablen

Im Kapitel über Lineare Optimierung hatten wir bereits mit Funktionen mehrerer Variablen zu tun gehabt. Die Zielfunktion bei derartigen Optimierungsproblemen hängt typischerweise von zwei oder mehr Variablen ab. Eine ebenfalls typische Eigenheit im Rahmen der Linearen Optimierung sind die Nebenbedingungen, die allerdings immer als linear vorausgesetzt werden, ebenso wie die Zielfunktion. Ansonsten sind für die Nebenbedingungen sowohl Ungleichungen als auch Gleichungen zugelassen. Eine Anwendung der Differentialrechnung kommt allerdings bei der Linearen Optimierung nicht in Frage, da für die optimale Lösung nur die Ecken des Simplex relevant sind und dort keine entsprechenden Ableitungen existieren. Das Optimierungsproblem wird in diesem Fall durch den Simplex-Algorithmus gelöst.

In diesem Kapitel werden vor allem nichtlineare Funktionen betrachtet, wobei wir uns hauptsächlich mit der Bestimmung von Extremwerten beschäftigen. Dabei werden bei einigen Beispielen auch Nebenbedingungen berücksichtigt, sowohl lineare als auch nichtlineare. Allerdings liegen die Nebenbedingungen nur in Form von Gleichungen vor. Da es hier vor allem darum geht, Extremwerte mit Hilfe von Ableitungen zu bestimmen, werden differenzierbare Funktionen vorausgesetzt, was bei wirtschaftlichen Anwendungen eine übliche Annahme ist.

Ein einfaches Beispiel für eine nichtlineare Funktion in zwei Variablen wird in Abbildung 11.1 dargestellt. Die Anschaulichkeit stößt allerdings bereits bei zwei Variablen an ihre Grenzen. Ein Beispiel für eine häufig verwendete nichtlineare Funktion ist die Cobb-Douglas-Produktionsfunktion

$$f(x_1, x_2) = A x_1^\alpha x_2^\beta$$

die den Zusamenhang zwischen Inputmengen und Outputmengen beschreibt. Dabei bedeuten x_1 und x_2 die Inputmengen zweier Produktionsfaktoren, der Funktionswert gibt die Outputmenge an und A, α und β sind positive Parameter.

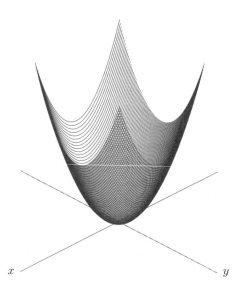

ABBILDUNG 11.1. Darstellung der Funktion $z = x^2 + y^2$

Die Vorgangsweise bei der Bestimmung von Extremwerten von Funktionen mehrerer Variablen weist gewisse Analogien zur Extremwertbestimmung bei Funktionen in einer Variablen auf. Allerdings ist die Komplexität des Problems wesentlich größer. Wir werden uns daher vor allem auf den Fall von Funktionen in zwei Variablen beschränken, damit das Vorgehen bei der Bestimmung von Extremwerten möglichst transparent bleibt. Es sei auch darauf hingewiesen, dass es sich hier nur um eine Einführung handelt, bei der vor allem eine Reihe typischer Fragestellungen betrachtet werden sollen.

Es folgt ein kurzer Überblick über den Inhalt dieses Kapitels. Im ersten Abschnitt wird der Begriff der partiellen Ableitung für Funktionen von mehreren Variablen eingeführt. Dabei wird sich herausstellen, dass die Berechnung derartiger Ableitungen analog zu den traditionellen Regeln für die Ableitung von Funktionen in einer Variablen erfolgt. Entsprechend werden auch höhere partielle Ableitungen gebildet. Der zweite und dritte Abschnitt beschäftigen sich mit der Bestimmung von Extremwerten von Funktionen in zwei Variablen. Dabei behandelt der zweite Abschnitt die Bestimmung von Extremwerten für den Fall, dass keine Nebenbedingungen vorliegen. Die Bestimmung von Extremwerten unter Nebenbedingungen wird dann im dritten Abschnitt betrachtet. Hier wird zunächst das Substitutionsverfahren vorgestellt, das sich allerdings nur für einfachere Fälle als zweckmäßig erweist. Als zweites Verfahren, das häufig verwendet wird, wird dann das Lagrange-Verfahren behandelt.

11.1. Partielle Ableitungen

Wie im Falle von Funktionen einer Variablen lassen sich auch für Funktionen mehrerer Variablen entsprechende Ableitungen berechnen. Betrachten wir eine Funktion f in den Variablen x_1, x_2, ..., x_n. Hält man dann alle Variablen mit einer einzigen Ausnahme fest, zum Beispiel x_k, so kann man die Funktion f als eine Funktion der Variablen x_k interpretieren.

Partielle Ableitung einer Funktion von n Variablen

Gegeben sei eine Funktion f in den Variablen x_1, x_2, ..., x_n. Falls diese Funktion differenzierbar ist bezüglich der Variablen x_k, dann nennt man die zugehörige Ableitung die partielle Ableitung von f nach x_k.

Schreibweise[1]: $\dfrac{\partial f}{\partial x_k}$

Beim partiellen Differenzieren werden also, abgesehen von einer Variablen, alle anderen Variablen als Konstante angesehen. Daher ergibt sich hier eine analoge Situation wie beim traditionellen Differenzieren einer Funktion von einer Variablen. Es lassen sich dann (maximal) n partielle Ableitungen bilden. Der Einfachheit halber werden wir in diesem Kapitel ausschließlich Funktionen betrachten, die beliebig oft (partiell) differenzierbar sind.

Betrachten wir als Beispiel die Funktion

$$f(x, y) = x^4 + 3x^2y^2 - 6y^5 \tag{11.1}$$

Berechnet man dann die partiellen Ableitungen nach den beiden Variablen x und y, dann erhält man als Ergebnis:

$$\frac{\partial f}{\partial x} = 4x^3 + 6xy^2$$

$$\frac{\partial f}{\partial y} = 6x^2y - 30y^4$$

Neben der traditionellen Differentialschreibweise gibt es für partielle Ableitungen auch eine etwas einfachere Schreibweise. Im Falle der ersten partiellen Ableitung zum Beispiel nach der Variablen x_1 bzw. x kann man auch einfach f_1 bzw. f_x schreiben. Im obigen Beispiel könnte man somit die partiellen Ableitungen nach x bzw y mit f_x bzw. f_y bezeichnen.

Wie bei den Funktionen in einer Variablen lassen sich natürlich auch höhere (partielle) Ableitungen bilden. In unserem Beispiel würden daher die zweiten partiellen Ableitungen lauten[2]:

$$f_{xx} = 12x^2 + 6y^2 \qquad f_{xy} = 12yx$$
$$f_{yx} = 12yx \qquad f_{yy} = 6x^2 - 120y^3$$

Die Ableitungen f_{xy} und f_{yx} werden auch als gemischte Ableitungen bezeichnet. Bei den Funktionen, die hier betrachtet werden, stimmen diese immer überein, das heißt, es macht keinen Unterschied, ob man zunächst nach x ableitet und dann nach y, oder umgekehrt zunächst nach y und dann nach x. Im Folgenden werden wir uns auf die ersten und zweiten partiellen Ableitungen beschränken, um die Darstellung nicht übermäßig zu komplizieren.

11.2. Extremwerte ohne Nebenbedingungen

Bei Funktionen von mehreren Variablen ist man natürlich ebenfalls an der Bestimmung von Extremwerten interessiert. Allerdings ist in der Regel der erforderliche Rechenaufwand verglichen mit Funktionen einer Variablen wesentlich höher. Hinzu kommt, dass man es hier häufig mit nichtlinearen Gleichungssystemen zu tun hat, für die es oft keine exakte Lösung gibt, und die daher mit Hilfe numerischer Methoden (approximativ) gelöst werden müssen.

Betrachten wir einmal ein einfaches Beispiel, nämlich die Funktion von Abbildung 11.1, die offensichtlich im Punkt $(0,0)$ ein Minimum besitzt:

$$f(x, y) = x^2 + y^2$$

Um diesen Extremwert auf analytische Weise zu ermitteln, könnte man, in Anlehnung an die Bestimmung von Extremwerten für Funktionen einer Variablen, den folgenden Ansatz versuchen. Man berechnet zunächst die ersten partiellen Ableitungen der Funktion und setzt diese gleich Null. Für das vorliegende Gleichungssystem sucht man dann die Lösung(en). Die Frage ist, ob dies dann ebenfalls der Nullpunkt ist.

Die Berechnung der ersten partiellen Ableitungen ergibt:

$$f_x = 2x \qquad f_y = 2y$$

Jetzt werden die partiellen Ableitungen gleich Null gesetzt. Das zugehörige Gleichungssystem lautet daher:

$$2x = 0$$

$$2y = 0$$

Die einzige Lösung lautet $x = 0$ und $y = 0$, was unsere Vorgangsweise zumindest in diesem Fall bestätigt.

Wünschenswert wäre natürlich ein Kriterium, mit Hilfe dessen man entscheiden könnte, wann ein Maximum bzw. wann ein Minimum vorliegt. Naheliegend wäre dabei die Verwendung der zweiten partiellen Ableitungen (ähnlich wie bei Funktionen einer Variablen). Hier ist ein solches Kriterium.

Bestimmung von Extremwerten bei Funktionen zweier Variablen

Gegeben sei eine Funktion $f(x, y)$ und ein Punkt (x_0, y_0). Falls die beiden folgenden Bedingungen erfüllt sind

a) $f_x(x_0, y_0) = 0$ und $f_y(x_0, y_0) = 0$

b) $f_{xx}(x_0, y_0) \cdot f_{yy}(x_0, y_0) - (f_{xy}(x_0, y_0))^2 > 0$

dann liegt beim Punkt (x_0, y_0) ein Extremwert vor.

Sind $f_{xx}(x_0, y_0)$ und $f_{yy}(x_0, y_0)$ beide positiv, dann ist der Extremwert ein Minimum, sind beide negativ, dann ist der Extremwert ein Maximum.

Bei unserem obigen Beispiel ist $f_{xx}(0, 0) = 2$, $f_{yy}(0, 0) = 2$ und $f_{xy}(0, 0) = 0$ und daher sind die Bedingungen für einen Extremwert erfüllt. Insbesondere handelt es sich dabei um ein Minimum, was wir somit auch analytisch nachgewiesen haben. Man beachte allerdings, dass dieses Kriterium lediglich eine hinreichende Bedingung für einen Extremwert darstellt. Wenn diese Bedingungen nicht erfüllt sind, kann man daraus nicht schließen, dass kein Extremwert vorliegt.

BEISPIEL 11.1.

Es sollen die Extremwerte der folgenden Funktion bestimmt werden:

$$f(x, y) = x - e^x + 2ey - e^{2y}$$

Zunächst erfolgt die Berechnung der ersten partiellen Ableitungen:

$$f_x = 1 - e^x \qquad f_y = 2e - 2e^{2y}$$

Dann werden die partiellen Ableitungen gleich Null gesetzt. Das zugehörige Gleichungssystem lautet daher:

$$1 - e^x = 0$$

$$2e - 2e^{2y} = 0$$

Die Lösung ergibt $x = 0$ und $y = 0{,}5$. Jetzt werden die zweiten partiellen Ableitungen gebildet:

$$f_{xx} = -e^x \qquad f_{xy} = 0$$

$$f_{yx} = 0 \qquad f_{yy} = -4e^{2y}$$

Auswertung der zweiten partiellen Ableitungen für $x = 0$ und $y = 0{,}5$ ergibt die Werte $f_{xx}(0,\ 0{,}5) = -1$, $f_{yy}(0,\ 0{,}5) = -4e$ und $f_{xy}(0,\ 0{,}5) = 0$. Damit erfüllt der Punkt $(0,\ 0{,}5)$ die Bedingungen für ein Maximum ($f(0,\ 0{,}5) = -1$).

□

11.3. Extremwerte mit Nebenbedingungen

Substitutionsverfahren

Ein auf den ersten Blick sehr intuitives Verfahren zur Berücksichtigung von Nebenbedingungen bei der Extremwertbestimmung ist das sogenannte Substitutionsverfahren. Betrachten wir noch einmal das erste Beispiel

$$z = x^2 + y^2 \tag{11.2}$$

wobei zur Abwechslung das Symbol z verwendet wird. Diesmal soll der Extremwert dieser Funktion unter der Nebenbedingung $x + 4y = 2$ bestimmt werden. Löst man zunächst die Nebenbedingung nach x auf, dann erhält man durch Einsetzen in (11.2) eine Gleichung in der Variablen y:

$$z = (2 - 4y)^2 + y^2 \tag{11.3}$$

Die Ableitung von (11.3) nach y ergibt

$$z' = 34y - 16$$

Durch Nullsetzen der Ableitung erhält man schließlich die Lösung des Optimierungsproblems, nämlich:

$$x = \frac{2}{17} \qquad y = \frac{8}{17}$$

So naheliegend dieser Ansatz auch sein mag, so ist er dennoch nur sehr beschränkt anwendbar. Dieses Verfahren setzt voraus, dass die Nebenbedingung(en) sich nach den entsprechenden Variablen auflösen lassen. Hinzu kommt, dass das Verfahren bei einer größeren Zahl von Variablen recht schwerfällig wird.

Lagrange-Verfahren

Beim Lagrange-Verfahren wird die Zielfunktion gemeinsam mit der(den) Nebenbedingung(en) zu einer neuen Funktion zusammengefasst, der sogenannten Lagrange-Funktion. Für diese Funktion werden dann die Extremwerte nach der üblichen Vorgangsweise bestimmt. Führen wir dieses Verfahren an Hand eines Beispiels durch.

Gegeben sei eine Cobb-Douglas-Produktionsfunktion von der Form

$$f(x, y) = 50 \cdot \sqrt{x} \cdot \sqrt{y}$$

wobei x und y die Mengen zweier Inputfaktoren bedeuten. Angenommen, die Outputmenge wird mit 1000 festgesetzt. Es sollen jetzt die entsprechenden Inputmengen x und y bestimmt werden, sodass die Kosten minimal sind. Die Kostenfunktion ist dabei gegeben durch:

$$K(x, y) = x + 4y + xy$$

Die Aufgabe besteht in diesem Fall darin, die Kostenfunktion zu minimieren, wobei eine Nebenbedingung erfüllt sein muss, nämlich $50 \cdot \sqrt{x} \cdot \sqrt{y} = 1000$. Die Lagrange-Funktion lautet in diesem Fall

$$L = x + 4y + xy + \lambda \left(1000 - 50 \cdot \sqrt{x} \cdot \sqrt{y}\right)$$

wobei die Funktion L gleich der Summe aus der Kostenfunktion sowie dem λ-fachen des Klammerausdrucks ist. Den Klammerausdruck erhält man dabei unmittelbar aus der Nebenbedingung. Der Koeffizient λ wird als Lagrange-Multiplikator bezeichnet (bei mehreren Nebenbedingungen hat man entsprechend mehrere solcher Summanden). Damit lassen sich jetzt insgesamt drei partielle Ableitungen bestimmen:

$$L_x = 1 + y + 25\lambda \frac{\sqrt{y}}{\sqrt{x}}$$

$$L_y = 4 + x + 25\lambda \frac{\sqrt{x}}{\sqrt{y}}$$

$$L_\lambda = 1000 - 50 \cdot \sqrt{x} \cdot \sqrt{y}$$

Setzt man dann alle partiellen Ableitungen gleich Null, dann erhält man ein Gleichungssystem mit drei Gleichungen und drei Unbekannten. Nach einigen algebraischen Umformungen erhält man für die Unbekannten x, y und λ die folgenden Werte:

$$x = 40 \qquad y = 10 \qquad \lambda = 0{,}88$$

Somit ergeben sich, bei gegebenem Output in Höhe von 1000, als (potentielle) Inputmengen, bei denen die Kosten minimal sind, die Werte $x = 40$ und $y = 10$. Auf den Nachweis, dass es sich dabei tatsächlich um ein Minimum handelt, wird allerdings auf Grund der etwas komplexeren Berechnung verzichtet.

BEISPIEL 11.2.
Aus dem vorigen Abschnitt wissen wir, dass die Funktion

$$f(x,y) = x^2 + y^2$$

unter der Nebenbedingung $x + 4y = 2$ ein eindeutig bestimmtes Minimum besitzt. Sehen wir uns einmal an, wie man hier den Lagrange-Ansatz anwenden würde.

Die Lagrange-Funktion lautet hier:

$$L = x^2 + y^2 + \lambda(2 - x - 4y)$$

Damit erhält man die folgenden partiellen Ableitungen:

$$L_x = 2x - \lambda$$
$$L_y = 2y - 4$$
$$L_\lambda = 2 - x - 4y$$

Durch Nullsetzen der Gleichungen erhält man für das Gleichungssystem die folgende Lösung

$$x = \frac{2}{17} \qquad y = \frac{8}{17} \qquad \lambda = \frac{4}{17}$$

und erwartungsgemäß erhält man die gleiche Stelle des Minimums.

$\square$

Anmerkungen

1 Lies: „df nach dx_k". Dies ist eine häufig verwendete Schreibweise für partielle Ableitungen.

2 In der traditionellen Differentialschreibweise würde man die zweiten partiellen Ableitungen wie folgt schreiben:

$$\frac{\partial^2 f}{\partial x^2} = 12x^2 + 6y^2 \qquad\qquad \frac{\partial^2 f}{\partial x \partial y} = 12yx$$

$$\frac{\partial^2 f}{\partial y^2} = 6x^2 - 120y^3 \qquad\qquad \frac{\partial^2 f}{\partial y \partial x} = 12xy$$

Aufgaben

Die folgenden Aufgaben dienen dazu, das Verständnis des behandelten Stoffes zu erleichtern und zu vertiefen. Um einen entsprechenden Lerneffekt zu erzielen, sollten dabei die Konzepte und Methoden verwendet werden, die in diesem Kapitel präsentiert wurden. Soweit es um konkrete Berechnungen geht, sollte man besonders auf die Darstellung des Lösungswegs achten. Für die mit einem * gekennzeichneten Aufgaben ist eine geeignete Software erforderlich bzw. empfehlenswert. Beachten Sie dazu auch die Hinweise in Anhang B. Lösungen zu den Aufgaben mit geraden Nummern finden Sie in Anhang C.

11.1 Berechnen Sie die ersten partiellen Ableitungen der folgenden Funktionen:

   a) $f(x,y) = 4x^2 + xy + 3y^2$

   b) $f(x,y) = \ln x + xy$

11.2 Berechnen Sie die ersten partiellen Ableitungen der folgenden Funktionen:

   a) $f(x,y) = x^2 + 4xy - y^3$

   b) $f(x,y) = 2xy^2 + \dfrac{y}{x}$

11.3 (Fortsetzung von Aufgabe 11.1)
   Berechnen Sie die zweiten partiellen Ableitungen der angegebenen Funktionen.

11.4 (Fortsetzung von Aufgabe 11.2)
   Berechnen Sie die zweiten partiellen Ableitungen der angegebenen Funktionen.

11.5 Untersuchen Sie die folgende Funktion auf lokale Extremwerte:

$$f(x,y) = 2x + 4y - x^2 - y^2 - 3$$

11.6 Bestimmen Sie die lokalen Extremwerte der Funktion

$$f(x,y) = x^2 + 2xy + 2y^2$$

11.7 Suchen Sie die lokalen Extremwerte der Funktion

$$f(x,y) = x^3 + 12y - 1$$

unter der Nebenbedingung $x + y = 1$.

11.8 Bestimmen Sie die lokalen Extremwerte der Funktion

$$f(x,y,z) = x^3 + 2y^2 - 12z$$

unter der Nebenbedingung $x - y - z = 0$.

11.9 Bestimmen Sie mit Hilfe der Lagrange-Methode mögliche Extremwerte (kritische Punkte) der Funktion

unter der Nebenbedingung $x - y - z = 0$.

11.10 Bestimmen Sie mit Hilfe der Lagrange-Methode mögliche Extremwerte (kritische Punkte) der Funktion

$$f(x,y) = 2x + xy$$

unter der Nebenbedingung $2x + y = 30$.

Fragen

1. Was sind partielle Ableitungen?

2. Was versteht man unter gemischten partiellen Ableitungen?

3. Welche Schreibweisen gibt es für partielle Ableitungen?

4. Wie viele erste und zweite partielle Ableitungen gibt es bei einer Funktion von drei Variablen?

5. Wie kann man allgemein die Vorgangsweise bei der Bestimmung von Extremwerten einer Funktion in zwei Variablen beschreiben?

6. Was versteht man unter dem Substitutionsverfahren?

7. Wann verwendet man das Substitutionsverfahren?

8. Was versteht man unter der Lagrange-Funktion?

9. Was sind Lagrange-Multiplikatoren?

10. Wie wendet man die Lagrange-Methode an?

Was versteht man eigentlich unter einer Metaheuristik?

Bei komplexeren Optimierungsproblemen kann sich die Suche nach einem globalen(!) Optimum als äußerst schwierig erweisen. Traditionelle Optimierungsalgorithmen besitzen ein gewisses Risiko, in einem lokalen Optimum „stecken" zu bleiben. In den letzten Jahrzehnten wurden eine Reihe von Verfahren entwickelt, sogenannte Metaheuristiken, bei deren Anwendung dieses Risiko deutlich verringert werden kann. Zu den populärsten Metaheuristiken gehören Genetische Algorithmen (siehe dazu den Exkurs in Kapitel 9), die Tabusuche (Tabu Search) sowie die Simulierte Abkühlung (Simulated Annealing).

Die Tabusuche beruht auf der Idee, ein globales Optimum auf dem Weg über lokale Optima zu finden. Ausgehend von einer zulässigen Lösung wird bei jedem Iterationsschritt zunächst ein lokales Optimum gesucht. Ist dieses erreicht, dann werden zulässige Lösungen in dessen Umgebung daraufhin überprüft, ob man von dort aus zu einem weiteren (möglicherweise besseren) lokalen Optimum gelangen kann. Eine sogenannte Tabuliste von zulässigen Bereichen, die bereits überprüft wurden, soll dabei verhindern, dass man wieder in bereits durchsuchte Bereiche gelangt. Dieser Ansatz ist in gewisser Hinsicht diametral entgegengesetzt zu einem Genetischen Algorithmus, bei dem gerade die globale Suche im Vordergrund steht.

Simulierte Abkühlung ist eine Metaheuristik, die an physikalische Abkühlungsprozesse angelehnt ist. Vor jedem Iterationsschritt wird zufällig eine Richtung ausgewählt. Allerdings geht man nur dann automatisch weiter, wenn die Zielfunktion dabei eine Verbesserung aufweist. Bei einem schlechteren Wert der Zielfunktion wird diese Richtung nur mit einer vorgegebenen Wahrscheinlichkeit gewählt. Diese Wahrscheinlichkeit wird im Laufe der Optimierungssuche allmählich verringert, sodass in der Folge weniger Richtungen in Frage kommen und man sich tendenziell immer näher auf ein globales Optimum zubewegt (falls es vorhanden ist).

Metaheuristiken liefern nicht immer die optimale Lösung eines Problems. Sie gelangen aber häufig zu recht „attraktiven" oder zumindest akzeptablen Lösungen. Dies kann für viele Anwendungen ausreichend sein.

Literatur: Hillier und Lieberman (2005).

Kapitel 12.

Ausblick – Ein mathematischer Wegweiser

Mathematik gehört traditionell zu denjenigen Fächern, die am Beginn einer wirtschaftswissenschaftlichen Ausbildung stehen. Dennoch kann es vorkommen, dass in Lehrveranstaltungen höherer Semester diverse Themen behandelt werden, deren mathematische Anforderungen über die zu Studienbeginn vermittelten Kenntnisse hinausgehen. Man könnte dabei zum Beispiel an Anwendungen denken, die unter der Bezeichnung *Operations Research* (OR) zusammengefasst werden. Unternehmensforschung ist eine ältere deutschsprachige Übersetzung dafür. Dieses Gebiet umfasst eine größere Anzahl von Verfahren (insbesondere zur Optimierung), die in den vergangenen Jahrzehnten in den verschiedensten Bereichen Anwendungen gefunden haben. Eines der bekanntesten OR-Verfahren haben wir bereits in einem eigenen Kapitel kennen gelernt, nämlich im Rahmen der Linearen Optimierung – den Simplex-Algorithmus.

Auf den nachfolgenden Seiten soll eine Reihe weiterer interessanter OR-Themen kurz vorgestellt werden. Beispielhaft wurden für diesen Zweck die kombinatorische Optimierung, Lagerhaltungsprobleme sowie die Warteschlangentheorie ausgewählt. Im Anschluss daran werden wir dann noch auf zwei mathematische Themengebiete eingehen, die bei der Modellierung des dynamischen Verhaltens wirtschaftlicher Prozesse zur Anwendung kommen. Dabei werden sowohl Prozesse in diskreter Zeit (Differenzengleichungen) als auch solche in stetiger Zeit (Differentialgleichungen) berücksichtigt.

Die Präsentation der genannten Themen soll insbesondere dazu dienen, den eigenen Horizont im Hinblick auf potentielle Anwendungen mathematischer Methoden zu erweitern und dazu anregen, sich gegebenenfalls auch mit dem einen oder anderen Thema näher zu beschäftigen. Zu diesem Zweck sind im Anschluss an jedes der Themen einige Literaturhinweise angegeben.

12.1. Operations Research

Kombinatorische Optimierung

Der Ausdruck „Handlungsreisender" taucht in der Umgangssprache nicht sehr häufig auf. Gemeint ist damit ein im Aussendienst tätiger Handels- oder Versicherungsvertreter. Es gibt allerdings zwei Beispiele, in denen dieser Ausdruck einen besonderen Platz einnimmt. Dazu gehört einmal das berühmte Theaterstück „Tod eines Handlungsreisenden" des amerikanischen Dramatikers *A. Miller* (1915–2005). Das zweite Beispiel – das Problem des Handlungsreisenden, auch unter der Bezeichnung TSP (Travelling Salesman Problem) bekannt – gilt als das klassische Problem der kombinatorischen Optimierung. Gemeint ist damit die Frage nach der günstigsten Route eines Handlungsreisenden (zum Beispiel im Hinblick auf Fahrtzeit oder Fahrtkosten) zu seinen einzelnen Kunden. Solche

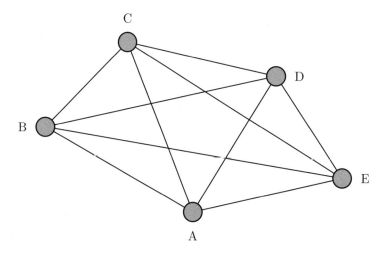

ABBILDUNG 12.1. Mögliche Routen bei fünf verschiedenen Orten

Routenprobleme treten in zahlreichen Situationen auf. Man denke nur an den Transport von Waren oder an die Postzustellung. Eine spezielle Anwendung im technischen Bereich findet sich zum Beispiel beim Einsatz von Lötrobotern, die verschiedene Lötstellen auf einer Platine zu bearbeiten haben.

Betrachten wir einmal ein einfaches Routenproblem mit fünf verschiedenen Orten A, B, C, D und E (Abbildung 12.1). Angenommen, ein Handlungsreisender startet in A und möchte jeden der anderen vier Orte genau einmal anfahren (für einen Kundenbesuch) und danach wieder nach A zurückkehren. Zunächst geht es darum, die Zahl der möglichen Routen unter dieser Bedingung zu ermitteln.

Von A aus gesehen, gibt es vier Möglichkeiten, zu einem der anderen Orte zu gelangen. Wählt man eine dieser Möglichkeiten aus, dann stehen danach nur noch drei weitere Orte zur Wahl. Damit gibt es insgesamt $4 \cdot 3 = 12$ verschiedene Möglichkeiten, von A ausgehend zwei weitere Orte zu besuchen. Hat man den dritten Ort gewählt, dann gibt es somit nur noch zwei Möglichkeiten, einen weiteren Ort zu besuchen. Insgesamt gibt es daher $4 \cdot 3 \cdot 2 = 24$ Möglichkeiten, drei verschiedene Orte auszuwählen. Da es beim letzten Ort keine Wahlmöglichkeit mehr gibt und man danach wieder nach A zurückkehrt, gibt es somit insgesamt 24 verschiedene Routen, von A ausgehend, jeden der anderen vier Orte genau einmal zu besuchen. Addiert man für jede Route die Summe der Zeiten der einzelnen Strecken, dann kann man leicht diejenige Route bestimmen, die die kürzeste Zeit aufweist.

Was aber ist, wenn die Zahl n der Orte deutlich höher ist? Bei $n = 30$, zum Beispiel, gibt es circa $9 \cdot 10^{30}$ verschiedene Routen. Ab etwa $n = 60$ nimmt die Zahl der möglichen Routen bereits eine Größenordung an, die die Zahl der Atome im Universum übertrifft. Wir wollen jetzt nicht darüber spekulieren, welche Rechenzeit nötig wäre, um in diesem Fall die Route mit der kürzesten Fahrtzeit zu bestimmen. Die exakte Lösung bei derartigen Routenproblemen zu finden, kann jedenfalls ab einer gewissen Dimension äußerst schwierig oder sogar unmöglich sein. Im Rahmen der Linearen Optimierung gab es eine Reihe von Beispielen, bei denen die zulässigen Lösungen als ganzzahlig vorausgesetzt wurden und bei denen zu Demonstrationszwecken sämtliche zulässigen Lösungen sowie deren Zielfunktionswerte bestimmt wurden. Bei größeren Problemen, das heißt, bei einer größeren Zahl von Variablen bzw. Restriktionen findet ein solches Vorgehen allerdings sehr bald seine (zeitlichen) Grenzen. Hier können der Simplex-Algorithmus bzw. spezielle Verfahren der ganzzahligen linearen Optimierung ihre Stärke ausspielen.

Eine nicht unbedeutende Rolle bei Problemen der kombinatorischen Optimierung spielen sogenannte heuristische Verfahren. Hierbei geht es nicht darum, unbedingt die optimale Lösung zu erhalten, sondern zumindest ein Ergebnis, dass man als akzeptabel ansehen kann. Ein sehr einfaches Verfahren im Zusammenhang mit TSP könnte darin bestehen, von A ausgehend, als nächsten Ort denjenigen zu wählen, der in der kürzesten Zeitdauer erreicht werden kann. Von diesem Ort aus wird ebenfalls wieder derjenige mit der kürzesten Zeitdauer ausgewählt usw. Eine derartiges Vorgehen bietet die Möglichkeit, eine in zeitlicher Hinsicht durchaus passable Route zu erhalten, wie man aus Erfahrungen weiss.

Literatur: Hillier und Lieberman (2005), Zimmermann und Stache (2001).

Lagerhaltungsprobleme

Wer Tageszeitungen verkauft, merkt noch am Tag der Lieferung, ob er zu viele oder zu wenige Exemplare bestellt hat. Im ersteren Fall wird eine gewisse Zahl gelieferter Exemplare nicht verkauft, im letzteren Fall könnten mehr Exemplare verkauft werden, allerdings sind schon alle ausverkauft. Der Vorschlag, übriggebliebene Tageszeitungen einfach am folgenden Tag anzubieten, ist nicht sehr originell, denn bekanntlich ist nichts langweiliger als die Nachrichten von gestern. Womit wir hier konfrontiert sind, ist ein klassisches Bestellmengenproblem, welches in der Literatur unter der Bezeichnung Zeitungsverkäufer-Problem bekannt ist. Dabei spielt es im Prinzip keine Rolle, ob es sich um Zeitungen, Frischwaren, Hochzeitssträuße oder Weihnachtsbäume handelt. Wesentlich ist, dass es sich um ein „verderbliches" Produkt handelt, dass nur innerhalb einer gewissen Zeitperiode einen bestimmten Nutzen besitzt.

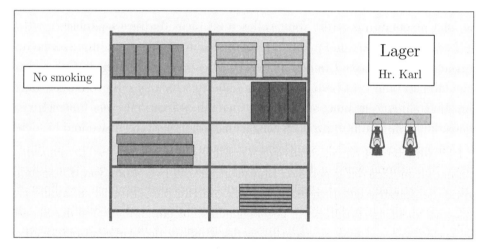

ABBILDUNG 12.2. Lager

Dieses Problem kann sehr schnell recht kompliziert werden, wenn man etwa Produkte betrachtet, die länger als einen Tag zum Verkauf angeboten werden. Man denke zum Beispiel an Lebensmittel mit einer Haltbarkeit von zwei oder mehr Tagen. Dabei müsste man nicht nur den sich verändernden Lagerbestand berücksichtigen, sondern auch die Tatsache, dass für jeden Tag eine neue Bestellung aufgegeben werden kann. Das Ziel besteht grundsätzlich darin, die Bestellmenge so zu bestimmen, dass der erwartete Gewinn maximal ist. Dabei sollte man natürlich auch anfallende Kosten berücksichtigen. Das können zum Beispiel Bestellkosten, Lagerkosten, Entsorgungskosten oder Versicherungskosten sein. In jedem Fall stellt eine Lagerung von Produkten auch immer eine Bindung von Liquidität dar. Hier wären daher auch Opportunitätskosten zu beachten.

Eine besondere methodische Herausforderung besteht darin, dass die Nachfrage nach einem Produkt häufig stochastischer Natur ist, das heißt, sie ist zufallsabhängig. Es lässt sich nicht genau vorhersagen, wann zum Beispiel eine Flasche Bordeaux-Wein in einem Supermarkt, ein Baguette in einer Bäckerei oder ein neues Mathematikbuch in einer Buchhandlung verlangt wird. Bei einer stochastischen Nachfrage wäre zu überlegen, durch welche Wahrscheinlichkeitsverteilung sich die Produktnachfrage am besten beschreiben lässt, wobei man Parameter der Verteilung aus früheren Verkaufsdaten schätzen könnte.

Blut ist bekanntlich ein ganz besonderer Saft. Die Nachfrage nach Blut bzw. nach speziellen Blutprodukten, zum Beispiel in einem Krankenhaus, sowie die entsprechende Abnahme, Lagerung und Verwendung der Blutspenden führt zu einem ganz speziellen Lagerhaltungsproblem. In diesem Fall spielen nämlich nicht nur die monetären Kosten, sondern auch ethische Aspekte eine wichtige Rolle. Schließlich ist es für die Spender ein wichtiges Anliegen, dass ihre Spende auch tatsächlich Verwendung findet und nicht in größerem Umfang einfach entsorgt wird, weil gerade kein besonderer Bedarf besteht. Manche Blutprodukte dürfen nur über einen Zeitraum von wenigen Tagen aufbewahrt werden und innerhalb dieses Zeitraums sollten sie nach Möglichkeit auch verwendet werden.

Die Aufgabe bei einem derartigen Lagerhaltungsproblem besteht dann darin, auf der Grundlage der gegebenen Blutnachfrage die Bestellung von Blutspendern sowie die (kurzfristige) Lagerhaltung etwa von Blutprodukten so zu organisieren, dass die Nachfrage erfüllt wird, gegebenenfalls nur ein geringer Teil der Spenden verworfen werden muss und natürlich der Umfang der Aufwandsentschädigungen bzw. der Kosten für Notlieferungen von anderen Krankenhäusern ebenfalls möglichst gering gehalten wird. Das Ziel ist dann, eine optimale Bestellmengenstrategie zu finden, die zu möglichst geringen erwarteten Kosten führt.

Abschließend sei noch erwähnt, dass vielen Lagerhaltungsproblemen, die in der Literatur behandelt werden, nur ein einziges Produkt zugrunde liegt. Im Hinblick auf Lagerhaltung und Bestellsystemen bei Supermärkten mit Tausenden von Produkten steht man hier natürlich vor Situationen, die auf Grund ihrer Dimension und Komplexität ganz besondere Herausforderungen darstellen.

Literatur: Hillier und Lieberman (2005), Thonemann (2010), Zimmermann und Stache (2001).

Warteschlangentheorie

Bitte warten! Es gibt sicher zahlreiche Bitten, denen man gerne nachkommt. Die Bitte (insbesondere länger) zu warten, zählt in der Regel wohl nicht dazu. Dies gilt unabhängig davon, ob es sich um das Wartezimmer eines Arztes, die Warteschleife einer Hotline oder die Warteschlange vor der Kasse eines Supermarktes handelt. Es dürfte daher nicht uninteressant sein zu erfahren, dass ein spezieller Zweig des Operations Research sich intensiv mit dieser Thematik beschäftigt, die sogenannte Warteschlangentheorie. Darauf werden wir im Folgenden kurz eingehen. Historisch gesehen, ist die Warteschlangentheorie eine relativ alte Disziplin, die erste Arbeit dazu erschien vor über 100 Jahren und beschäftigte sich mit dem Auftreten von Staus bei Telefonnetzen.

Beginnen wir mit dem Begriff der Warteschlange. Eine Warteschlange entsteht dadurch, dass in einem bestimmten Zeitraum mehr Personen vor einer entsprechenden „Bedienungsstation" (auch Kanal genannt) eintreffen, als im gleichen Zeitraum abgefertigt werden können. Von Personen ist hier nur beispielhaft die Rede, es könnte sich auch um eine größere Anzahl von Warenbestellungen handeln, die bei einem Unternehmen einlangen und möglichst rasch bearbeitet werden sollen. Nicht zu vergessen, auch Verkehrsampeln oder ein Stau bei Behördenakten

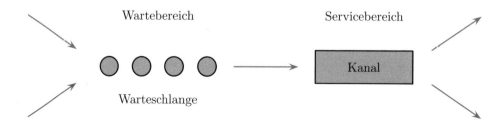

ABBILDUNG 12.3. Struktur eines einfachen Warteschlangensystems

können die Ursache für Warteschlangen sein. Abbildung 12.3 veranschaulicht die Situation eines einfachen Warteschlangensystems, bei der typischerweise zwischen dem eigentlichen Wartebereich sowie dem Servicebereich (Bedienungsbereich, Abfertigungsbereich) unterschieden wird, wobei in diesem Fall eine Warteschlange sowie ein Kanal vorliegt.

Eine wichtige Rolle beim Auftreten von Warteschlangen spielt der Zufall. Dies gilt zunächst im Hinblick auf den Zugang bzw. die Ankunft bei einer Bedienungsstation, dann natürlich im Hinblick auf die dortige Abfertigungsdauer. Die Warteschlangentheorie beschäftigt sich primär nicht mit Optimierungsproblemen, sondern mit der Beschreibung derartiger Warteschlangensysteme. Entsprechend ist man vor allem an der Bestimmung verschiedener Maßzahlen interessiert. Das könnte zum Beispiel die durchschnittliche Länge einer Warteschlange sein, die durchschnittliche Wartezeit eines Kunden innerhalb der Warteschlange, die durchschnittliche Bedienungszeit für einen Kunden, etc.

In der Warteschlangentheorie ist es üblich, zur Klassifizierung von Warteschlangensystemen bestimmte Abkürzungen zu verwenden. Eine häufig verwendete Abkürzung ist zum Beispiel M/M/1. Damit wird eines der einfachsten Warteschlangensysteme beschrieben. Der erste Buchstabe bezeichnet dabei einen gewissen Typ eines zufälligen Prozesses zur Beschreibung der Ankünfte bei einer Warteschlange, der zweite Buchstabe bezeichnet den Typ des Prozesses für die Bedienungszeit und die Zahl am Schluss gibt die Zahl der Bedienungsstationen (hier gleich 1) an. Diese Bezeichnungsweise lässt sich erweitern durch die Annahme alternativer Prozesse für Zugang und Abgang, diverse Restriktionen etc. Der oben verwendete Buchstabe „M" bezeichnet übrigens einen sogenannten Markovprozess. Darunter versteht man einen zufälligen (stochastischen) Prozess, der die Eigenschaft besitzt, dass Wahrscheinlichkeiten im Hinblick auf die weitere Entwicklung des Prozesses zwar davon abhängen, wo sich der Prozess gerade befindet, aber nicht von den Werten, die der Prozess zeitlich vorher angenommen hat. Diese Eigenschaft des Prozesses kann man auch einfach so formulieren: „Die Zukunft hängt von der Vergangenheit nur über die Gegenwart ab".

Häufig treten in der Praxis auch Warteschlangensysteme mit mehreren Warteschlangen und entsprechend vielen Bedienungsstationen auf. Hier könnte etwa von Interesse sein, wie sich in einem Supermarkt die Wartezeiten oder die Länge der Schlangen ändern, wenn eine weitere Kasse geöffnet wird. Daneben können sich verschiedene Optimierungsprobleme ergeben. Man könnte zum Beispiel die Frage nach der optimalen Zahl der Registrierkassen stellen bzw. danach, wieviele derartiger Kassen zu bestimmten Zeiten und/oder bei gegebenem Andrang zu besetzen sind. Hier wird man versuchen müssen, einen gewissen Ausgleich zwischen einem effizienten Personaleinsatz und dem aktuellen Kundenandrang zu finden. Ähnliches gilt auch für den Wartebereich einer Arztpraxis bzw. eines Krankenhauses. Der aus Patientensicht verständliche Wunsch nach kurzen Wartezeiten (allerdings bei gleichzeitig intensiver Behandlung!) lässt sich, insbesondere angesichts der Kostensituation im Gesundheitswesen, wohl kaum realisieren.

Literatur: Hillier und Lieberman (2005), Zimmermann und Stache (2001).

12.2. Differenzengleichungen

Bei der Analyse wirtschaftlicher Vorgänge ist man oft nicht nur an den absoluten Größen, sondern vor allem auch an deren zeitlichen Veränderungen interessiert. Spricht man etwa von der Wirtschaftsleistung oder Preisentwicklung eines Staates, so ist es allgemein üblich, diese mit der prozentuellen Veränderung des Bruttoinlandsprodukts gegenüber dem Vorjahr bzw. mit der prozentuellen Veränderung des Preisniveaus gegenüber dem Vorjahresmonat zu assoziieren.

Betrachten wir ein einfaches Beispiel aus dem Bereich der Finanzwirtschaft – die Wertentwicklung einer Kapitalanlage bei fixem Zinssatz. Diese lässt sich bekanntlich durch die Gleichung

$$K_{t+1} = K_t(1 + i) \tag{12.1}$$

beschreiben, wobei K_{t+1} der Kapitalbetrag zum Zeitpunkt $t+1$ bedeutet, K_t der Kapitalbetrag zum Zeitpunkt t und i der Zinssatz über die jeweilige Zeitperiode (zum Beispiel ein Jahr). Bei gegebenem Zinssatz und dem Wert des Kapitalbetrags für den Zeitpunkt t lässt sich an Hand von (12.1) unmittelbar der entsprechende Wert für den Zeitpunkt $t+1$ berechnen. Eine derartige Gleichung, bei der die Werte einer Variablen für verschiedene Zeitpunkte auftreten (in diesem Fall K_{t+1} und K_t), wird auch als Differenzengleichung bezeichnet. Der Grund dafür liegt darin, dass man diese Gleichung mit Hilfe von Differenzen ausdrücken kann, im obigen Fall durch

$$\Delta K_t - iK_t = 0$$

wobei hier der Differenzenoperator oder Δ-Operator verwendet wird, der durch $\Delta K_t = K_{t+1} - K_t$ definiert ist. Aus praktischen Gründen wird man allerdings die Darstellung (12.1) vorziehen. Außerdem lässt sich damit leicht der Kapitalbetrag für jeden beliebigen Zeitpunkt t bestimmen, wenn man neben dem Zinssatz i noch den Wert des Anfangskapitals zum Zeitpunkt 0 kennt. Es gilt nämlich

$$K_t = K_{t-1}(1 + i) = K_{t-2}(1 + i)^2 = \ldots = K_1(1 + i)^{t-1} = K_0(1 + i)^t \tag{12.2}$$

wobei man einfach für jeden einzelnen Zeitpunkt die in (12.1) beschriebene rekursive Beziehung ausnutzt. Damit erhalten wir die bekannte Formel zur Bestimmung des Endkapitals bei gegebenem Anfangskapital, dem jeweiligen Zinssatz sowie der Anlagedauer. Allerdings wurde diese Formel hier über eine Differenzengleichung bzw. eine rekursive Beziehung hergeleitet. Gibt man einen bestimmten Zinssatz sowie ein Anfangskapital vor, zum Beispiel $i = 0{,}05$ und $K_0 = 100$ (diese werden auch als Anfangsbedingungen bezeichnet), dann können die Werte für K_t für jeden Index t berechnet werden. Die konkrete Folge von Werten stellt eine spezielle Lösung der Differenzengleichung (12.1) dar, während die in (12.2) angegebene Formel die allgemeine Lösung bedeutet.

Bei diesem Beispiel steht der diskrete Zeitindex t für einen bestimmten Zeitpunkt (Zinstermin). Häufig kann t aber auch für eine bestimmte Zeitperiode stehen (für einen Monat, ein Quartal oder auch ein Jahr). Dies hängt von den verwendeten Variablen ab. Nebenbei sei erwähnt, dass sich die Änderung ΔK_t auch in Form eines Differenzenquotienten $\Delta K_t / \Delta t$ schreiben lässt, wenn man berücksichtigt, dass in unserem Fall $\Delta t = (t+1) - t = 1$ ist.

Die für Anwendungen wichtigste Klasse von Differenzengleichungen sind die linearen Differenzengleichungen, insbesondere solche mit konstanten Koeffizienten. Letztere lassen sich allgemein in der folgenden Form darstellen

$$a_0 y_t + a_1 y_{t-1} + \cdots + a_k y_{t-k} = c$$

wobei a_0, a_1,..., a_k Koeffizienten sind, die nicht von t abhängen. Ist die Konstante c gleich Null, spricht man von einer homogenen, ansonsten von einer inhomogenen Differenzengleichung. Der Index k bezeichnet die Ordnung der Differenzengleichung. Schreibt man (12.1) in der Form $K_t - (1+i)K_{t-1} = 0$, so erkennt man, dass hier eine homogene lineare Differenzengleichung erster Ordnung mit den konstanten Koeffizienten 1 und $-(1+i)$ vorliegt. Ein Beispiel für eine lineare Differenzengleichung zweiter Ordnung wäre etwa

$$y_t + 0{,}5 y_{t-1} - 0{,}5 y_{t-2} = 1 \tag{12.3}$$

In diesem Zusammenhang taucht natürlich die Frage auf, ob es überhaupt eine Lösung für eine solche Gleichung gibt, das heißt, ob es eine Folge (y_t) gibt, für die (12.3) gilt, für alle t. Gegebenenfalls stellt sich dann die Frage nach der Eindeutigkeit der Lösung bzw. wie diese konkret aussieht.

Die Theorie der Differenzengleichungen stellt ein Instrumentarium zur Verfügung, mit dessen Hilfe sich dynamische Strukturen ökonomischer Modelle untersuchen lassen. Sie beschäftigt sich insbesondere mit der Frage, unter welchen Bedingungen Differenzengleichungen lösbar sind und mit welchen Methoden Lösungen gefunden werden können. Weitere Themenschwerpunkte sind das Konvergenzverhalten von Lösungen sowie das Verhalten von Lösungen bei Änderungen der Anfangsbedingungen.

Literatur: Chiang und Wainwright (2005), Opitz und Klein (2011).

12.3. Differentialgleichungen

Wenn man sich mit Differenzengleichungen beschäftigt, dann bewegt man sich in einer Art zeitdiskreten (Modell-)Welt. In einer solchen Welt lassen sich die problemrelevanten Zeitpunkte (Zeitperioden) in einer Folge darstellen, zum Beispiel in der Form $t = 1, 2, 3, \ldots$ Im Gegensatz dazu hat ein Zeitpunkt t in einer zeitstetigen (Modell-)Welt keinen unmittelbar nächsten Zeitpunkt. Es liegen nämlich zwischen zwei beliebigen Zeitpunkten s und t mit $s < t$ unendlich viele weitere Zeitpunkte. In diesem Fall ist die Indexmenge der Zeitvariablen üblicherweise ein Intervall von der Form $[0, T]$ oder sogar die Menge aller nichtnegativen reellen Zahlen. Wie im zeitdiskreten Fall kann man auch im zeitstetigen Fall Änderungen von Variablen betrachten. Dabei zeigt sich, dass die im zeitdiskreten Fall (Differenzengleichungen) verwendeten Konzepte und Methoden viele Analogien im zeitstetigen Fall aufweisen. Ein wesentlicher Unterschied ist dabei, dass im letzteren Fall der Differentialquotient $dy/dt = y'$ statt der Variablendifferenz ($=$ Differenzenquotient) $\Delta y_t / \Delta t = \Delta y_t$ verwendet wird. Entsprechend nennt man die auf Differentialquotienten basierenden Gleichungen Differentialgleichungen.

Mit Differentialgleichungen hatten wir bereits früher zu tun, ohne dass dies eigens erwähnt wurde. Man betrachte nur einmal eine Gleichung von der Form

$$y' = f(t) \tag{12.4}$$

wobei eine Funktion $f(t)$ als Ableitung einer Funktion y gegeben ist. Die relevante Frage lautet in diesem Fall: Gibt es eine Funktion y, die die Gleichung (12.4) erfüllt, und, wenn ja, wie sieht diese Funktion aus? Bei Differentialgleichungen ist man häufig noch daran interessiert, möglichst alle Lösungen darzustellen (falls es keine eindeutige Lösung gibt). Dies ist allerdings nichts anderes als die Frage nach der Stammfunktion $F(t)$ bzw. dem unbestimmten Integral von $f(t)$. Die allgemeine Lösung der Differentialgleichung (12.4) lässt sich daher wie folgt darstellen

$$y = F(t) = \int f(t)\, dt + C$$

wobei das Problem dann darin besteht, das unbestimmte Integral zu berechnen, wie man dies von der klassischen Integralrechnung her kennt.

Ein anderes, diesmal konkretes, Beispiel für eine Differentialgleichung ist

$$y' = ay \tag{12.5}$$

wobei a eine Konstante ist, y eine Funktion und y' deren erste Ableitung. Da wir davon ausgehen, dass die zugrunde liegende Variable die Zeit ist, setzen wir y

als eine Funktion in t voraus. Aus der Integralrechnung wissen wir, dass die Exponentialfunktion mit ihrer Ableitung übereinstimmt, sodass wir nur noch die Konstante berücksichtigen müssen, um zu einer Lösung zu gelangen. Offensichtlich stellt

$$y = Ae^{at} \tag{12.6}$$

eine Lösung für die Gleichung (12.5) dar, wobei A eine beliebige Konstante ist. Dies kann man durch Bildung der Ableitung leicht nachprüfen. Es gilt außerdem, dass durch (12.6) alle Lösungen von (12.5) beschrieben werden, weshalb (12.6) auch als allgemeine Lösung bezeichnet wird. Ist zum Beispiel $a = 0{,}05$ und setzt man $A = 1000$, so erhält man eine spezielle Lösung von (12.5), wobei A gleich dem Funktionswert von y für $t = 0$ (Anfangsbedingung) ist. Die Funktion y könnte man zum Beispiel als den Betrag einer Kapitalanlage zum Zeitpunkt t interpretieren, wobei A der Anfangsbetrag und a der (stetige) Zinssatz ist. Die Differentialgleichung (12.5) beschreibt dabei das instantane Wachstum der Kapitalanlage zu jedem Zeitpunkt t.

Gleichung (12.5) ist ein Beispiel für ein wichtige Klasse von Differentialgleichungen, nämlich die linearen Differentialgleichungen mit konstanten Koeffizienten, die sich allgemein wie folgt darstellen lassen:

$$a_0 y^{(k)} + a_1 y^{(k-1)} + \cdots + a_{k-1} y' + a_k y = c$$

Dabei sind a_0, a_1,..., a_k Koeffizienten, die nicht von t abhängen und c eine Konstante. Ist c gleich Null, spricht man von einer homogenen, ansonsten von einer inhomogenen Differentialgleichung. $y^{(k)}$, $y^{(k-1)}$ usw. stehen natürlich für entsprechende (höhere) Ableitungen von y. Der Index k bezeichnet die Ordnung der Differentialgleichung. Gleichung (12.5) wäre somit eine homogene lineare Differentialgleichung erster Ordnung.

Die Theorie der Differentialgleichungen bietet zahlreiche Methoden zur Lösung derartiger Gleichungen. Erwartungsgemäß spielt dabei die Integralrechung eine zentrale Rolle. Die hier betrachteten Differentialgleichungen werden auch als gewöhnliche Differentialgleichungen bezeichnet, da sie jeweils auf einer einzigen Variablen basieren. Ein eigener Zweig der Mathematik ist die Theorie der partiellen Differentialgleichungen, die sich mit Differentialgleichungen von zwei oder mehr Variablen beschäftigt. Hier spielen numerische (approximative) Lösungsmethoden eine besonders wichtige Rolle, da analytische, das heißt formelmäßige Lösungen, häufig nicht existieren.

Literatur: Chiang und Wainwright (2005), Opitz und Klein (2011).

Anhang

Anhang A.

Elementarmathematik – Wiederholung

Studienanfänger, insbesondere wenn die Schulzeit schon einige Jahre zurückliegt, haben nicht selten gewisse Schwierigkeiten, im ersten Semester dem Niveau der Lehrveranstaltung im Fach Mathematik zu folgen. Dies liegt teilweise an mangelhaften Kenntnissen (schul-)mathematischer Grundlagen, die für diese Lehrveranstaltung vorausgesetzt werden. „Mangelnde Sicherheit im Bruchrechnen, beim Umgang mit Potenzen und beim Lösen von Gleichungen ist für viele Studierende die größte Fehlerquelle in den ersten beiden Semestern ihrer Mathematikausbildung." (Arens et al. [2008]).

Zu diesem Zweck sollen im Folgenden einige mathematische Grundlagen kurz wiederholt werden. Dies soll dazu beitragen, die Schwierigkeiten der Studienanfänger zu verringern. Zu den ausgewählten Themen gehören das Rechnen mit Brüchen, Logarithmen, Potenzen und Wurzeln sowie das Lösen von Ungleichungen und das Summenzeichen.

Brüche

Unter einer Bruchzahl r versteht man normalerweise eine Zahl der Form

$$r = \frac{p}{q}$$

wobei p eine ganze Zahl und q eine natürliche Zahl ist. Dabei wird p als Zähler und q als Nenner bezeichnet. Beispiele für Bruchzahlen sind

$$\frac{2}{4} \qquad \frac{-5}{7} \qquad \frac{6}{3}$$

Wenn von einem Bruch die Rede ist, dann wird darunter aber auch einfach ein Quotient von der Form

$$\frac{x}{y}$$

verstanden, wobei x und y beliebige reelle Zahlen sein können, mit $y \neq 0$.

Wir beginnen mit der Definition der Gleichheit zweier Brüche. Man nennt zwei Brüche gleich, symbolisch

$$\frac{a}{b} = \frac{c}{d}$$

falls gilt:

$$ad = bc$$

Entscheidend für die Gleichheit zweier Brüche ist also die Gleichheit der Kreuzprodukte. Die Gleichheit der Zähler und Nenner ist lediglich ein Spezialfall. Im Folgenden sind die wichtigsten Rechenregeln für Brüche zusammengestellt.

- Multiplikation eines Bruchs mit einer Zahl bzw. Division durch eine Zahl

$$\frac{a}{b} \cdot c = \frac{a \cdot c}{b} \qquad c \in \mathbb{R}$$

$$\frac{a}{b} : c = \frac{a}{b \cdot c} \qquad c \neq 0$$

Multipliziert man also einen Bruch mit einer Zahl, dann wird einfach der Zähler des Bruchs mit dieser Zahl multiplizert, zum Beispiel

$$\frac{4}{7} \cdot 3 = \frac{12}{7}$$

Bei einer Division durch eine Zahl wird der Nenner des Bruchs mit dieser Zahl multipliziert, zum Beispiel

$$\frac{4}{7} : 3 = \frac{4}{21}$$

- Produkt zweier Brüche bzw. Division zweier Brüche

$$\frac{a}{b} \cdot \frac{c}{d} = \frac{a \cdot c}{b \cdot d}$$

$$\frac{\frac{a}{b}}{\frac{c}{d}} = \frac{a \cdot d}{b \cdot c}$$

Das Produkt zweier Brüche erhält man, indem jeweils die Zähler und die Nenner getrennt multipliziert werden, zum Beispiel

$$\frac{2}{3} \cdot \frac{4}{5} = \frac{8}{15}$$

Wird ein Bruch durch einen anderen Bruch dividiert, dann lässt sich das Ganze relativ leicht berechnen, indem man einfach den „Zähler-Bruch" mit dem Kehrwert des „Nenner-Bruchs" multipliziert, zum Beispiel

$$\frac{\frac{5}{8}}{\frac{2}{9}} = \frac{5}{8} \cdot \frac{9}{2} = \frac{45}{16}$$

- Summe zweier Brüche

$$\frac{a}{b} + \frac{c}{b} = \frac{a+c}{b}$$
$$\frac{a}{b} + \frac{c}{d} = \frac{a \cdot d + c \cdot b}{b \cdot d}$$

Will man zwei Brüche addieren, die den gleichen Nenner haben, dann werden einfach die beiden Zähler addiert, zum Beispiel

$$\frac{2}{3} + \frac{4}{3} = \frac{6}{3} = 2$$

Sind die beiden Nenner verschieden, dann muss man zunächst einen gemeinsamen „Hauptnenner" aus dem Produkt der Nenner bilden. Die Zähler werden jeweils mit dem Nenner des anderen Bruchs multiplizert und dann addiert, zum Beispiel

$$\frac{2}{3} + \frac{3}{4} = \frac{2 \cdot 4 + 3 \cdot 3}{3 \cdot 4} = \frac{17}{12}$$

Abschließend soll noch auf eine recht praktische Regel hingewiesen werden, die auf der folgenden Gleichung beruht:

$$\frac{a}{b} = \frac{a}{b} \cdot 1 = \frac{a}{b} \cdot \frac{c}{c} = \frac{a \cdot c}{b \cdot c}$$

Man kann also Zähler und Nenner eines Bruchs mit einer Zahl $c \neq 0$ multiplizieren („erweitern"), ohne dass sich der Wert des Bruchs dabei ändert. Damit gilt natürlich auch die folgende Regel („Kürzen"):

$$\frac{a}{b} = \frac{a \cdot \dfrac{1}{c}}{b \cdot \dfrac{1}{c}} = \frac{\dfrac{a}{c}}{\dfrac{b}{c}}$$

Der Wert eines Bruchs bleibt somit unverändert, wenn man sowohl Zähler als auch Nenner durch dieselbe Zahl dividiert, zum Beispiel

$$\frac{6}{15} = \frac{\dfrac{6}{3}}{\dfrac{15}{3}} = \frac{2}{5}$$

Abschließend sei noch einmal darauf hingewiesen, dass der Nenner eines Bruchs stets ungleich Null sein muss, da die Division durch Null nicht definiert ist.

Logarithmen

Betrachten wir für eine positive Zahl c die Gleichung

$$\mathrm{e}^x = c$$

Dabei soll e natürlich die Euler'sche Zahl bedeuten. Für diese Gleichung lässt sich zeigen, dass sie eindeutig lösbar ist, das heißt, sie besitzt genau eine Lösung. Diese Lösung wird mit dem Symbol $\ln c$ (Logarithmus von c) bezeichnet. Es gilt somit:

$$\ln c = x$$

Für einige Spezialfälle lässt sich der Logarithmus von c, das heißt die Lösung der Gleichung $e^x = c$, leicht bestimmen. Offensichtlich gilt:

$$\ln 1 = 0$$
$$\ln e = 1$$
$$\ln e^x = x$$

Man kann natürlich für jede positive Zahl c den Wert von $\ln c$ bestimmen, allerdings ist dazu normalerweise ein Taschenrechner erforderlich. So erhält man etwa für $\ln 2$ den Wert 0,693.

- Rechenregeln für Logarithmen ($x > 0$, $y > 0$, b beliebig)

$$\ln(xy) = \ln x + \ln y$$
$$\ln \frac{x}{y} = \ln x - \ln y$$
$$\ln x^b = b \ln x$$

Man beachte, dass es für $\ln(x + y)$ keine spezielle Rechenregel gibt.

Potenzen

Ist a eine beliebige Zahl und n eine natürliche Zahl, dann versteht man unter der n-ten Potenz von a das Produkt

$$a^n = \underbrace{a \cdot a \cdot \ldots \cdot a}_{n \text{ Faktoren}}$$

wobei a als Basis und n als Exponent bezeichnet wird. Ist a positiv, dann ist auch a^n positiv. Ist a negativ, dann ist a^n für gerades n positiv und für ungerades n negativ.

- Rechenregeln für Potenzen (a und b beliebige Zahlen, n und m natürliche Zahlen)

$$a^n \cdot a^m = a^{n+m}$$
$$(a^n)^m = (a^m)^n = a^{n \cdot m}$$
$$a^n \cdot b^n = (a \cdot b)^n$$

Ist $a \neq 0$, dann kann man Potenzen auch für ganze Zahlen als Exponenten definieren:

$$a^0 = 1 \qquad a^{-n} = \frac{1}{a^n}$$

In diesem Fall gelten die obigen Rechenregeln auch für ganze Zahlen m und n ($a \neq 0$, $b \neq 0$). Insbesondere gilt dann

$$\frac{a^m}{a^n} = a^{m-n}$$

Summenzeichen

Bei der Addition endlich vieler reeller Zahlen $x_1, x_2, \ldots, x_n$ verwendet man zur Darstellung der Summe häufig das sogenannte Summenzeichen

$$x_1 + x_2 + \cdots + x_n = \sum_{i=1}^{n} x_i$$

Dabei ist $\sum$ das große griechische Sigma (Sigma = S für Summe), x_i ist die Summationsvariable und i ist der Summationsindex (häufig werden als Indizes auch j oder k verwendet). Die Zahlen 1 und n stehen für die untere bzw. obere Summationsgrenze. So kann man zum Beispiel die Summe der ersten zehn natürlichen Zahlen schreiben als

$$1 + 2 + \cdots + 10 = \sum_{i=1}^{10} i$$

wobei $x_i = i$ ist. Das Summenzeichen kann auch auf kompliziertere Ausdrücke angewandt werden, wie zum Beispiel

$$\sum_{i=1}^{10} (2i^2 + 3i + 1)$$

Für derartige Fälle gibt es einige nützliche Rechenregeln, mit denen sich der obige Ausdruck vereinfachen lässt.

- Rechenregeln für Summen

$$\sum_{i=1}^{n} (x_i \pm y_i) = \sum_{i=1}^{n} x_i \pm \sum_{i=1}^{n} y_i$$

$$\sum_{i=1}^{n} c x_i = c \sum_{i=1}^{n} x_i$$

$$\sum_{i=1}^{n} c = nc$$

Die obige Summe lässt sich daher zerlegen in

$$\sum_{i=1}^{10} (2i^2 + 3i + 1) = 2 \sum_{i=1}^{10} i^2 + 3 \sum_{i=1}^{10} i + \sum_{i=1}^{10} 1 = 2 \cdot 385 + 3 \cdot 50 + 10 = 930$$

Die angegebenen Rechenregeln lassen sich übrigens analog formulieren, falls die Summierung bei einer anderen Zahl als 1 beginnen soll, wie etwa

$$\sum_{i=5}^{20} x_i = x_5 + x_6 + \cdots + x_{20}$$

Ungleichungen

Für zwei reelle Zahlen x und y gilt genau eine der drei folgenden Relationen

$$x < y \qquad x = y \qquad x > y$$

wobei die erste und die dritte Relation sogenannte strikte Ungleichungen darstellen. Beispiele dafür sind etwa $4 < 8$ oder $15 > 9$. Für das Rechnen mit Ungleichungen gelten einige spezielle Regeln, die im Folgenden zusammengefasst sind.

- Rechenregeln für Ungleichungen

$$\text{Ist } x < y, \text{ dann ist } x + c < y + c \qquad \text{für } c \in \mathbb{R}$$

$$\text{Ist } x < y, \text{ dann ist } xc < yc \qquad \text{für } c > 0$$

$$\text{Ist } x < y, \text{ dann ist } xc > yc \qquad \text{für } c < 0$$

Addiert man also eine Zahl zu einer Ungleichung, dann wird die Zahl zu jeder Seite der Ungleichung addiert und das Ungleichungszeichen bleibt erhalten. Bei der Multiplikation einer Ungleichung mit einer Zahl wird jede Seite der Ungleichung mit dieser Zahl multipliziert, wobei das Ungleichungszeichen erhalten bleibt, falls die Zahl positiv ist. Ist sie negativ, dreht sich das Ungleichungszeichen um.

Addiert man zum Beispiel zur Ungleichung $4 < 8$ die Zahl 5, dann folgt $4 + 5 < 8 + 5$ bzw. $9 < 13$. Gelegentlich wird das auch so formuliert:

$$4 < 8 \qquad | + 5$$
$$4 + 5 < 8 + 5$$
$$9 < 13$$

Da die Subtraktion nichts anderes ist als die Addition einer negativen Zahl gilt natürlich auch:

$$4 < 8 \qquad | - 3$$
$$4 - 3 < 8 - 3$$
$$1 < 5$$

Bei der Multiplikation mit einer positiven Zahl sieht das so aus:

$$4 < 8 \qquad | \cdot 2$$
$$4 \cdot 2 < 8 \cdot 2$$
$$8 < 16$$

Bei der Multiplikation mit einer negativen Zahl würde dann entsprechend gelten:

$$4 < 8 \qquad | \cdot (-4)$$
$$4 \cdot (-4) > 8 \cdot (-4)$$
$$-16 > -32$$

Vereinbart man noch die Schreibweise $x \leq y$ für die zusammengesetzte Aussage $x < y$ oder $x = y$, dann gelten analoge Rechenregeln auch für diese Art von Ungleichung. Das gleiche gilt für den Fall zusammengesetzter Ungleichungen. So kann man zum Beispiel die Ungleichungen $4 < 8$ und $8 < 12$ zur „doppelten" Ungleichung $4 < 8 < 12$ zusammenfassen.

Ähnlich wie bei Gleichungen gibt es auch bei Ungleichungen solche, die nach einer unbekannten Variablen x „aufzulösen" sind, was nichts anderes bedeutet, als dass man versucht, die Variable auf einer Seite zu isolieren. Betrachtet man zum Beispiel die Ungleichung $8x - 2 < 4x + 10$, dann folgt unter Verwendung der obigen Rechenregeln:

$$4x < 12 \qquad | : 4$$
$$x < 3$$

Sämtliche reellen Zahlen kleiner als 3 lösen also die ursprüngliche Ungleichung. Wenn man will, kann man das auch in Form einer Lösungsmenge L angeben:

$$L = \{x : x < 3\}$$

Beachten Sie, dass die Division durch 4 der Multiplikation mit 1/4 entspricht. Aus diesem Grund bleibt das Ungleichheitszeichen unverändert.

Hat man es mit einer Ungleichung der Form

$$\frac{8}{x - 4} < 4$$

zu tun, dann erscheint es zweckmäßig, die Ungleichung mit $x - 4$ zu multiplizieren. Allerdings muss man hier eine Fallunterscheidung treffen, je nachdem, ob $x - 4$ positiv oder negativ ist. Nehmen wir an, dass $x - 4 > 0$ ist und damit $x > 4$. Dann folgt:

$$8 < 4(x - 4)$$
$$8 < 4x - 16$$
$$24 < 4x$$
$$6 < x$$

Damit haben wir mit Hilfe der Annahme $x-4>0$ die Ungleichung $6<x$ hergeleitet. Nimmt man dagegen an, dass $x-4<0$ ist und damit $x<4$, dann folgt:

$$8 > 4(x-4)$$
$$8 > 4x - 16$$
$$24 > 4x$$
$$6 > x$$

Auf Grund der beiden Fallunterscheidungen lautet die Lösungsmenge daher:

$$L = \{x : x < 4 \text{ oder } x > 6\}$$

Wurzeln

Man kann zeigen, dass für $a \geq 0$ die Gleichung

$$x^2 = a$$

eine eindeutig bestimmte nichtnegative Lösung besitzt. Diese Lösung wird mit $\sqrt{a} = a^{\frac{1}{2}}$ (Wurzel aus a bzw. Quadratwurzel aus a) bezeichnet. So ist etwa $\sqrt{4}=2$.
- Rechenregeln für Wurzeln ($a \geq 0$, $b \geq 0$)

$$\sqrt{ab} = \sqrt{a} \cdot \sqrt{b}$$
$$\sqrt{\frac{a}{b}} = \frac{\sqrt{a}}{\sqrt{b}} \qquad b \neq 0$$

Man kann allgemein zeigen, dass für $a \geq 0$ und jede natürliche Zahl $k \geq 2$ die Gleichung

$$x^k = a$$

eine eindeutig bestimmte nichtnegative Lösung besitzt. Diese Lösung wird mit $\sqrt[k]{a} = a^{\frac{1}{k}}$ (k-te Wurzel aus a) bezeichnet. So ist etwa $\sqrt[3]{8}=2$.
- Rechenregeln für k-te Wurzeln ($a \geq 0$, $b \geq 0$)

$$\sqrt[k]{ab} = \sqrt[k]{a} \cdot \sqrt[k]{b}$$
$$\sqrt[k]{\frac{a}{b}} = \frac{\sqrt[k]{a}}{\sqrt[k]{b}} \qquad b \neq 0$$

Anhang B.

Hinweise zur Verwendung von Excel

Für die Beispiele und Aufgaben zum Simplex-Algorithmus (Kapitel 6. Lineare Optimierung) ist eine geeignete Software erforderlich bzw. empfehlenswert, bei der dieser Algorithmus implementiert ist. Soweit keine andere Software zur Verfügung steht, kann für Übungszwecke auch die weitverbreitete Tabellenkalkulations-Software Excel von Microsoft verwendet werden. Excel verfügt über ein spezielles Add-In, den sogenannten Solver, der für Optimierungsprobleme genutzt werden kann. Sollte der Solver in Excel noch nicht installiert sein, finden Sie entsprechende Hinweise zur Installation unter dieser Internetadresse:

`http://office.microsoft.com/de-ch/excel-help/`
`/hinzufugen-oder-entfernen-von-add-ins-HP010342658.aspx`

Der Simplex-Algorithmus

Im Folgenden wird eine kurze Anleitung zur Verwendung des Solvers für den Simplex-Algorithmus gegeben. Dabei werden Grundkenntnisse im Umgang mit Excel vorausgesetzt. Beachten Sie, dass sich die Beschreibung auf Excel 2010 bezieht, allerdings sollten in diesem Fall nur geringfügige Unterschiede zu früheren Versionen bestehen.

Für das Beispiel aus Abschnitt 6.1. lassen sich die erforderlichen Angaben für die Anwendung des Solvers wie folgt darstellen:

A	B	C	D
0	0		
4	0	0	300
3	3	0	300
0	6	0	360
1	2	0	

Dabei sollen die obigen Spalten die ersten vier Spalten eines Tabellenblatts bezeichnen, wobei die Spalten A, B und D (zweite bis fünfte Zeile) die Angaben des Beispiels enthalten. Von spezieller Bedeutung sind die grau unterlegten Zellen (erste Zeile und Spalte C). Die Werte (jeweils Null) in der ersten Zeile sind als Startwerte einzugeben (= veränderbare Zellen). In die Zellen der Spalte C (Zeile zwei bis fünf) sind die folgenden Formeln zu speichern (produzierte Stückzahlen sowie Gesamtgewinn):

$$A2*\$A\$1+B2*\$B\$1$$

$$A3*\$A\$1+B3*\$B\$1$$

$$A4*\$A\$1+B4*\$B\$1$$

$$A5*\$A\$1+B5*\$B\$1$$

Man kann jetzt den Solver aufrufen, indem man auf das Registerblatt DATEN (bei früheren Versionen: EXTRAS) und dann auf den Menüpunkt SOLVER klickt. Damit öffnet sich das Solver-Fenster. Dort ist zunächst die Adresse der Zielzelle einzugeben (im Beispiel $C5 = Gesamtgewinn). Danach ist anzugeben, ob es sich um ein Maximierungs- oder ein Minimierungsproblem handelt. Als Nächstes sind die veränderbaren Zellen einzugeben (im Beispiel $A$1:$B$1). Schließlich sind noch die Nebenbedingungen hinzuzufügen (im Beispiel $A$1>=0, $B$1>=0, $A$1=integer (int), $B$1=integer (int), $C$2:$C$4<=$D$2:$D$4). Dann auf LÖSEN klicken. Für das beschriebene Beispiel sollten in den veränderbaren Zellen die Werte 40 und 60, in der Zielzelle der Wert 160 (maximaler Gewinn) stehen.

Weitere Hinweise zum Excel-Solver findet man unter der folgenden Internetadresse: `http://office.microsoft.com/de-de/excel-help/` `/erkennen-und-losen-eines-problems-mithilfe-von-solver-HP010342416.aspx`

Anhang C.

Lösungen zu ausgewählten Aufgaben

Auf den folgenden Seiten finden Sie die Lösungen zu den „geraden" Aufgaben, die am Ende der einzelnen Kapitel gestellt wurden. Dabei sind oft nur das Ergebnis, gelegentlich aber auch Lösungshinweise oder sogar der gesamte Lösungsweg angegeben. Für die mit einem * gekennzeichneten Aufgaben ist eine geeignete Software erforderlich bzw. empfehlenswert. Beachten Sie dazu auch die Hinweise in Anhang B.

Kapitel 1

1.2   a)

P	Q	$\neg P$	$\neg Q$	$P \wedge Q$	$\neg(P \wedge Q)$	$\neg P \vee \neg Q$	$\neg(P \wedge Q) \Leftrightarrow (\neg P \vee \neg Q)$
w	w	f	f	w	f	f	w
w	f	f	w	f	w	w	w
f	w	w	f	f	w	w	w
f	f	w	w	f	w	w	w

b)

P	Q	$\neg P$	$\neg Q$	$P \Rightarrow Q$	$\neg Q \Rightarrow \neg P$	$(P \Rightarrow Q) \Leftrightarrow (\neg Q \Rightarrow \neg P)$
w	w	f	f	w	w	w
w	f	f	w	f	f	w
f	w	w	f	w	w	w
f	f	w	w	w	w	w

c) Die Aussage ist falsch (zum Beispiel gilt $x \cdot 0 = 0$).

d) „Für jede reelle Zahl x gibt es eine reelle Zahl y, mit $x \cdot y = 0$ oder $x \cdot y < 0$".

1.4   a) $A \cup B = S$

      b) $A \cap B \cap C = \{1\}$

      c) $\overline{B \cap C} = \{2,3,4\}$

      d) $\overline{A} \cap (B \cup C) = \{5\}$

1.6 M besitzt $2^4 = 16$ verschiedene Teilmengen:

$\emptyset, \{1\}, \{2\}, \{3\}, \{4\}, \{1,2\}, \{1,3\}, \{1,4\}, \{2,3\}, \{2,4\}, \{3,4\}, \{1,2,3\}, \{1,2,4\},$
$\{1,3,4\}, \{2,3,4\}, \{1,2,3,4\}.$

1.8 A = Menge der Teilnehmer, die Gulasch mögen

     B = Menge der Teilnehmer, die Eintopf mögen

     C = Menge der Teilnehmer, die Sushi mögen

      a) $|A \cap B| = 5$

      b) $|B \cap C| = 3$

      c) $|\overline{A} \cap \overline{B} \cap C| = 4$

Dabei bedeutet |Menge| die Anzahl der Elemente der Menge.

1.10 $M_1 \times M_2 \times M_3 = \{(1,a,x),(1,a,y),(1,b,x),(1,b,y),(2,a,x),(2,a,y),$
$(2,b,x),(2,b,y),(3,a,x),(3,a,y),(3,b,x),(3,b,y)\}$

Kapitel 2

2.2   13821 Euro

2.4   a) 12410 Euro

      b) 3,7 % p. a.

2.6   14483 Euro

2.8   162745 Euro

2.10   18244 Euro

Kapitel 3

3.2   Die Vektoren sind linear abhängig: $v_3 = v_1 + 3v_2$.

3.4   Die Vektoren sind linear abhängig. Eine nichttriviale Lösung des Gleichungssystems $c_1 u + c_2 v + c_3 w = 0$ ist zum Beispiel: $c_1 = 3$, $c_2 = -4$, $c_3 = -8$.

3.6 Der angegebene Vektor ist keine Linearkombination der übrigen Vektoren, da das Gleichungssystem

$$
\begin{aligned}
2c_1 \quad\ + 3c_3 &= \ 8 \\
2c_1 \qquad\qquad &= 14 \\
c_1 \ + 2c_3 &= \ 1
\end{aligned}
$$

nicht lösbar ist.

3.8 a) Die Vektoren v_1 und v_2 bilden eine Basis des $\mathbb{R}^2$.

b) Die Vektoren v_1, v_2 und v_3 bilden keine Basis des $\mathbb{R}^2$.

3.10 Die Vektoren v_1, v_2 und v_3 bilden eine Basis des $\mathbb{R}^3$.

Kapitel 4

4.2 a) $3A - 2B = \begin{pmatrix} 22 & -1 & 3 \\ 4 & -14 & -7 \\ 12 & -12 & -9 \end{pmatrix}$ b) $AA' = \begin{pmatrix} 74 & 35 & 57 \\ 35 & 17 & 27 \\ 57 & 27 & 45 \end{pmatrix}$

c) $(A \cdot B)' = \begin{pmatrix} 21 & 7 & 15 \\ 41 & 14 & 30 \\ 56 & 21 & 45 \end{pmatrix}$ d) $B' \cdot A' = (A \cdot B)'$

4.4 a) Nein.

b) $D = \begin{pmatrix} 1 & 0 & 0 & 0 \\ 0 & 1/2 & 0 & 0 \\ 0 & 0 & 1/3 & 0 \\ 0 & 0 & 0 & 1/4 \end{pmatrix}$

4.6 a) $\det(C) = 50$ b) $\det(D) = -27$

4.8 a) $\operatorname{rg}(C) = 2$ b) $\operatorname{rg}(D) = 3$

4.10 Das Produkt der beiden Matrizen M und X ergibt die Nullmatrix.

Kapitel 5

5.2 a) Das Gleichungssystem ist eindeutig lösbar:

$$
\begin{pmatrix} u \\ v \\ w \end{pmatrix} = \begin{pmatrix} 1 \\ 0 \\ 3 \end{pmatrix}
$$

b) Das Gleichungssystem ist eindeutig lösbar:

$$x = \begin{pmatrix} x_1 \\ x_2 \\ x_3 \end{pmatrix} = \begin{pmatrix} 1 \\ 1 \\ 2 \end{pmatrix}$$

5.4   a) Das Gleichungssystem hat unendlich viele Lösungen:

Allgemeine Lösung: $x = \begin{pmatrix} x_1 \\ x_2 \\ x_3 \\ x_4 \\ x_5 \end{pmatrix} = \begin{pmatrix} -3x_4 + x_5 - 1 \\ -3x_4 - 1 \\ x_4 - 2x_5 + 1 \\ x_4 \\ x_5 \end{pmatrix}$ x_4, x_5 beliebig

Spezielle Lösung: $x^* = \begin{pmatrix} -1 \\ -1 \\ 1 \\ 0 \\ 0 \end{pmatrix}$

b) Das Gleichungssystem hat unendlich viele Lösungen:

Allgemeine Lösung: $x = \begin{pmatrix} x_1 \\ x_2 \\ x_3 \end{pmatrix} = \begin{pmatrix} x_3 + 1 \\ -x_3 \\ x_3 \end{pmatrix}$ x_3 beliebig

Spezielle Lösung: $x^* = \begin{pmatrix} 1 \\ 0 \\ 0 \end{pmatrix}$

5.6

$$100x + 30y = 300$$
$$150x + 80y = 500$$

x = Preis pro Currywurst = 2,60 Euro (gerundet)

y = Preis pro Flasche Afri Cola = 1,45 Euro (gerundet)

5.8 Das Gleichungssystem ist nicht lösbar.

5.10 Das Gleichungssystem hat unendlich viele Lösungen:

Allgemeine Lösung: $x = \begin{pmatrix} x_1 \\ x_2 \\ x_3 \\ x_4 \end{pmatrix} = \begin{pmatrix} x_4 - 1 \\ 2x_3 \\ x_3 \\ x_4 \end{pmatrix}$ x_3, x_4 beliebig

$$\text{Spezielle Lösung: } x^* = \begin{pmatrix} -1 \\ 0 \\ 0 \\ 0 \end{pmatrix}$$

Kapitel 6

6.2 Maximum bei $x_1 = 3$ und $x_2 = 6$: $Z = 21$.

6.4 Der Gesamtgewinn ist maximal ($= 420$ Euro), wenn jeweils sechs Stück von jedem Produkt erzeugt werden.

6.6 Der Gesamtgewinn ist maximal ($= 450$ Euro), wenn jeweils drei Stück von den Produkten A und C sowie neun Stück von Produkt B erzeugt werden.

6.8 Die (erwartete) Gesamtrendite ist maximal bei einer Investition von 6.000 Euro in F_1 und 4.000 Euro in F_2.

6.10 Die maximale Gesamtproduktion beträgt 9,2 Produkteinheiten.

Kapitel 7

7.2   a) (x_n) ist monoton fallend und beschränkt.

     b) (y_n) ist monoton wachsend und beschränkt.

     c) (z_n) ist monoton fallend und beschränkt.

*7.4 Alle drei Folgen sind Nullfolgen, wobei die zweite Folge am schnellsten konvergiert, dann die erste und dann die dritte.

7.6   a) Die Folge konvergiert gegen 0.

     b) Die Folge ist divergent.

     c) Die Folge konvergiert gegen 0.

     d) Die Folge ist divergent.

7.8   –

*7.10 Beide Folgen konvergieren gegen die Zahl e, wobei die zweite Folge wesentlich schneller konvergiert.

Kapitel 8

8.2   a) $D = \mathbb{R}$

     b) $D = \{x \in \mathbb{R} : x \neq 3, x \neq -3\}$

     c) $D = \{x \in \mathbb{R} : x \neq 0, x \neq 1\}$

d) $D = \{x \in \mathbb{R} : x < 1 \text{ oder } x > 2\}$

8.4 a) $f(x)$ ist nach oben beschränkt: $x = \dfrac{5}{6}$ ist eine obere Schranke.

b) $f(x)$ ist nach oben beschränkt: $x = 1$ ist eine obere Schranke.

8.6 −

8.8 $S(x) = 8 + \dfrac{20}{x} \to 8 \qquad$ für $x \to \infty$

8.10 −

Kapitel 9

9.2 a) $f'(x) = 24x^5 + 8x^3 + 8x$

$f''(x) = 120x^4 + 24x^2 + 8$

b) $f'(x) = \dfrac{6x^2 + 8x - 3}{(x+2)^2}$

$f''(x) = \dfrac{24x^2 + 48x + 10}{(x+2)^3}$

c) $f'(x) = \dfrac{2x+1}{x^2+x}$

$f''(x) = -\dfrac{2x^2 + 2x + 1}{(x^2+x)^2}$

d) $f'(x) = \dfrac{1}{2\sqrt{x}}$

$f''(x) = -\dfrac{1}{4\sqrt{x^3}}$

9.4 a) Die Funktion ist streng monoton wachsend.

b) Für $x > -2$ ist die Funktion streng monoton wachsend.

Für $x < -2$ ist die Funktion streng monoton fallend.

c) Die Funktion ist streng monoton wachsend.

d) Für $x \neq 0$ ist die Funktion streng monoton fallend.

9.6 $x = 4$ ist Stelle eines lokalen Minimums: $f'(4) = 0$, $f''(4) > 0$.

9.8 $x = 2$ ist Stelle eines lokalen Maximums: $f'(2) = 0$, $f''(2) < 0$.

9.10 $x = 10/3$ ist Stelle eines Wendepunktes: $K''(\frac{10}{3}) = 0$, $K'''(\frac{10}{3}) \neq 0$.

Kapitel 10

10.2   a) $\int e^{-4x} \, \mathrm{d}x = -\frac{1}{4} e^{-4x}$

      b) Substitution: $u = 3z - 2$

$$\int (3z - 2)^3 \, \mathrm{d}z = \frac{1}{12} (3z - 2)^4$$

      c) $\int \frac{y+1}{y^2-1} \, \mathrm{d}y = \ln|y-1| = \begin{cases} \ln(y-1) & \text{falls } y > 1 \\ \ln(1-y) & \text{falls } y < 1 \end{cases}$

      d) $\int (x+2)(x-3) \, \mathrm{d}x = \frac{x^3}{3} - \frac{x^2}{2} - 6x$

10.4   a) $\int \frac{1}{\sqrt{2\pi}} \cdot x \cdot e^{-\frac{1}{2}x^2} \, \mathrm{d}x = -\frac{1}{\sqrt{2\pi}} \cdot e^{-\frac{1}{2}x^2}$

      b) $\int \sqrt{4x} \, \mathrm{d}x = \frac{1}{6} \sqrt{64x^3}$

10.6   a) Substitution: $u = e^x + 4$

$$\int e^x (e^x + 4)^3 \, \mathrm{d}x = \frac{1}{4} (e^x + 4)^4$$

      b) Substitution: $u = t^3 + 5t + 1$

$$\int_0^2 \frac{3t^2 + 5}{t^3 + 5t + 1} \, \mathrm{d}t = \int_1^{14} \frac{1}{u} \, \mathrm{d}u = 2,64$$

10.8   a) Richtig.

      b) Richtig.

10.10   a) Dichtefunktion.

       b) Dichtefunktion.

Kapitel 11

11.2   a) $f_x = 2x + 4y \quad f_y = 4x - 3y^2$

      b) $f_x = 2y^2 - \frac{y}{x^2} \quad f_y = 4xy + \frac{1}{x}$

11.4   a) $f_{xx} = 2 \quad f_{xy} = 4 \quad f_{yx} = 4 \quad f_{yy} = -6y$

      b) $f_{xx} = \frac{2y}{x^3} \quad f_{xy} = 4y - \frac{1}{x^2} \quad f_{yx} = 4y - \frac{1}{x^2} \quad f_{yy} = 4x$

11.6 Die Funktion hat im Punkt $(0,0)$ ein lokales Minimum.

11.8 Die Funktion hat im Punkt $(2,-3)$ ein lokales Minimum. Beim Punkt $(-2,-3)$ kann mit dem Hauptminorenkriterium keine Entscheidung über Maximum oder Minimum getroffen werden.

11.10 Die Funktion hat bei $(8,14)$ einen kritischen Punkt.

Anhang D.

Griechisches Alphabet

α	A	Alpha
β	B	Beta
γ	Γ	Gamma
δ	Δ	Delta
ϵ, ε	E	Epsilon
ζ	Z	Zeta
η	H	Eta
θ, ϑ	Θ	Theta
ι	I	Iota
κ	K	Kappa
λ	Λ	Lambda
μ	M	My
ν	N	Ny
ξ	Ξ	Xi
o	O	Omikron
π	Π	Pi
ρ, ϱ	P	Rho
σ	Σ	Sigma
τ	T	Tau
υ	Υ	Ypsilon
ϕ, φ	Φ	Phi
χ	X	Chi
ψ	Ψ	Psi
ω	Ω	Omega

Anhang E.

Englische Fachbegriffe

Englisch – Deutsch

absolute value	Absolutbetrag
add	addieren
addition	Addition
algorithm	Algorithmus
alternating	alternierend
annuity	Annuität
antiderivative	Stammfunktion
approximate	annähern, approximieren
approximate	näherungsweise, approximativ
approximation	Annäherung, Approximation
area	Fläche
assumption	Annahme, Voraussetzung
at least	mindestens
at most	höchstens
axiom	Axiom
axis	Achse
basic set	Grundmenge
basis	Basis
bijective	bijektiv
bound	Schranke
bounded	beschränkt
bounded (from above)	beschränkt (nach oben)

bounded (from below)	beschränkt (nach unten)
boundedness	Beschränktheit
braces	(geschweifte) Klammern
calculate	berechnen
calculation	Berechnung
Cartesian product	Kartesisches Produkt
cash flow	Zahlungsstrom, Cash Flow
chain rule	Kettenregel
cipher	Ziffer
circle	Kreis
closed interval	abgeschlossenes Intervall
coefficient	Koeffizient
coefficient matrix	Koeffizientenmatrix
column	Spalte
combinatorics	Kombinatorik
compound interest	Zinseszinsen
compound interest effect	Zinseszinseffekt
concave	konkav
condition	Bedingung
conjunction	Konjunktion
constant	Konstante
constraint	Nebenbedingung
continuous	stetig
continuous compounding	stetige Verzinsung
contradiction	Widerspruch
convergence	Konvergenz
convergent	konvergent
convex	konvex
coordinate	Koordinate
correct	richtig
countable	abzählbar
counterexample	Gegenbeispiel
credit	Kredit, Darlehen
criterion (criteria)	Kriterium (Kriterien)
curvature	Krümmung
curve	Kurve

decimal number	Dezimalzahl
decision variable	Entscheidungsvariable
decreasing	fallend
definite integral	bestimmtes Integral
definition	Definition
denominator	Nenner
density function	Dichtefunktion
dependent	abhängig
derivative	Ableitung, Differentialquotient
determinant	Determinante
diagram	Diagramm
difference equation	Differenzengleichung
difference quotient	Differenzenquotient
differentiable	differenzierbar
differential	Differential
differential calculus	Differentialrechnung
differential equation	Differentialgleichung
differentiation	Differentiation
dimension	Dimension
direct	direkt
discount	diskontieren, abzinsen
discounting	Diskontierung, Abzinsung
disjoint	disjunkt
disjunction	Disjunktion
distribution	Verteilung
divergent	divergent
domain	Definitionsmenge
duration	Laufzeit
element	Element
elementary operations	elementare Umformungen
elimination method	Eliminationsverfahren
empty set	leere Menge
endpoint	Endpunkt
equal	gleich
equality	Gleichheit
equation	Gleichung

equivalence	Äquivalenz
equivalent	äquivalent
even number	gerade Zahl
example	Beispiel
exponential function	Exponentialfunktion
expression	Ausdruck
extremum value	Extremwert
false	falsch
feasible solution	zulässige Lösung
financial mathematics	Finanzmathematik
finite	endlich
finite set	endliche Menge
fraction	Bruch
function	Funktion
function value	Funktionswert
future value	Endwert
geometric	geometrisch
global	global
graph	Grafik, Graph
graphical	grafisch
growth rate	Wachstumsrate
half-open interval	halboffenes Intervall
height	Höhe
homogeneous	homogen
horizontal line	horizontale Linie (Gerade)
identity matrix	Einheitsmatrix
image set	Bildmenge
implication	Implikation
improper integral	uneigentliches Integral
increasing	wachsend
index	Index
indirect	indirekt

inequality	Ungleichung
infinite	unendlich
infinity (plus/minus)	unendlich (plus/minus)
inflection point	Wendepunkt
initial capital	Anfangskapital
injective	injektiv
instalment	Rate
integer	ganze Zahl
integrable	integrierbar
integral	Integral
integral calculus	Integralrechnung
integral sign	Integralzeichen
integrand	Integrand
integrate	integrieren
integration	Integration
interest	Zinsen
interest period	Zinsperiode
interest rate	Zinssatz, Verzinsung
interval	Intervall
inventory problem	Lagerhaltungsproblem
inverse function	Umkehrfunktion, inverse Funktion
invest	anlegen, investieren
investment	Anlage
investor	Anleger, Investor

left-sided	linksseitig
length	Länge
limit	Grenzwert (Limes)
line	Gerade
linear	linear
linear combination	Linearkombination
linear programming	Lineare Programmierung
logarithm	Logarithmus
logarithm function	Logarithmusfunktion
logic	Logik
logical	logisch

marginal cost	Grenzkosten
mathematical	mathematisch
mathematician	Mathematiker
mathematics	Mathematik
matrix	Matrix
maximization	Maximierung
maximize	maximieren
method	Methode, Verfahren
minimization	Minimierung
minimize	minimieren
monotone	monoton
monotonic	monoton
monotonically decreasing	monoton fallend
monotonically increasing	monoton wachsend
multiplication	Multiplikation
multiplier	Multiplikator
multiply	multiplizieren
natural number	natürliche Zahl
necessary	notwendig
negation	Negation
negative	negativ
nonhomogeneous	inhomogen
notation	Schreibweise
number	Zahl
number set	Zahlenmenge
numerator	Zähler
objective function	Zielfunktion
odd number	ungerade Zahl
open interval	offenes Intervall
operation	Operation
optimization	Optimierung
ordered pair	geordnetes Paar
origin	Nullpunkt

partial derivative	partielle Ableitung
partial integration	partielle Integration
partial sum	Partialsumme
pass book	Sparbuch
payment	Zahlung
payment stream	Zahlungsstrom
point	Punkt
positive	positiv
power set	Potenzmenge
present value	Barwert
probability	Wahrscheinlichkeit
product	Produkt
product rule	Produktregel
profit function	Gewinnfunktion
proof	Beweis
queue	Warteschlange
queuing theory	Warteschlangentheorie
quotient rule	Quotientenregel
rank	Rang
rate of return	Verzinsung, Rendite
ratio	Quotient
rational number	rationale Zahl
real number	reelle Zahl
rectangle	Rechteck
rent	Rente
repayment	Tilgung
restriction	Nebenbedingung
right-sided	rechtsseitig
round brackets	Klammern (runde)
row	Zeile
rule	Regel
savings account	Sparkonto
scalar	Skalar
sequence	Folge

series	Reihe
set	Menge
set system	Mengensystem
set theory	Mengenlehre
slack variable	Schlupfvariable
slope	Steigung
solution	Lösung
solution set	Lösungsmenge
solvable	lösbar
solve	lösen
space	Raum
square	Quadrat
square brackets	Klammern (eckige)
statement	Aussage
statement form	Aussageform
strictly monotonically decreasing	streng monoton fallend
strictly monotonically increasing	streng monoton wachsend
subinterval	Teilintervall
subset	Teilmenge
substitution method	Substitutionsverfahren
subtract	subtrahieren
successive	aufeinanderfolgend
sufficient	hinreichend
sum	Summe
summand	Summand
surjective	surjektiv
symbol	Symbol
symbolic	symbolisch
target set	Zielmenge
tautology	Tautologie
terminal value	Endwert
theorem	Satz
time period	Zeitraum
transform	transformieren
transformation	Transformation
transpose	Transponierte

trivial	trivial
true	wahr
truth table	Wahrheitstabelle
truth value	Wahrheitswert
unbounded	unbeschränkt
uncountable	überabzählbar
union	Vereinigung
unique	eindeutig
unit	Einheit
unit interval	Einheitsintervall
unknown	unbekannt
validity	Gültigkeit
valuation	Bewertung
value	Wert
variable	Variable
vector	Vektor
vector space	Vektorraum
vertical	senkrecht, vertikal
width	Breite
zero	Null, Nullstelle
zero matrix	Nullmatrix
zero sequence	Nullfolge
zero solution	Nulllösung
zero vector	Nullvektor

Deutsch – Englisch

abgeschlossenes Intervall	closed interval
abhängig	dependent
Ableitung	derivative
Absolutbetrag	absolute value
abzählbar	countable
abzinsen	discount
Abzinsung	discounting
Achse	axis
addieren	add
Addition	addition
äquivalent	equivalent
Äquivalenz	equivalence
Algorithmus	algorithm
alternierend	alternating
Anfangskapital	initial capital
Anlage	investment
anlegen	invest
Anleger	investor
annähern	approximate
Annäherung	approximation
Annahme	assumption
Annuität	annuity
Approximation	approximation
approximativ	approximate
approximieren	approximate
aufeinanderfolgend	successive
Ausdruck	expression
Aussage	statement
Aussageform	statement form
Axiom	axiom
Barwert	present value
Basis	basis
Bedingung	condition
Beispiel	example

berechnen	calculate
Berechnung	calculation
beschränkt	bounded
beschränkt (nach oben)	bounded (from above)
beschränkt (nach unten)	bounded (from below)
Beschränktheit	boundedness
bestimmtes Integral	definite integral
Beweis	proof
Bewertung	valuation
bijektiv	bijective
Bildmenge	image set
Breite	width
Bruch	fraction
Darlehen	credit, loan
Definition	definition
Definitionsmenge	domain
Determinante	determinant
Dezimalzahl	decimal number
Diagonalmatrix	diagonal matrix
Diagramm	diagram
Dichtefunktion	density function
Differential	differential
Differentialgleichung	differential equation
Differentialquotient	derivative
Differentialrechnung	differential calculus
Differentiation	differentiation
Differenz	difference
Differenzengleichung	difference equation
Differenzenquotient	difference quotient
differenzierbar	differentiable
Dimension	dimension
direkt	direct
disjunkt	disjoint
Disjunktion	disjunction
diskontieren	discount
Diskontierung	discounting

divergent	divergent
dividieren	divide
Durchschnitt	intersection
Ebene	plane
eindeutig	unique
Einheit	unit
Einheitsintervall	unit interval
Einheitsmatrix	identity matrix, unit matrix
Element	element
elementar	elementary
elementare Umformungen	elementary operations
elementweise	elementwise
Eliminationsverfahren	elimination method
endlich	finite
endliche Menge	finite set
Endpunkt	endpoint
Entscheidungsvariable	decision variable
Endwert	future value, terminal value
Ergebnis	result
Exponentialfunktion	exponential function
Extremwert	extremum value
Faktor	factor
fallend	decreasing
falsch	false
Finanzmathematik	financial mathematics
Fläche	area
Folge	sequence
Formel	formula
Funktion	function
Funktionswert	function value
ganze Zahl	integer
Gegenbeispiel	counterexample
genau dann	if and only if
geometrisch	geometric

geordnetes Paar	ordered pair
Gerade	line
gerade Zahl	even number
Gesetz	law
Gewinnfunktion	profit function
gleich	equal
Gleichheit	equality
Gleichung	equation
Gleichungssystem	equation system, system of equations
global	global
Grafik	graph
grafisch	graphical
Graph	graph
Grenzkosten	marginal cost
Grenzwert	limit
Grundmenge	basic set
Gültigleit	validity
halboffenes Intervall	half-open interval
Hauptdiagonale	main diagonal, principal diagonal
hinreichend	sufficient
höchstens	at most
Höhe	height
homogen	homogeneous
horizontal	horizontal
horizontale Linie (Gerade)	horizontal line
Implikation	implication
Index	index
indirekt	indirect
inhomogen	nonhomogeneous
injektiv	injective
Integral	integral
Integralrechnung	integral calculus
Integralzeichen	integral sign
Integrand	integrand
Integration	integration

Integration durch Substitution	integration by substitution
integrierbar	integrable
integrieren	integrate
Intervall	interval
invers	inverse
Inverse	inverse
invertierbar	invertible
Kartesisches Produkt	Cartesian product
Kettenregel	chain rule
Klammern (eckige)	square brackets
Klammern (geschweifte)	braces
Klammern (runde)	round brackets, parentheses
Koeffizient	coefficient
Koeffizientenmatrix	coefficient matrix
Kombinatorik	combinatorics
Komplement	complement
Konjunktion	conjunction
konkav	concave
konstant	constant
Konstante	constant
Kontinuum	continuum
konvergent	convergent
Konvergenz	convergence
konvex	convex
Koordinate	coordinate
Kostenfunktion	cost function
Kredit	credit, loan
Kreis	circle
Kriterium (Kriterien)	criterion (criteria)
Krümmung	curvature
Kurve	curve
Länge	length
Lagerhaltungsproblem	inventory problem
Laufzeit	duration
leere Menge	empty set

linear	linear
Lineare Programmierung	linear programming
Linearkombination	linear combination
Linksmultiplikation	left multiplication
linksseitig	left-sided
lösbar	solvable
lösen	solve
Lösung	solution
Lösungsmenge	solution set
Lösungsvektor	solution vector
lokales Maximum	local maximum
lokales Minimum	local minimum
Logarithmus	logarithm
Logarithmusfunktion	logarithm function
Logik	logic
logisch	logical
Mathematik	mathematics
Mathematiker	mathematician
mathematisch	mathematical
Matrix	matrix
Matrizengleichung	matrix equation
Matrizenoperation	matrix operation
Maximalzahl	maximal number, maximum number
maximieren	maximize
Maximierung	maximization
Menge	set
Mengenlehre	set theory
Mengensystem	set system
Methode	method
mindestens	at least
minimieren	minimize
Minimierung	minimization
monoton	monotone, monotonic
monoton fallend	monotonically decreasing
monoton wachsend	monotonically increasing
Multiplikation	multiplication

Multiplikator	multiplier
multiplizieren	multiply
näherungsweise	approximate
natürliche Zahl	natural number
Nebenbedingung	restriction, constraint
Negation	negation
negativ	negative
Nenner	denominator
notwendig	necessary
Null	zero
Nullfolge	zero sequence
Nulllösung	zero solution
Nullmatrix	zero matrix
Nullpunkt	origin
Nullstelle	zero
Nullvektor	zero vector
offenes Intervall	open interval
Operation	operation
optimieren	optimize
Optimierung	optimization
Partialsumme	partial sum
partielle Ableitung	partial derivative
partielle Integration	integration by parts, partial integration
positiv	positive
Potenzmenge	power set
Produkt	product
Produktregel	product rule
Punkt	point
Quadrat	square
quadratisch	quadratic
Quotient	ratio
Quotientenregel	quotient rule

Rang	rank
Rate	instalment
rationale Zahl	rational number
Raum	space
Rechenregel	calculation rule
Rechteck	rectangle
Rechtsmultiplikation	right multiplication
rechtsseitig	right-sided
reelle Zahl	real number
Regel	rule
Reihe	series
Rendite	rate of return
Rente	rent
richtig	correct

Satz	theorem
Schlupfvariable	slack variable
Schranke	bound
Schreibweise	notation
senkrecht	vertical
Skalar	scalar
skalare Multiplikation	scalar multiplication
Spalte	column
Spaltenindex	column index
Spaltenrang	column rank
Spaltenvektor	column vector
Sparbuch	pass book
Sparkonto	savings account
Stammfunktion	antiderivative
Steigung	slope
stetig	continuous
stetige Verzinsung	continuous compounding
streng monoton fallend	strictly monotonically decreasing
streng monoton wachsend	strictly monotonically increasing
Stufenform (einer Matrix)	echelon form
Substitutionsverfahren	substitution method
subtrahieren	subtract

Summand	summand
Summe	sum
surjektiv	surjective
Symbol	symbol
symbolisch	symbolic
symmetrisch	symmetric
Tautologie	tautology
Teilintervall	subinterval
Teilmatrix	submatrix
Teilmenge	subset
Tilgung	repayment
Transformation	transformation
transformieren	transform
Transponierte	transpose
trivial	trivial
überabzählbar	uncountable
Umkehrfunktion	inverse function
unbekannt	unknown
Unbekannte	unknown
unbeschränkt	unbounded
unbestimmtes Integral	indefinite integral
uneigentliches Integral	improper integral
unendlich	infinite
Unendlich (plus/minus)	infinity (plus/minus)
ungerade Zahl	odd number
Ungleichung	inequality
Variable	variable
Vektor	vector
Vektorraum	vector space
Vereinigung	union
Verfahren	method
Verteilung	distribution
vertikal	vertical
Verzinsung	interest rate, rate of return

voraussetzen	assume
Voraussetzung	assumption
waagrecht	horizontal
wachsend	increasing
Wachstumsrate	growth rate
wahr	true
Wahrheitstabelle	truth table
Wahrheitswert	truth value
Wahrscheinlichkeit	probability
Warteschlange	queue
Warteschlangentheorie	queuing theory
Wendepunkt	inflection point
Wert	value
Widerspruch	contradiction
Zähler	numerator
Zahl	number
Zahlenmenge	number set, set of numbers
Zahlung	payment
Zahlungsstrom	payment stream, cash flow
Zeile	row
Zeilenindex	row index
Zeilenrang	row rank
Zeilenvektor	row vector
Zeitraum	time period
Zielfunktion	objective function
Zielmenge	target set
Ziffer	cipher
Zinsen	interest
Zinseszinseffekt	compound interest effect
Zinseszinsen	compound interest
Zinsperiode	interest period
Zinssatz	interest rate
zulässige Lösung	feasible solution

Literatur

ACZEL, A. D. (2002) *Die Natur der Unendlichkeit – Mathematik, Kabbala und das Geheimnis des Aleph*, Rowohlt.

ALT, R. (2010) *Statistik – Eine Einführung für Wirtschaftswissenschaftler*, Linde-Verlag.

AMANN, E. (2011) *Spieltheorie für Dummies*, Wiley-VCH Verlag.

ARENS, T., F. HETTLICH, C. KARPFINGER, U. KOCKELKORN, K. LICHTENEGGER UND H. STACHEL (2008) *Mathematik*, Spektrum Akademischer Verlag.

CHARNES, J., W. COOPER UND E. RHODES (1978) „Measuring the Efficiency of Decision Making Units", *European Journal of Operational Research*, Vol. 2, No. 6, 429–444.

CHIANG, A. C. UND K. WAINWRIGHT (2005) *Fundamental Methods of Mathematical Economics*, 4. Auflage, McGraw-Hill.

CIGLER, J. (1992) *Grundideen der Mathematik*, BI Wissenschaftsverlag.

DAVIS, P. J. UND R. HERSH (1994) *Erfahrung Mathematik*, Birkhäuser Verlag.

DAUBEN, J. W. (1995) *Abraham Robinson – The Creation of Nonstandard Analysis. A Personal and Mathematical Odyssey*, Princeton University Press.

DIETZENBACHER, E. UND M. L. LAHR (2004) (Hrsg.) *Wassily Leontief and Input-Output Economics*, Cambridge University Press.

HAUKE, W. UND O. OPITZ (2003) *Mathematische Unternehmensplanung – Eine Einführung*, 2. Auflage, Schriftenreihe des Kompetenzzentrums für Unternehmensentwicklung und -beratung.

HEUSER, H. (2008) *Unendlichkeiten – Nachrichten aus dem Grand Canyon des Geistes*, Teubner Verlag.

HILLIER F. S. UND G. J. LIEBERMAN (2005) *Introduction to Operations Research*, 8. Auflage, McGraw-Hill.

HIRSCH, E. C. (2007) *Der berühmte Herr Leibniz – Eine Biographie*, Verlag C. H. Beck.

HOLLAND, J. H. (1975/1992) *Adaptation in Natural and Artificial Systems*, MIT Press.

HOMBURG, C. (2000) *Quantitative Betriebswirtschaftslehre*, 3. Auflage, Gabler Verlag.

LEONARD, R. (2010) *Von Neumann, Morgenstern, and the Creation of Game Theory – From Chess to Social Science, 1900–1960*, Cambridge University Press.

LINSS, V. (2007) *Die wichtigsten Wirtschaftsdenker*, Marix Verlag.

MEADOWS, D., D. MEADOWS, E. ZAHN UND P. MILLING (1972) *Die Grenzen des Wachstums – Bericht des Club of Rome zur Lage der Menschheit*, Deutsche Verlagsanstalt.

MICHALEWICZ, Z. (1996) *Genetic Algorithms + Data Structures = Evolution Programs*, 3. Auflage, Springer-Verlag.

MICHALEWICZ, Z. UND D. B. FOGEL (2010) *How to Solve it: Modern Heuristics*, 2. Auflage, Springer-Verlag.

NEUMANN, V. J. UND O. MORGENSTERN (1944/2007) *Theory of Games and Economic Behavior*, Sixtieth-Anniversary Edition, Princeton University Press.

NOWAK, M. UND R. HIGHFIELD (2011) *Super Cooperators*, Canongate.

OPITZ, O. UND R. KLEIN (2011) *Mathematik – Lehrbuch für Ökonomen*, 10. Auflage, Oldenbourg Verlag.

SAMUELSON, P. A. UND W. A. BARNETT (2007) (Hrsg.) *Inside the Economist's Mind – Conversation with Eminent Economists*, Blackwell Publishing.

TASCHNER, R. (1995) *Das Unendliche – Mathematiker ringen um einen Begriff*, Springer Verlag.

THONEMANN, U. (2010) *Operations Management*, 2. Auflage, Pearson Studium.

TIETZE, J. (2002) *Einführung in die angewandte Wirtschaftsmathematik*, 10. Auflage, Verlag Vieweg.

WINKER, P. (2007) *Empirische Wirtschaftsforschung und Ökonometrie*, 2. Auflage, Springer-Verlag.

ZIMMERMANN, W. UND U. STACHE (2001) *Operations Research – Quantitative Methoden zur Entscheidungsvorbereitung*, Oldenbourg Verlag.

Index